高等教育立体化精品系列规划教材

PowerPoint 2010 幻灯片制作立体化教程

◎ 崔秀光 万安琪 主编
◎ 叶福兰 高瑞 秦云霞 副主编

人民邮电出版社
北京

图书在版编目（CIP）数据

PowerPoint 2010幻灯片制作立体化教程 / 崔秀光，
万安琪主编. -- 北京 : 人民邮电出版社，2015.2（2021.2重印）
高等教育立体化精品系列规划教材
ISBN 978-7-115-37382-3

Ⅰ. ①P… Ⅱ. ①崔… ②万… Ⅲ. ①图形软件－高等
学校－教材 Ⅳ. ①TP391.41

中国版本图书馆CIP数据核字(2014)第289151号

内 容 提 要

本书主要讲解了如何使用 PowerPoint 2010 制作各种办公 PPT，主要内容包括 PowerPoint 基础知识，以及广告策划、行政管理、财务分析、总结报告、电子宣传、人力资源管理、商务培训领域的项目案例制作等知识。本书在附录中还提供了常见 PowerPoint 演示文稿案例的索引，以方便用户更好地使用光盘中提供的大量演示文稿案例素材。

本书由浅入深、循序渐进，采用项目式和分任务讲解，每个任务主要由任务目标、相关知识、任务实施 3 个部分组成，然后再进行强化实训。每章最后还总结了常见疑难解析，并安排了相应的练习和实践。本书着重于对学生实际应用能力的培养，并将职业场景引入课堂教学，让学生提前进入工作的角色中。

本书适合作为高等院校计算机办公相关课程的教材，也可作为各类社会培训学校相关专业的教材，同时还可供 PowerPoint 软件初学者自学使用。

◆ 主　　编　崔秀光　万安琪
副 主 编　叶福兰　高　瑞　秦云霞
责任编辑　王　平
责任印制　杨林杰

◆ 人民邮电出版社出版发行　　北京市丰台区成寿寺路 11 号
邮编　100164　　电子邮件　315@ptpress.com.cn
网址　http://www.ptpress.com.cn
北京捷迅佳彩印刷有限公司印刷

◆ 开本：787×1092　1/16
印张：15　　　　　2015 年 2 月第 1 版
字数：334 千字　　　2021 年 2 月北京第 5 次印刷

定价：42.00 元（附光盘）

读者服务热线：(010)81055256　印装质量热线：(010)81055316
反盗版热线：(010)81055315
广告经营许可证：京东市监广登字 20170147 号

前言 PREFACE

近年来，随着高等教育的不断改革与发展，高等教育的规模在不断扩大，课程的开发逐渐体现出职业能力的培养、教学职场化和教材实践化的特点，同时随着计算机软硬件日新月异地升级，市场上很多教材的软件版本、硬件型号以及教学结构等内容都已不再适应目前的教授和学习。

鉴于此，我们认真总结已出版教材的编写经验，用了2~3年的时间深入调研各地、各类高等教育院校的教材需求，组织了一批优秀的、具有丰富教学经验和实践经验的作者团队编写了本套教材，以帮助高等教育院校培养优秀的职业技能型人才。

本着以“提升学生的就业能力”为导向的原则，我们在教学方法、教学内容和教学资源3个方面体现出自己的特色。

教学方法

本书精心设计“情景导入→任务讲解→上机实训→疑难解析→课后练习”5段教学法，将职业场景引入课堂教学，激发学生的学习兴趣；然后在职场案例的驱动下，实现“做中学，做中教”的教学理念；最后有针对性地解答常见问题，并通过课后练习全方位帮助学生提升专业技能。

- **情景导入**：以主人公“小白”的实习情景模式为例引入本章教学主题，并贯穿于课堂案例的讲解中，让学生了解相关知识点在实际工作中的应用情况。
- **任务讲解**：以来源于职场和实际工作中的案例为主线，强调“应用”。每个案例先指出实际应用环境，再分析制作的思路和需要用到的知识点，然后通过操作并结合相关基础知识的讲解来完成该案例的制作。讲解过程中穿插有“知识提示”“多学一招”和“职业素养”3个小栏目。
- **上机实训**：先结合课堂案例讲解的内容和实际工作需要给出实训目标，进行专业背景介绍，再提供适当的操作思路及步骤提示供参考，要求学生独立完成操作，充分训练学生的动手能力。
- **疑难解析**：精选出学生在实际操作和学习中经常会遇到的问题并进行答疑解惑，让学生可以深入地了解一些应用知识，提高应用水平。
- **课后练习**：对本章所学知识进行小结，再结合本章内容给出难度适中的上机操作题，让学生强化巩固所学知识。

教学内容

本书的教学目标是循序渐进地帮助学生掌握使用PowerPoint 2010解决各种常见问题的方法，全书共分为九个项目、一个附录，内容分别如下。

- **项目一**：主要讲解PowerPoint 2010的基本操作。

- **项目二~项目三：**主要讲解PowerPoint在广告策划和行政管理领域中的应用，包括输入和编辑文本、编辑段落、设置艺术字、插入图片和SmartArt图形等内容。
- **项目四~项目六：**主要讲解PowerPoint在财务分析、总结报告和电子宣传等领域中的应用，包括设置表格和图表、应用模板和母版、添加动画效果等内容。
- **项目七~项目八：**主要讲解PowerPoint在人力资源管理和商务培训领域中的应用，包括创建和编辑超链接、添加声音和视频、设置放映方式、输出演示文稿等内容。
- **项目九：**主要讲解PowerPoint综合案例的应用，包括整理收集素材、设计母版、制作幻灯片内容、添加动画和打包输出等内容。
- **附录：**汇集了日常办公中的典型应用案例。

教学资源

本书的教学资源包括以下三方面的内容。

（1）配套光盘

本书配套光盘中包含图书中实例涉及的素材与效果文件、各章节实训及习题的操作演示动画、模拟试题库及微课视频4个方面的内容。模拟试题库中含有丰富的关于PowerPoint软件的相关试题，包括填空题、单选题、多选题、判断题、问答题、操作题等多种题型，读者可自主组合出不同的试卷进行测试。另外，光盘中还提供了两套完整模拟试题，以便读者测试和练习。

（2）教学资源包

本书配套精心制作的教学资源包，包括PPT教案和教学教案（备课教案、Word文档），以便老师顺利开展教学工作。

（3）教学扩展包

教学扩展包中包括方便教学的拓展资源以及每年定期更新的拓展案例两个方面的内容。其中拓展资源包含PowerPoint办公模板、PowerPoint拓展案例、PowerPoint常用快捷键、PowerPoint精选技巧。

特别提醒：上述第（2）、（3）教学资源可访问人民邮电出版社教学服务与资源网（http:// www.ptpedu.com.cn）搜索下载，或者发电子邮件至dxbook@qq.com索取。

本书由崔秀光、万安琪任主编，叶福兰、高瑞、秦云霞任副主编。虽然编者在编写本书的过程中倾注了大量心血，但恐百密之中仍有疏漏，恳请广大读者不吝赐教。

编者

2014年8月

目 录 CONTENTS

项目一 PowerPoint基本操作 1

项目二 广告策划 17

项目五 总结报告 99

项目六 电子宣传 123

项目七 人力资源管理 147

项目八　商务培训　173

项目九　商业PPT综合案例　203

附录 PowerPoint 2010幻灯片制作立体化教程案例查询 227

PART

项目一 PowerPoint基本操作

情景导入

小白在公司实习的半个月中参加了许多次会议，她发现每次会议都会使用PowerPoint制作演示文稿，因此她下决心要学会演示文稿的使用。

知识技能目标

- 熟练掌握新建、保存演示文稿的操作方法。
- 熟练掌握新建、删除、移动、复制幻灯片的操作方法。
- 熟练掌握打开、关闭演示文稿的操作方法。

- 了解演示文稿的基本作用，掌握其中的基础操作。
- 掌握“国外进修动员报告”、“公司简介”等演示文稿的制作方法。

课堂案例展示

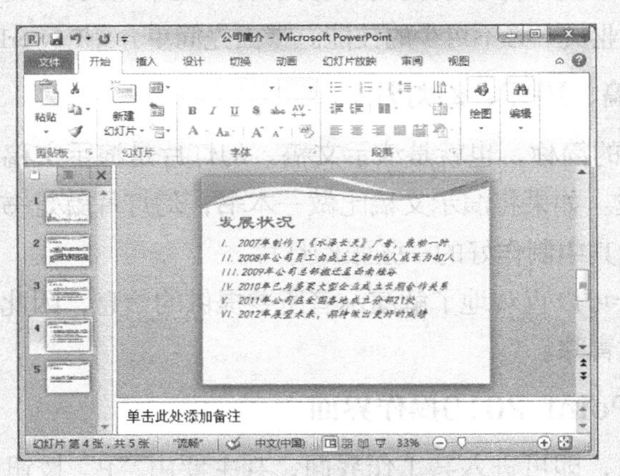

“公司简介”演示文稿的最终效果

任务一 创建“国外进修动员报告”演示文稿

企业为员工提供进修机会，制定适合员工发展的培训机制，一方面可提高员工的综合素质，另一方面可让员工为企业创造更多的价值，从而达到双赢的目的。

一、任务目标

公司要动员员工出国进修，让老张负责相关报告的制作，老张把制作“国外进修动员报告”演示文稿的工作交给了小白，让她来完成。小白收集了进修的相关资料后，就开始着手制作。本任务完成后的最终效果如图1-1所示。

效果所在位置 **光盘:\效果文件\项目一\国外进修动员报告.pptx**

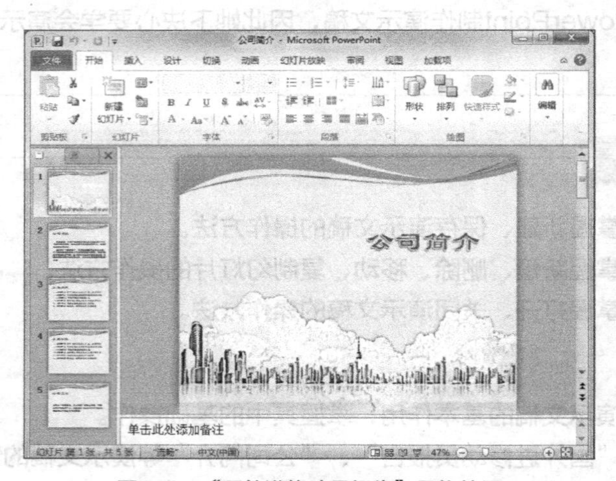

图1-1 “国外进修动员报告”最终效果

二、相关知识

PowerPoint是制作演示文稿的利器，在商务工作中经常用到。目前，利用PowerPoint制作演示文稿，已是一个企业员工必不可少的技能。下面先简单介绍PowerPoint 2010的基本知识。

1. 认识演示文稿、PPT、幻灯片

PPT是PowerPoint的简称，也就是演示文稿。幻灯片是演示文稿的组成部分，一个演示文稿由多张幻灯片组成。如果将演示文稿比做一本书，幻灯片就是书中的每一页。播放演示文稿，就是向观众展示其中制作好的一张张幻灯片。

通过幻灯片，观众可以直观地了解演示者所要提供的信息，因此，演示文稿也受到了办公人员、教师等人群的青睐。

2. 认识PowerPoint 2010操作界面

启动PowerPoint后，即可进入其工作界面，其主要由“P”按钮、标题、快速访问工具栏、功能区选项卡、功能区、“帮助”按钮、“幻灯片/大纲”窗格、“备注”窗格、

幻灯片编辑窗口和状态栏等部分组成，如图1-2所示，下面介绍其各组成部分的作用。

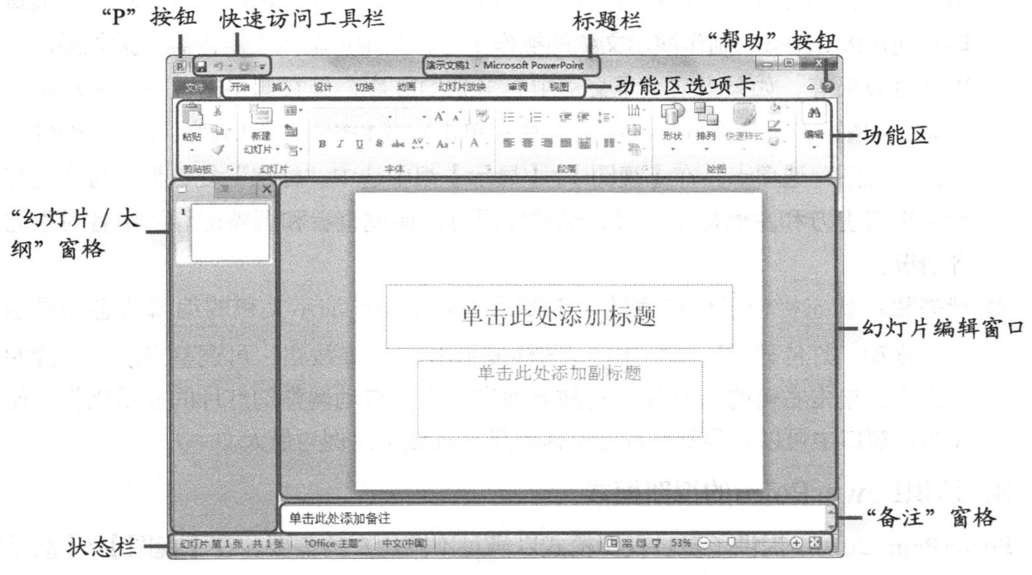

图1-2　PowerPoint 2010工作界面

- **"P"按钮**：在标题栏的最左端有个"P"按钮，单击该按钮，在打开的下拉菜单中选择其中选项可以对当前窗口进行最大化、最小化、移动和关闭等操作。
- **快速访问工具栏**：在按钮的右侧是快速访问工具栏，其中提供了最常用的"保存"按钮、"撤销"按钮和"恢复"按钮。如需在快速访问工具栏中添加其他按钮，可单击其后的按钮，在打开的下拉菜单中选择所需的选项即可。另外，在其中选择"在功能区下方显示"选项，可将快速访问工具栏调整到功能区的下方。
- **标题栏**：PowerPoint的标题栏位于工作界面的最上方，左侧的文字分别代表演示文档名称和PowerPoint软件名称，右侧的、、3个按钮分别用于对窗口执行最小化、还原/最大化、关闭操作。
- **功能区选项卡和功能区**：PowerPoint 2010的所有常用命令均被集成在几个功能区选项卡中，单击功能区选项卡可切换到相应的功能区，在功能区中有许多自动适应窗口大小的工具组，不同的工具栏中又放置了与此相关的命令按钮或列表框。
- **"幻灯片/大纲"窗格**："幻灯片/大纲"窗格用于显示演示文稿的幻灯片数量及位置，它包括"大纲"和"幻灯片"两个选项卡，单击这两个选项卡可在不同的窗格间进行切换，默认打开"幻灯片"窗格。"幻灯片"窗格下将显示整个演示文稿中幻灯片的编号及缩略图，"大纲"窗格下将列出当前演示文稿内各张幻灯片中的文本内容。
- **"备注"窗格**：由于幻灯片中添加的都是关键信息，但演示幻灯片的过程中还会涉及相关的其他内容，所以制作者可以将相应幻灯片的说明内容及注释信息添加到备注窗格中，再将其打印出来，即可达到辅助演示的目的。

- **幻灯片编辑窗口**：幻灯片编辑窗口用于显示和编辑幻灯片，在“幻灯片/大纲”窗格中单击某张幻灯片后，该幻灯片的内容将显示在幻灯片编辑窗口中。幻灯片编辑窗口是使用PowerPoint制作演示文稿的操作平台，其中可输入文字内容、插入图片、设置动画效果等。如果当前演示文稿中有多张幻灯片，其右侧将出现一个滚动条，单击▲或⇞按钮，可切换到上一张幻灯片；单击▼或⇟按钮，可切换到下一张幻灯片。单击“视图”选项卡，在【视图】/【显示】组中选中“标尺”复选框，可在幻灯片编辑窗口上方和左侧显示标尺，通过标尺可方便地查看和调整幻灯片中各对象的对齐情况。
- **状态栏**：状态栏位于窗口底端，主要用于显示当前演示文稿的编辑状态和显示模式。拖动幻灯片显示比例栏中的▢图标或单击⊖、⊕按钮，可调整当前幻灯片的显示大小，单击右侧的▣按钮，可按当前窗口大小自动调整幻灯片的显示比例，使其在当前窗口中可以看到幻灯片的整体效果，且显示比例为最大。

3．认识PowerPoint的视图模式

PowerPoint 2010中提供了多种视图模式以满足不同用户的需要，在【视图】/【演示文稿视图模式】组中单击想要的模式即可切换到该模式下。下面介绍各种视图模式。

- **普通视图**：PowerPoint 2010默认显示普通视图，在其他视图下单击▣按钮也可切换到普通视图，它是操作幻灯片时主要使用的视图模式，如图1-3所示。
- **阅读视图**：在阅读视图中可以查看演示文稿的放映效果，预览演示文稿中设置的动画和声音，并且能观察每张幻灯片的切换效果，它将以全屏动态方式显示每张幻灯片的效果，如图1-4所示。

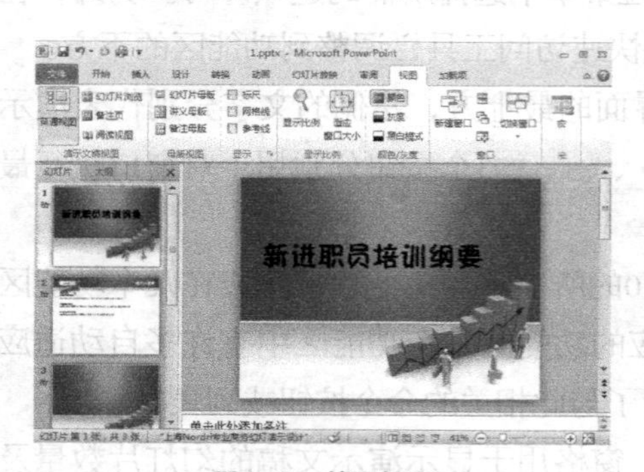

图1-3　普通视图

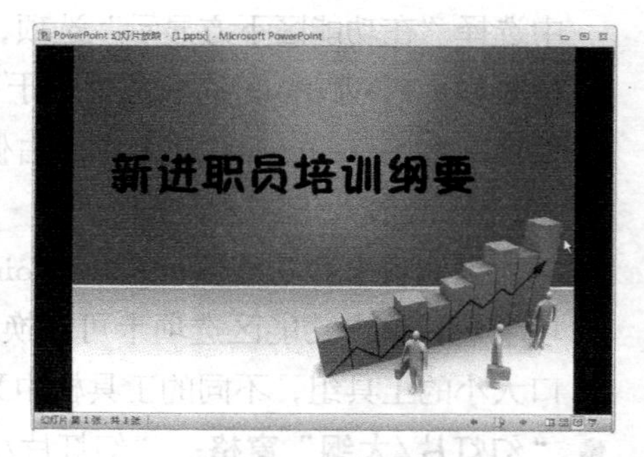

图1-4　阅读视图

- **幻灯片浏览视图**：在幻灯片浏览视图中可以浏览整个演示文稿中的幻灯片，改变幻灯片的版式、设计模式、配色方案等，也可重新排列、添加、复制或删除幻灯片，但不能编辑单张幻灯片的具体内容，如图1-5所示。
- **备注页视图**：备注页视图是将备注窗格以整页格式进行查看和使用备注，制作者可以方便地在其中编辑备注内容，如图1-6所示。

图1-5　幻灯片浏览视图

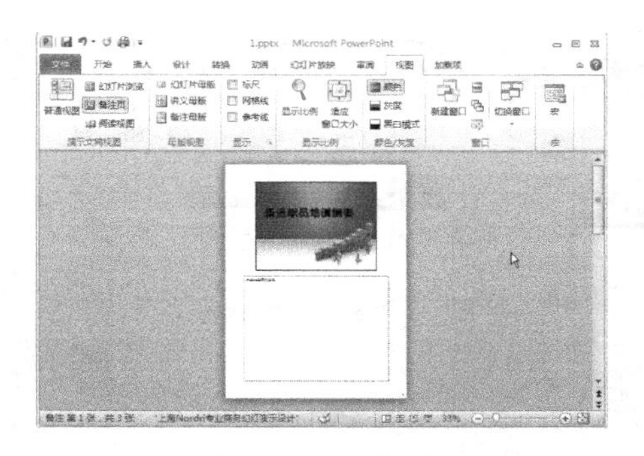

图1-6　备注视图

三、任务实施

1．新建演示文稿

在制作幻灯片之前需要新建演示文稿，其具体操作如下。（微课：光盘\微课视频\项目一\新建演示文稿.swf）

STEP 1 启动PowerPoint 2010，单击“文件”选项卡，如图1-7所示。

STEP 2 单击“新建”命令，在中间的列表中选择新建演示文稿的类型，这里默认选择“空白演示文稿”选项，单击“创建”按钮，如图1-8所示。

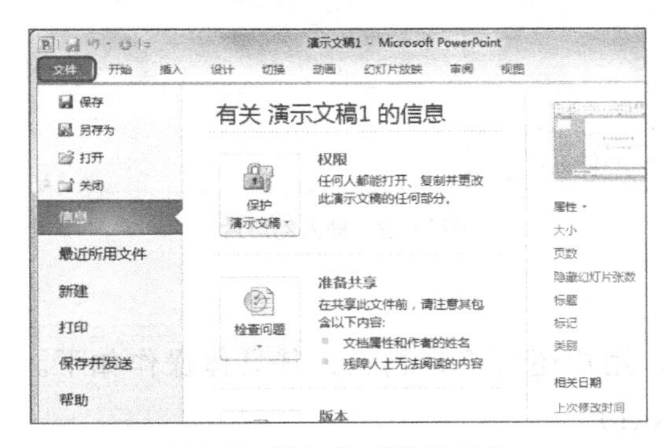

图1-7　单击“文件”选项卡

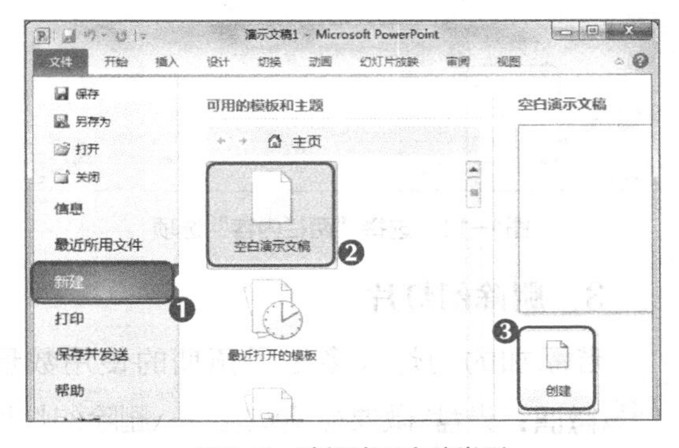

图1-8　选择演示文稿类型

2．新建幻灯片

默认新建的演示文稿中通常只含有一张幻灯片，用户可根据实际需要添加新的幻灯片，其具体操作如下。（微课：光盘\微课视频\项目一\新建幻灯片.swf）

STEP 1 选择演示文稿中的第1张幻灯片，单击“开始”选项卡，如图1-9所示。

STEP 2 在“幻灯片”组中单击“新建幻灯片”按钮，系统将在选择的幻灯片后自动插入一张默认版式的幻灯片，如图1-10所示。

多学一招

在“幻灯片”窗格中选择某张幻灯片后，按【Enter】键或【Ctrl+M】组合键，也可在该幻灯片下方插入一张默认版式的幻灯片。

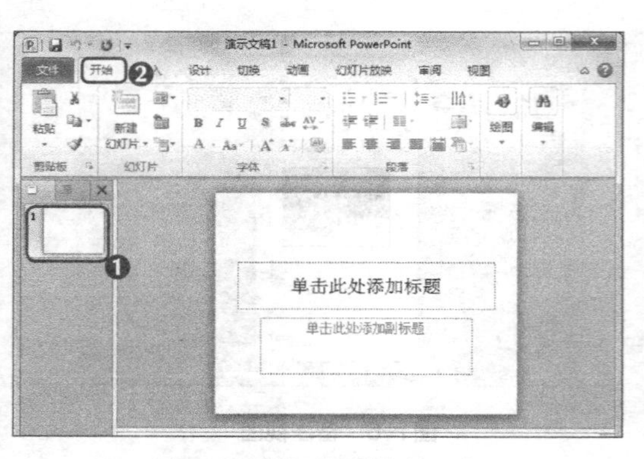

图1-9　单击“开始”选项卡

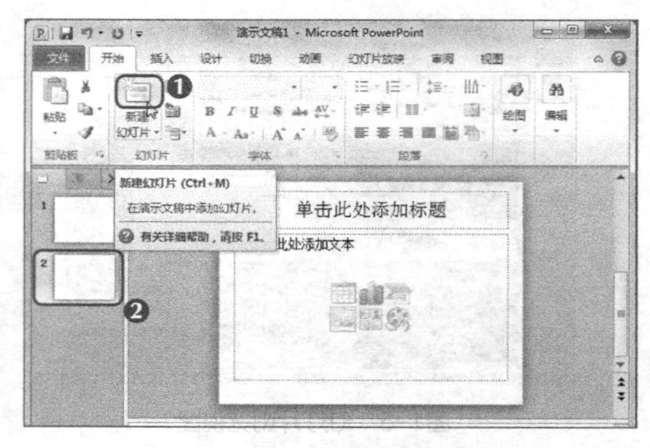

图1-10　插入默认版式的幻灯片

STEP 3 在“幻灯片”组中单击“新建幻灯片”按钮的下拉按钮，在打开的下拉列表中选择“两栏内容”选项，如图1-11所示。

STEP 4 插入所选版式的幻灯片，如图1-12所示。

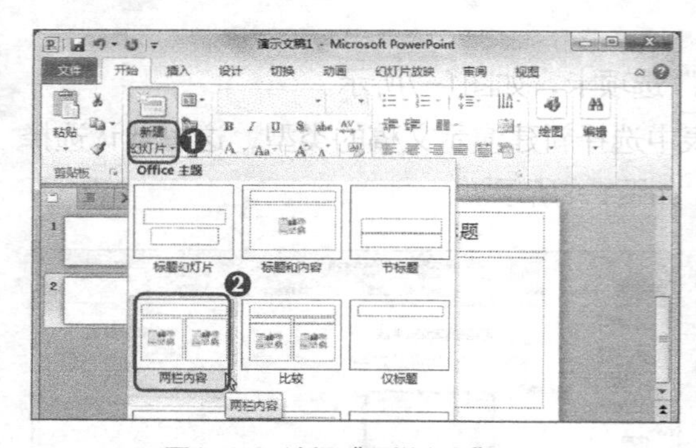

图1-11　选择“两栏内容”选项

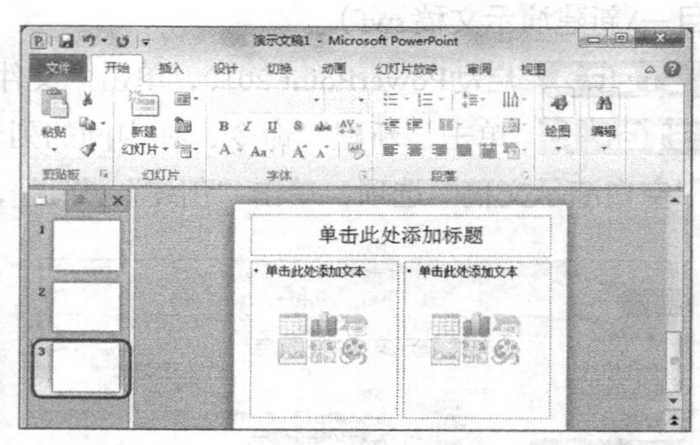

图1-12　插入幻灯片

3. 删除幻灯片

若添加的幻灯片多出了预期的使用数量，用户还可将其删除，其具体操作如下。（**微课**：光盘\微课视频\项目一\删除幻灯片.swf）

STEP 1 选择需要删除的幻灯片，这里选择第2张幻灯片，在其上单击鼠标右键，在弹出的快捷菜单中选择“删除幻灯片”命令，如图1-13所示。

STEP 2 删除幻灯片后的效果如图1-14所示。

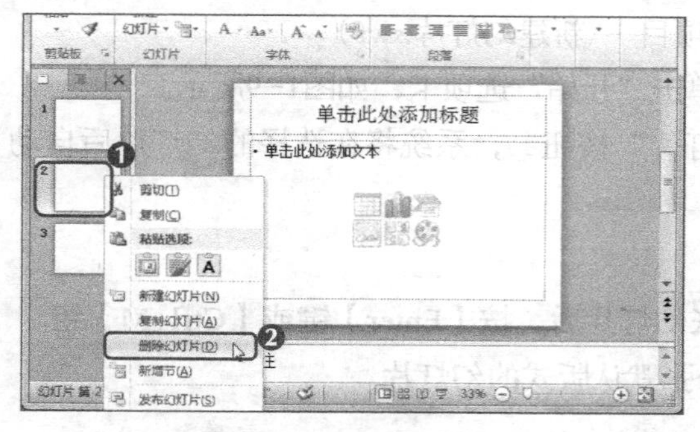

图1-13　选择删除命令

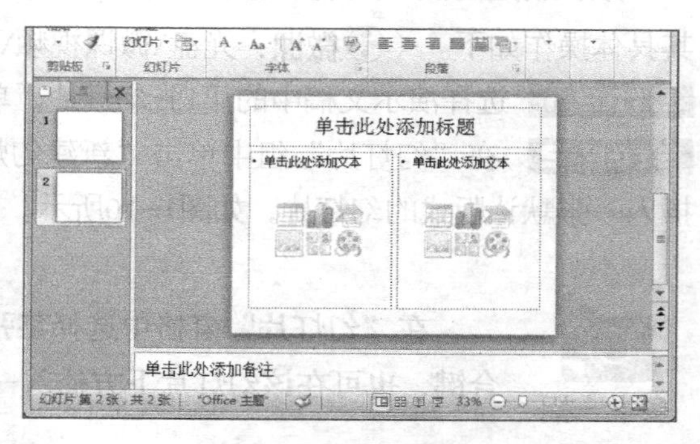

图1-14　查看效果

选择需要删除的幻灯片后，直接按【Delete】键也可删除幻灯片。

4．保存演示文稿

在演示文稿制作完成后，需对其进行保存，其具体操作如下。（微课：光盘\微课视频\项目一\新建演示文稿.swf）

STEP 1 选择【文件】/【保存】命令，如图1-15所示。

STEP 2 打开“另存为”对话框，在地址栏中选择文件的保存位置，这里选择“项目一”文件夹，在“文件名”下拉列表框中输入“国外进修动员报告”，单击保存(S)按钮即可，如图1-16所示。

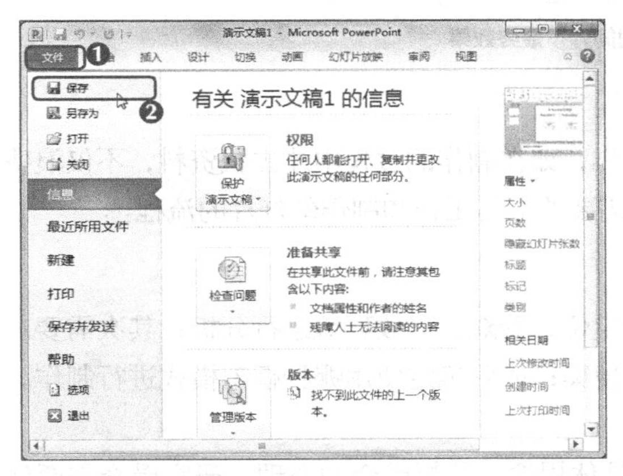

图1-15　选择保存命令

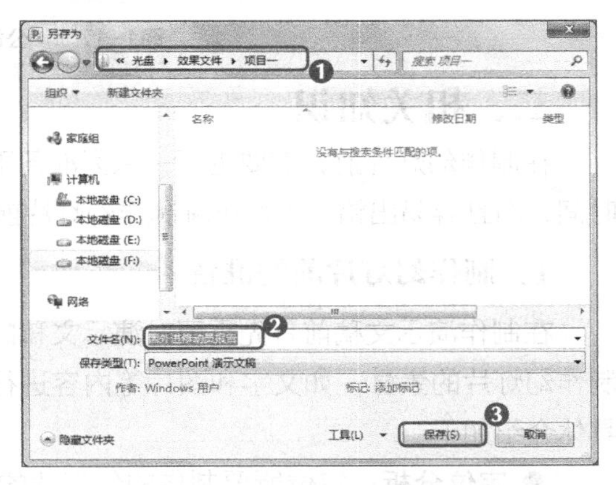

图1-16　设置保存参数

任务二　编辑“公司简介”演示文稿

在公司招新或者向客户展示公司情况时，一份精美的演示文稿能帮助公司赢得观看者的好感。公司简介应当包含公司最基本的信息，主要包括公司名称、服务领域、经营产品、发展经历、经营规模、公司理念、发展目标等。

一、任务目标

公司要参加一个地方的年鉴活动，由于公司近几年拓展了业务，扩大了经营规模，因此公司安排小白在以前的“公司简介”演示文稿的基础上进行修改，完善近几年来公司的发展情况，使演示文稿中对公司的介绍更具体。老张已经帮小白完成了内容的输入，还需要进行简单的幻灯片编辑操作。本任务完成后的最终效果如图1-17所示。

素材所在位置　光盘:\素材文件\项目一\公司简介.pptx
效果所在位置　光盘:\效果文件\项目一\公司简介.pptx

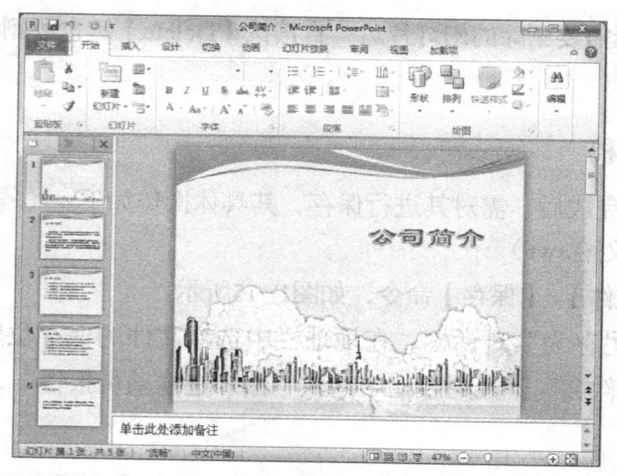

图1-17 “公司简介”最终效果

二、相关知识

在制作幻灯片前，需要进行一系列准备工作，如在制作的过程中才去找资料，不仅浪费时间，而且容易出错。下面讲解制作幻灯片前需要的准备工作和制作幻灯片的流程。

1．制作幻灯片前的准备

在制作演示文稿前首先需要对演示文稿的定位、受众、播放环境进行分析；其次需要对制作幻灯片的素材，如文字和图片等内容进行搜集；最后确定使用哪种框架模式进行制作。具体介绍如下。

- **定位分析**：定位所要制作的幻灯片的具体用途，分析受众的心理，研究受众需要什么样的演示文稿及受众喜欢什么样的演示文稿。了解放映环境，如幻灯片是通过电脑放映给小部分人，还是需要在大的会场对许多人进行展示等。
- **搜索素材**：在确定演示文稿的制作方向后，即可开始搜集制作演示文稿所需要的素材，主要包括文字和图片，当然也有动画、声音、多媒体等。其中一些素材可以到Internet中下载，也可以自己制作，文字素材可以自己搜集后录入，也可复制原有电子文档中的资料。
- **构思框架**：在正式制作演示文稿之前，需要对收集到的资料进行整理，构思一个大概的框架，分清内容板块，设计每一页幻灯片放置哪些内容。这样在制作演示文稿时才能得心应手，避免重做前面已制作好的幻灯片。

2．制作幻灯片的流程

演示文稿的制作过程一般可以分为4个阶段，下面分别对这几个阶段进行介绍。

- **制作草稿大纲**：所有素材准备完毕后，开始着手幻灯片的制作。首先应制作演示文稿的母版；然后添加幻灯片并设置其版式；最后在幻灯片的占位符中添加需要的内容。
- **美化幻灯片**：幻灯片初步制作完成后，需要对其中的内容进行美化，如设置特殊字体、段落格式、项目符号、添加装饰图案、添加图标、背景颜色，以及为一些内容添加批注等，使演示文稿更具观赏性。

- **添加动画和声音等效果**：为演示文稿添加动画效果，能使整个画面显得生动活泼且富有感染力；添加声音能使观众更有参与感。
- **打包放映演示文稿**：制作完毕便可进行预演，观察在电脑中的放映效果。若不满意，可返回普通视图模式中进行修改，直到制作出令人满意的作品并打包输出。

三、任务实施

1. 打开演示文稿

在修改演示文稿前，需将其打开，打开演示文稿的操作比较简单，其具体操作如下。

STEP 1 启动PowerPoint 2010，选择【文件】/【打开】命令，如图1-18所示。

STEP 2 打开“打开”对话框，在地址栏中选择文件所在位置，在文件列表框中选择需要打开的文件，这里选择“公司简介.pptx”演示文稿，单击 打开(O) 按钮，如图1-19所示。

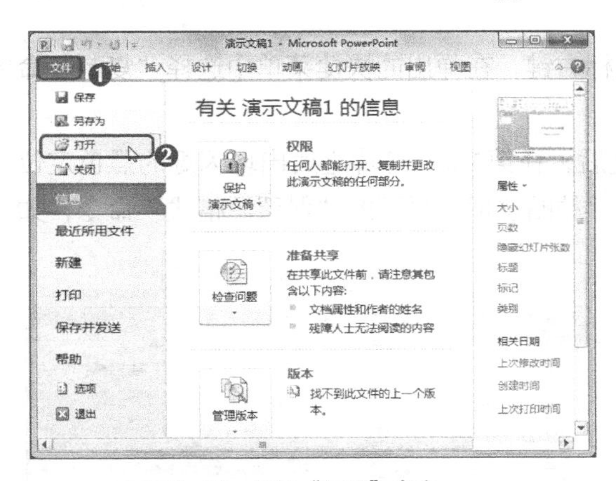

图1-18 选择“打开”命令

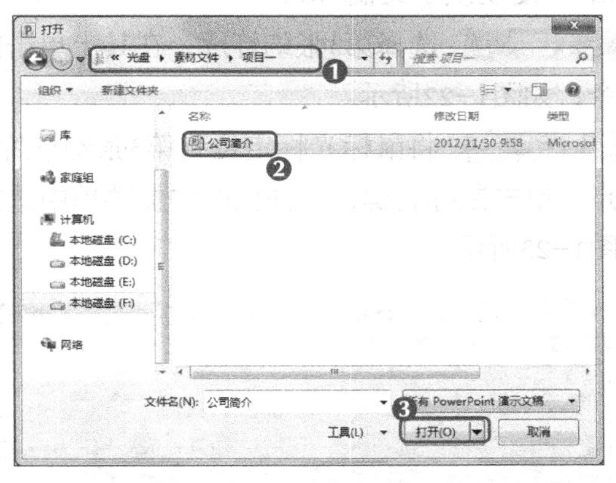

图1-19 选择要打开的文件

2. 移动幻灯片

一般演示文稿中会包含多张幻灯片，用户可根据需要更改其中幻灯片的位置，其具体操作如下。（**微课**：光盘\微课视频\项目一\移动幻灯片.swf）

STEP 1 选择第2张幻灯片，按住鼠标左键不放并拖曳，将其拖曳至第3张幻灯片之后，如图1-20所示。

STEP 2 此时第3张幻灯片后将显示一条黑色的指示线，释放鼠标即可将选择的幻灯片移动到该位置，如图1-21所示。

按住【Ctrl】键不放，单击需要的幻灯片，可将这些幻灯片同时选中；若要选择连续的幻灯片，可在按住【Shift】键不放的同时，单击连续幻灯片的第一张和最后一张幻灯片。选择多张幻灯片后，也可使用拖曳的方法，移动选中的多张幻灯片。

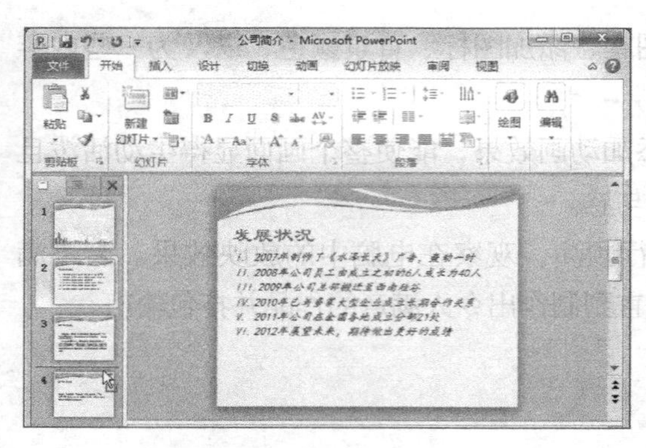

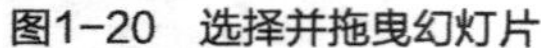

图1-20　选择并拖曳幻灯片

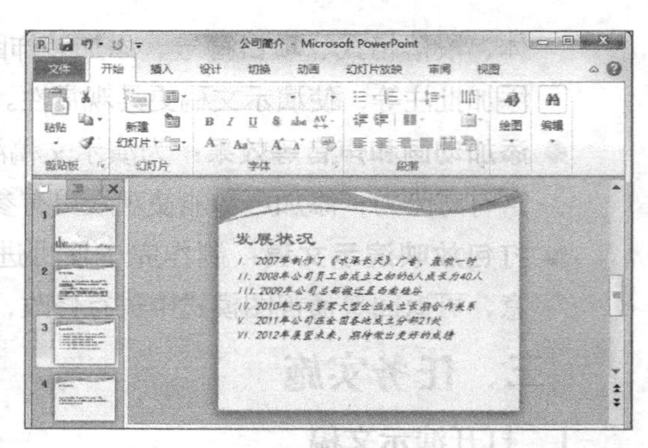

图1-21　移动幻灯片后的效果

3．复制幻灯片

如果需要制作的幻灯片与已经存在的幻灯片版式相近，或只需要修改较少之处，可对已存在的幻灯片进行复制，以节约制作时间，其具体操作如下。（**微课：**光盘\微课视频\项目一\复制演示文稿.swf）

STEP 1 选择第3张幻灯片，在其上单击鼠标右键，在弹出的快捷菜单中选择“复制”命令，如图1-22所示。

STEP 2 将鼠标光标定位到第3张幻灯片之后，在第3张幻灯片之后出现闪烁的黑色定位点，单击鼠标右键，在弹出的快捷菜单中选择“粘贴选项”栏下的“保留源格式”命令，如图1-23所示。

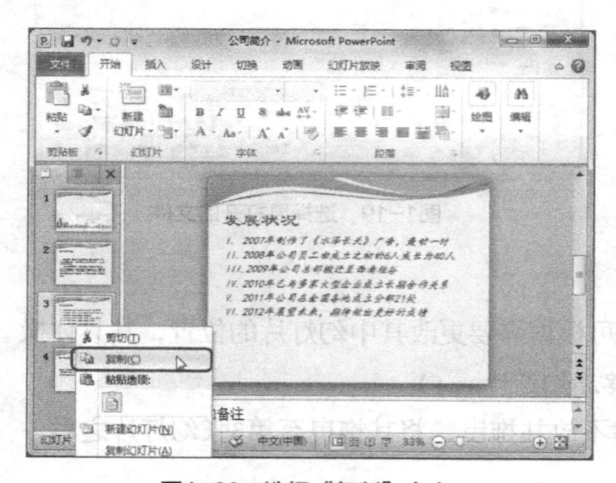

图1-22　选择“复制”命令

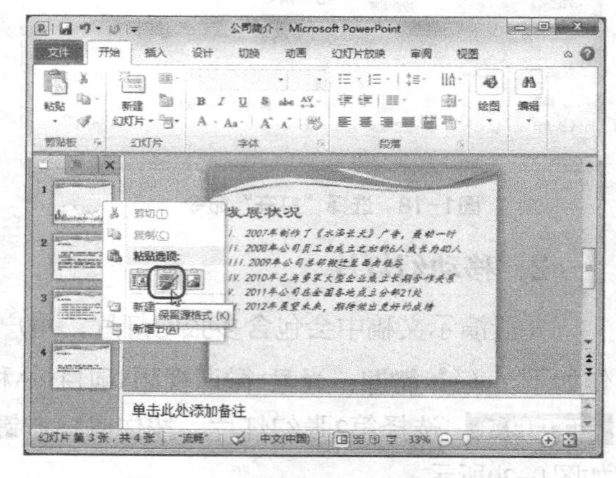

图1-23　选择“保留源格式”命令

知识提示

在弹出的快捷菜单中选择“复制”命令，然后再直接使用“粘贴”命令，可将源幻灯片中的各个组成部分和特征原封不动地复制到新的幻灯片中。该方法同样适用于多张幻灯片的复制和粘贴操作。

4．缩放查看幻灯片

幻灯片编辑区中的幻灯片并不是一成不变的，用户可调节其显示大小，从而方便地对其中的元素进行编辑，其具体操作如下。

STEP 1 在状态栏中单击右侧的“显示比例”滑块□不放并向右拖曳，可放大幻灯片的显示，如图1-24所示。

STEP 2 多次单击左侧的“缩小”按钮⊖使“显示比例”滑块□移至中间刻度处，此时幻灯片的显示大小为100%，如图1-25所示。

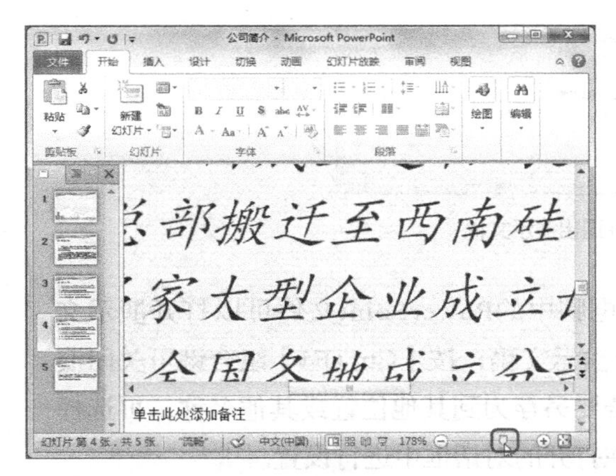

图1-24 放大显示

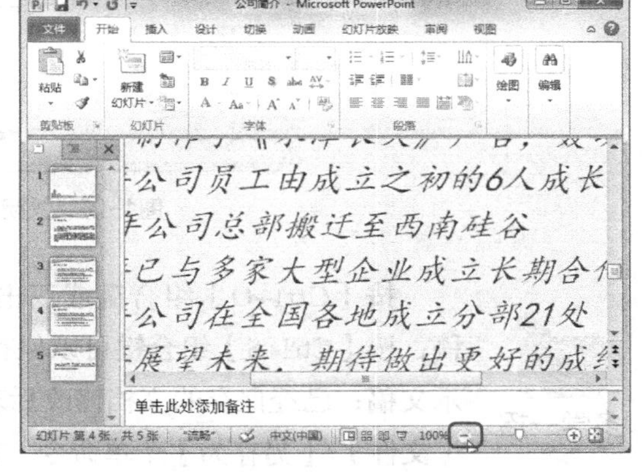

图1-25 缩小显示

STEP 3 单击最右侧的“使幻灯片适应当前窗口”按钮⊡，可使幻灯片的显示与当前窗口的大小相适应，如图1-26所示。

图1-26 单击“使幻灯片适应当前窗口”按钮

5．关闭演示文稿

编辑完演示文稿之后，需要关闭演示文稿，在关闭之前需对其进行保存，其具体操作如下。（**微课**：光盘\微课视频\项目一\关闭演示文稿.swf）

STEP 1 选择【文件】/【保存】菜单命令，即可将编辑后的文件自动保存在第一次保存的位置上。

STEP 2 选择【文件】/【退出】菜单命令，即可关闭演示文稿并退出PowerPoint 2010，如图1-27所示。

图1-27　关闭并退出演示文稿

多学一招

按【Ctrl+O】组合键或双击电脑中的PowerPoint文件可以打开演示文稿；按【Ctrl+S】组合键可以保存演示文稿；按【Ctrl+F4】组合键可关闭演示文稿；已经保存的文档修改后若要另存为到其他位置或其他名称，可选择【文件】/【另存为】菜单命令，在打开的对话框中进行设置。

实训一　制作“新品发布”演示文稿

【实训目标】

公司要召开一场发布会，展示新产品，以寻求合作对象，将该产品销售出去。在此之前，需要制作“新品发布”演示文稿，老张接下了这个任务，并带着小白一起完成。

要完成本实训，需要熟练掌握演示文稿的新建和幻灯片的新建等操作，本实训的最终效果如图1-28所示。

效果所在位置　光盘:\效果文件\项目一\新品发布.pptx

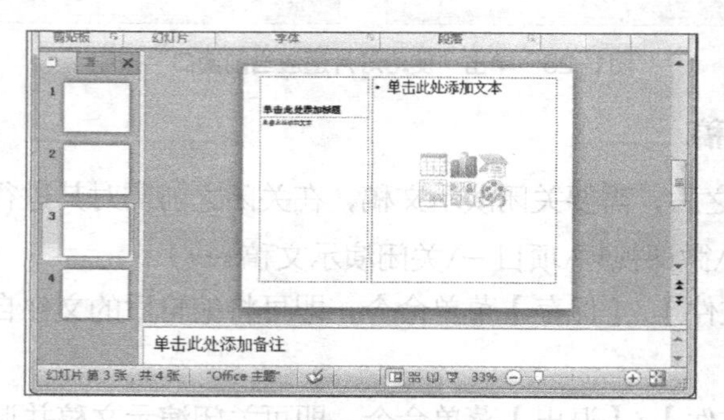

图1-28　“新品发布”最终效果

【专业背景】

举办新品发布会，是联络、协调客户关系的一种十分重要的手段。新品发布会通常由某一企业或几个有关的企业出面，将有关的客户或者潜在客户邀请到一起，在特定的时间和地点举行一次会议，发布一个新产品。

【实训思路】

完成本实训需要先新建演示文稿，添加新幻灯片，然后保存演示文稿到指定的目录下，其操作思路如图1-29所示。

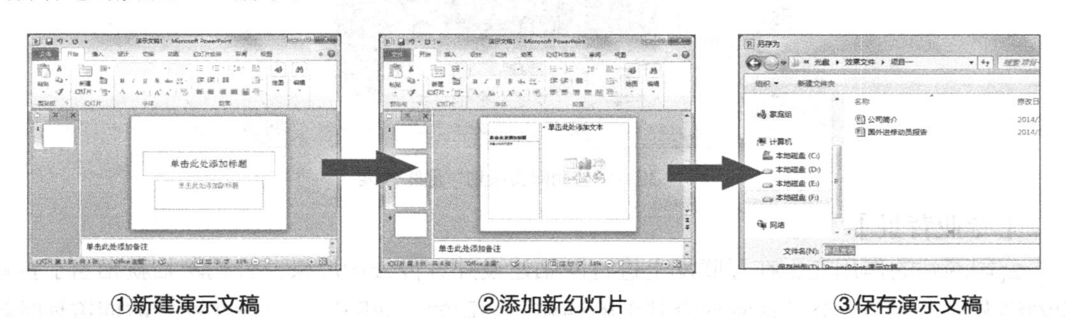

图1-29 制作“新品发布”的思路

【步骤提示】

STEP 1 启动PowerPoint 2010，软件自动新建一个空白演示文稿。

STEP 2 选择第1张幻灯片，按两次【Enter】键，新建两张默认版式的幻灯片。

STEP 3 选择第2张幻灯片，在【开始】/【幻灯片】组中单击“新建幻灯片”按钮，创建“内容与标题”幻灯片。

STEP 4 按【Ctrl+S】组合键，在打开的对话框中保存演示文稿。

实训二 根据模板制作“公司网页策划”演示文稿

【实训目标】

为了拓展业务并推广旗下的产品，最近公司在和另一个科技公司接洽，准备推出自己的网站。在初步商讨过后，需要整理公司相关的网站投放内容、产品、及其相关编号，以及对网站设计的要求等。老张早已开始着手收集相关资料，现在他让小白制作一个模板文档给他，以便置入相关的内容。

要完成本实训，需要熟练掌握根据模板创建演示文稿及添加、删除、复制、新建幻灯片等操作，本实训的最终效果如图1-30所示。

效果所在位置 **光盘:\效果文件\项目一\公司网页策划.pptx**

图1-30 “公司网页策划”最终效果

【专业背景】

公司网站的作用在于在互联网上进行网站建设并宣传公司形象，公司网站就相当于企业的网络名片。许多大公司通常包含其主网站和子公司的企业网站，因此在进行前期策划时就应确定方向。

根据行业特性的差别，可将网站分为以下几类。

- **基本信息型**：主要面向客户、业界人士或普通浏览者，以介绍企业的基本资料、帮助树立企业形象为主；也可以适当提供行业内的新闻或者知识信息。
- **电子商务型**：主要面向供应商、客户或服务型的消费群体，以提供直属于企业业务范围的服务或交易为主，其电子商务化程度可能处于比较初级的服务支持，如网上银行、网上酒店等。
- **多媒体广告型**：主要面向客户或服务的消费群体，以宣传企业的核心品牌形象、主要产品或服务为主，网站的表现手法更像平面广告或者电视广告，因此用“多媒体广告”来称呼这种类型的网站。

【实训思路】

完成本实训需要先根据模板创建演示文稿，然后在演示文稿中添加或删除幻灯片，最后保存演示文稿，其操作思路如图1-31所示。

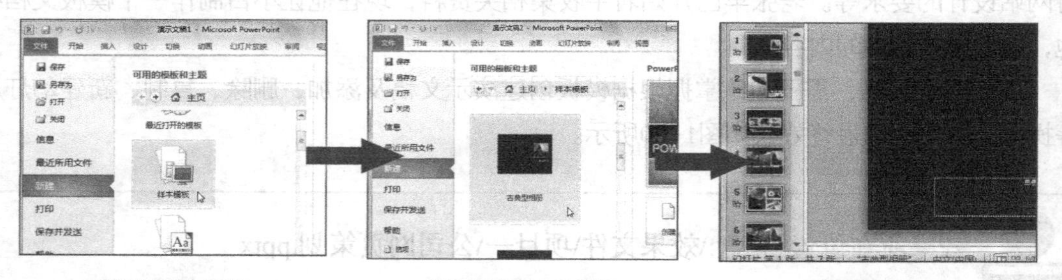

图1-31 制作“公司网页策划”的思路

【步骤提示】

STEP 1 启动PowerPoint 2010，选择【文件】/【新建】菜单命令。

STEP 2 在中间的列表中选择“样本模板”选项。

STEP 3 在列出的模板中选择一种模板，这里选择“古典型相册”。

STEP 4 选择第2张幻灯片，按【Delete】键将其删除，选择第3张幻灯片，将其移动到第2张幻灯片之上，复制第4张幻灯片到第5张幻灯片之后。

STEP 5 按【Ctrl+S】组合键，在打开的对话框中保存演示文稿。

常见疑难解析

问：怎样提高PowerPoint的撤销操作次数？

答：PowerPoint的“撤销”功能为文稿的编辑提供了很大便利，但PowerPoint默认的撤销操作次数只有20次。提高PowerPoint撤销操作的次数的方法为，选择【文件】/【选项】菜单命令，在打开的“PowerPoint 选项”对话框左侧的列表中选择“高级”选项卡，在“编辑选项”栏中可手动设置撤销次数。

问：在PowerPoint中如何显示与隐藏标尺、网格线和参考线？

答：标尺在编辑幻灯片时主要起对齐或定位对象的作用，网格和参考线可对对象进行辅助定位。显示与隐藏标尺、网格线、参考线的操作是在【视图】/【显示】组中撤销选中或单击选中相应的“标尺”“参考线”“网格线”复选框即可。

拓展知识

1. PPT必会快捷键

通过学习，可掌握PowerPoint的基本操作，这些基本操作通常都会有对应的快捷键，使用这些快捷键，可提高幻灯片的制作速度，PowerPoint常用快捷键介绍如表1-1所示。

表 1-1 PPT 必会快捷键

快捷键	作用	快捷键	作用
Ctrl+A	选择全部对象或幻灯片	Ctrl+C	复制
Ctrl+B	应用 / 解除文本加粗	Ctrl+E	段落居中对齐
Ctrl+F	激活“查找”对话框	Ctrl+G	激活“网格线和参考线”对话框
Ctrl+D	生成对象或幻灯片的副本	Ctrl+V	粘贴
Alt+F4	退出程序	Enter	新建幻灯片
Ctrl+H	激活“替换”对话框	Ctrl+X	剪切

2. PPT网站推荐

好的PPT模板可以使你在制作演示文稿的过程中事半功倍，表1-2中介绍了一些评价较高的PPT网站。

表 1-2 PPT 网站推荐

网站	网站
锐普 PPT 论坛	锐普 PPT 案例网
slideshare 分享网	锐普 PPT 商城
PPT 天堂网站	presentationload 模板网
豆丁网	poweredtemplates 模板商城

课后练习

素材所在位置 光盘:\素材文件\项目一\食品健康.pptx
效果所在位置 光盘:\效果文件\项目一\食品健康.pptx、年会相册.pptx

（1）打开“食品健康.pptx”演示文稿，如图1-32所示，在其中进行以下操作。

- 单击“视图”选项卡，在4种视图模式间进行切换，并观察其区别。
- 复制第2张幻灯片并将其粘贴到第3张幻灯片后。
- 将第5张幻灯片移至第4张幻灯片前。
- 新建一张幻灯片。
- 删除不需要的幻灯片。

（2）根据“样本模板”中的“现代型相册”模板，创建一个新的演示文稿，并在第5张幻灯片后添加“相册节”幻灯片，将第2张幻灯片移至第4张幻灯片后，删除第3张幻灯片，如图1-33所示，并以“年会相册”为名进行保存。

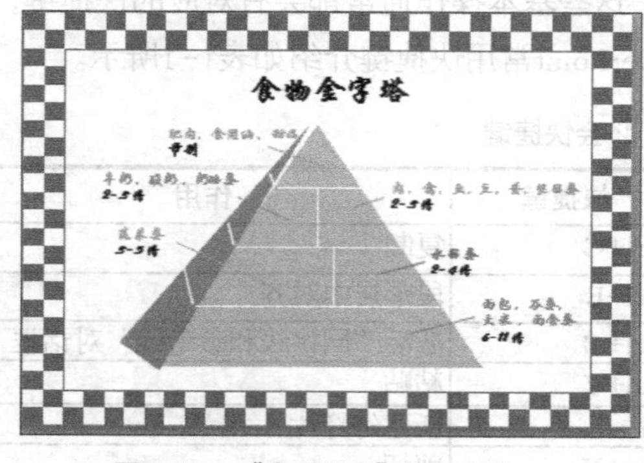

图1-32 “食品健康”演示文稿

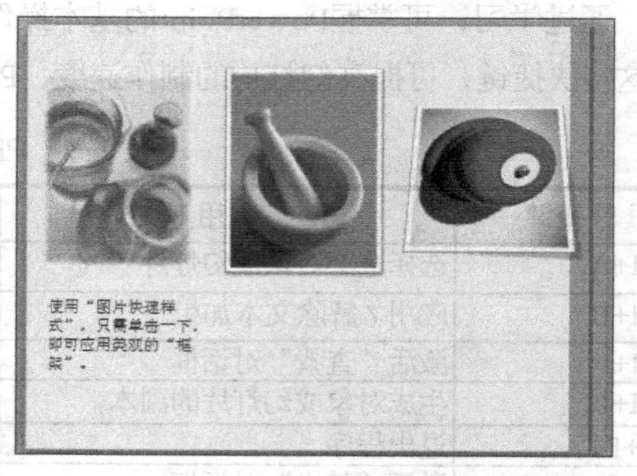

图1-33 “年会相册”演示文稿

PART 2

项目二 广告策划

情景导入

公司最近的策划案较多，由于小白学习领悟能力很强，老张决定带着小白一起构思最近的几期策划案，并跟进策划实施过程，一方面可以锻炼小白，另一方面解决公司人手不够的问题。

知识技能目标

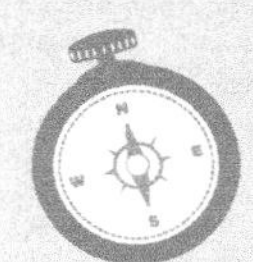

- 熟练掌握输入各种类型文本的操作方法。
- 熟练掌握编辑文本的操作方法。
- 熟练掌握设置文本、段落格式，以及设置项目符号和段落编号的方法。
- 熟练掌握在幻灯片中添加对象的方法。

- 了解各类策划案的构思和制作流程。
- 掌握“饮料广告策划”“市场营销策划”“促销活动策划”“品牌推广策划”等演示文稿的制作方法。

课堂案例展示

“品牌推广策划”最终效果

任务一 制作“饮料广告策划”演示文稿

广告策划就是对广告进行决策，对广告的整体战略与策略进行运筹规划。制作广告策划的流程首先为提出广告决策，然后实施提出的决策，最后检验决策，从而考虑各方面影响因素，对产品的推广做预先的设想。

一、任务目标

公司最近接受了一饮料公司的委托，为其新研发的一款饮料制作广告策划，以期能在较短的时间内推出该产品，并收获令人满意的销售成绩。考虑到小白没有接触过相关策划工作，老张决定带小白一起执行这次的策划工作。本任务完成后的最终效果如图2-1所示。

素材所在位置 光盘:\素材文件\项目二\饮料广告策划.pptx
效果所在位置 光盘:\效果文件\项目二\饮料广告策划.pptx

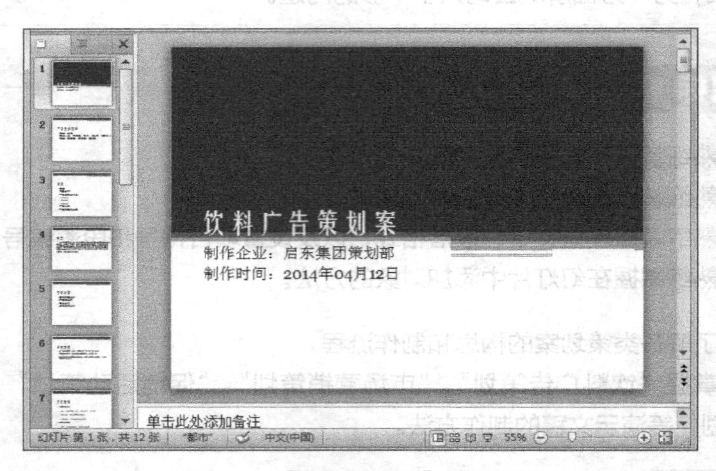

图2-1 “饮料广告策划”最终效果

二、相关知识

使用PowerPoint制作演示文稿，首先要搜集幻灯片的制作内容，并了解幻灯片中的文本占位符和对象，具体介绍如下。

1. PPT文案策划要点与事项

在制作广告策划类的文案策划时，首先需对要撰写的策划内容进行分析和整理，主要包括市场分析、广告策略及广告预算和分配。

市场分析是指通过市场调查和供求预测，对产品在一定时间内的市场占有率进行判断分析，主要包括营销环境分析、商品分析、消费者分析、竞争对手分析；广告策略是实现和实施广告的具体手段和方法，主要包括目标策略、产品定位、媒体广告创意等；广告预算是指企业投放广告活动的资金费用，在广告投放期内，从事广告活动所需要的总金额、使用范围、使用方法等。

2．占位符与文本框的区别

在PowerPoint中，可在占位符和文本框中输入文本，制作幻灯片的文本内容。

- **占位符**：在默认的幻灯片中可看到“单击此处添加标题”等有虚线边框的文本框，这些文本框即为占位符，占位符是PowerPoint中特有的对象。
- **文本框**：每张幻灯片中只包含少量的占位符，当需要在其他位置输入文本时，就必须另外插入文本框，然后在文本框中输入文本。

知识提示　PowerPoint中包括3类占位符，即标题占位符、副标题占位符和对象占位符。前两种占位符用于输入标题和副标题，对象占位符则用于输入正文，或插入图片、图形等对象。

三、任务实施

1．输入标题文本

下面打开“饮料广告策划”演示文稿，通过该文稿的制作，讲解如何输入标题文本，其具体操作如下。（**微课**：光盘\微课视频\项目二\输入标题文本.swf）

STEP 1　打开素材文件夹中的“饮料广告策划”演示文稿，在“幻灯片”窗格中单击选中第1张幻灯片。

STEP 2　在“单击此处添加标题”占位符中单击，将文本插入点定位到标题占位符中，然后输入“饮料广告策划案”文本，如图2-2所示。

STEP 3　在“单击此处添加副标题”占位符中单击，定位文本插入点，输入图2-3中所示的文本。

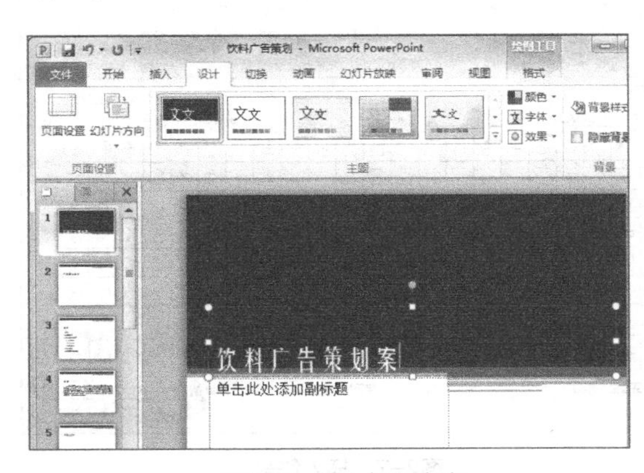

图2-2　输入标题文本

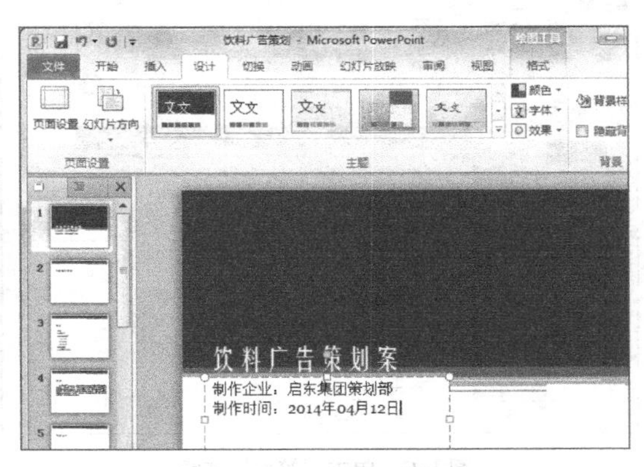

图2-3　输入副标题文本

2．输入内容文本

下面继续在“饮料广告策划”演示文稿中输入内容文本，其具体操作如下。（**微课**：光盘\微课视频\项目二\输入内容文本.swf）

STEP 1　选择第2张幻灯片，在“单击此处添加文本”占位符中单击，定位文本插入点，输入“总监：小薇”，如图2-4所示。

STEP 2 按【Enter】键换行，继续输入文本，效果如图2-5所示。

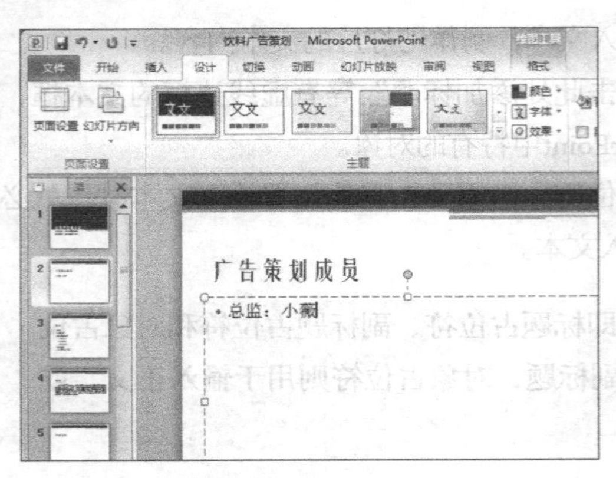

图2-4 输入内容文本

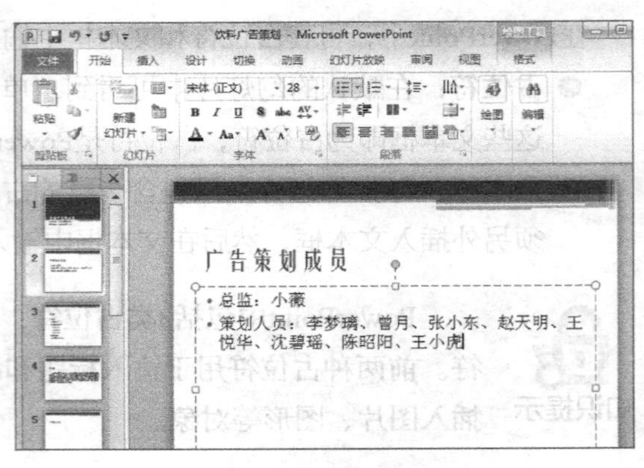

图2-5 继续输入内容文本

3．输入符号文本

在演示文稿中还可输入符号，使用符号对演示文稿中的内容进行标记，如表示不同的重要程度等，其具体操作如下。（微课：光盘\微课视频\项目二\输入符号文本.swf）

STEP 1 选择第3张幻灯片，在"广告策略分析"文本后单击，定位文本插入点，在【插入】/【符号】组中单击"符号"按钮Ω，如图2-6所示。

STEP 2 打开"符号"对话框，选择默认列表中的"实心星"符号，单击 插入(I) 按钮，插入一个符号，此时 取消 按钮变为 关闭 按钮，单击 关闭 按钮，如图2-7所示，退出对话框。

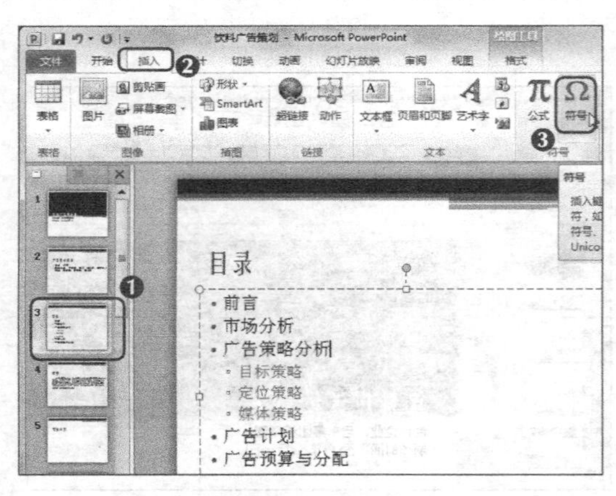

图2-6 单击"符号"按钮

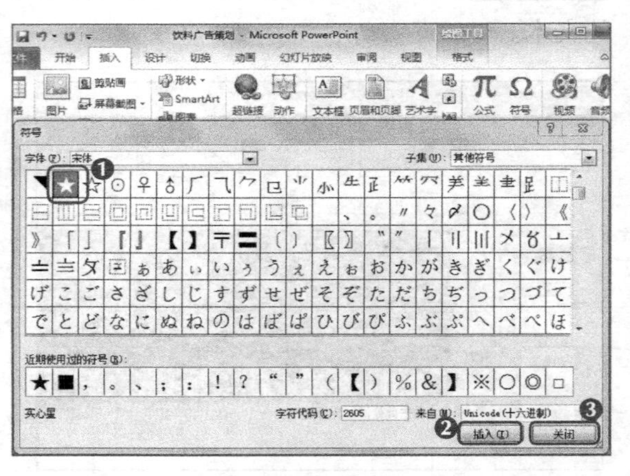

图2-7 插入符号

4．利用大纲窗口创建文本

在PowerPoint中除了可在幻灯片中直接输入文本内容，也可在大纲窗口中输入文本，其具体操作如下。（微课：光盘\微课视频\项目二\利用大纲窗口创建文本.swf）

STEP 1 在"幻灯片/大纲"窗格中单击"大纲"选项卡。

STEP 2 在"大纲"窗格中，将文本插入点定位到第5张幻灯片"市场分析"项目文本的后面，如图2-8所示。

STEP 3 按【Enter】键新建一张幻灯片，再按【Tab】键将新建的幻灯片转换为幻灯片的正文文本，输入“营销环境分析”，如图2-9所示。

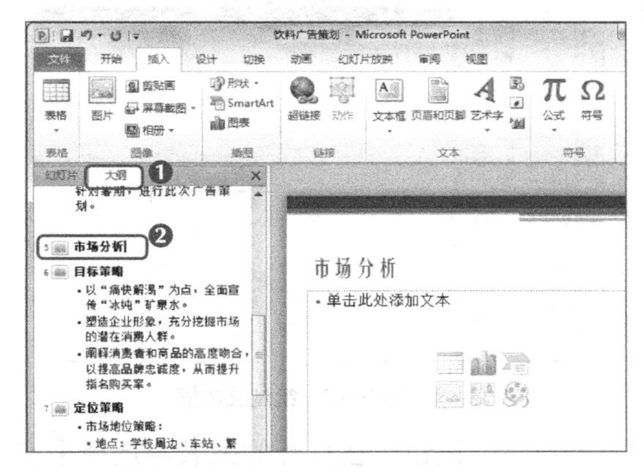

图2-8 定位文本插入点

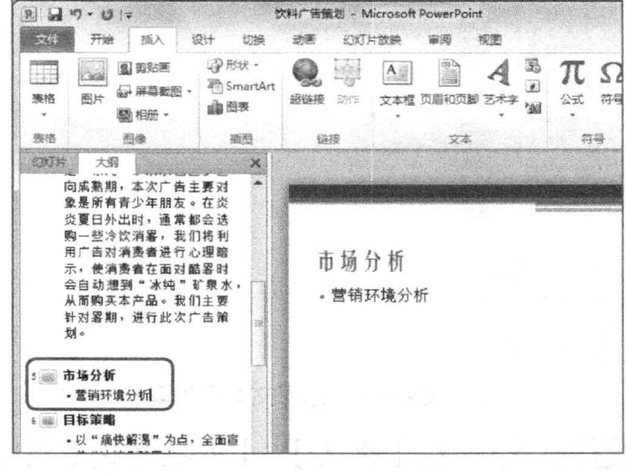

图2-9 输入文本

STEP 4 按【Enter】键输入“消费者分析”，使用同样的方法输入图2-10中所示的其他文本内容。

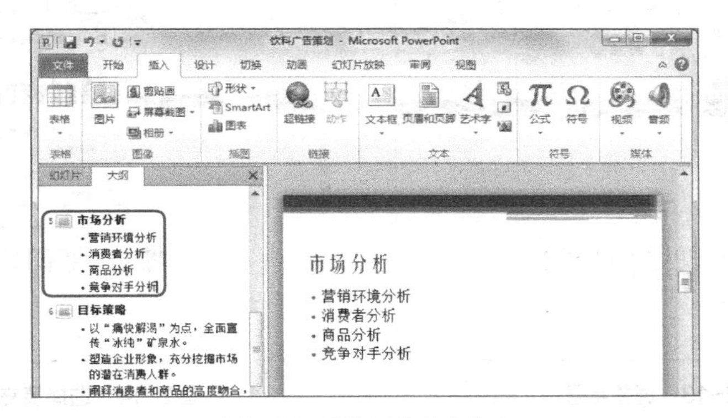

图2-10 输入其他文本内容

5．插入文本框

当默认的占位符无法满足输入文本的需要时，可创建文本框来输入文本。文本框中的文字便于设计，也便于与其他多媒体对象配合使用，可提高文档的美观性。其具体操作如下。

（**微课**：光盘\微课视频\项目二\输入文本框.swf）

STEP 1 在“幻灯片/大纲”窗格中单击“幻灯片”选项卡，选择最后一张幻灯片。

STEP 2 在【插入】/【文本】组中单击“文本框”按钮下方的下拉按钮，在打开的列表中选择“横排文本框”选项，如图2-11所示。

STEP 3 此时鼠标指针变为↓形状，在幻灯片中按住鼠标左键不放并拖曳，绘制文本框，如图2-12所示。

STEP 4 在文本框中输入文本“谢谢观看！”，单击选中文本框，在【开始】/【字体】组中将字号设置为“54”，如图2-13所示。

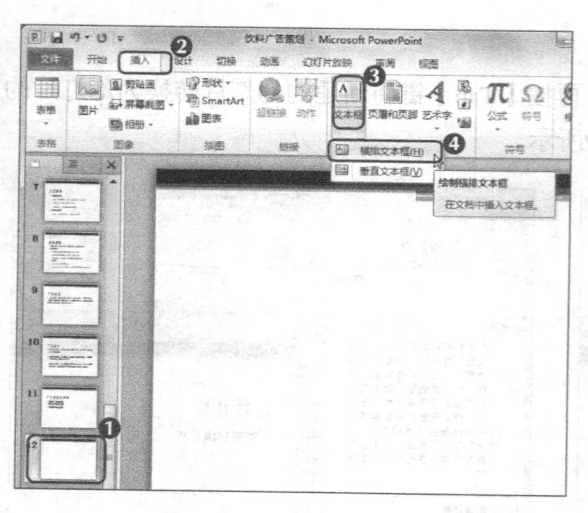

图2-11　选择文本框类型

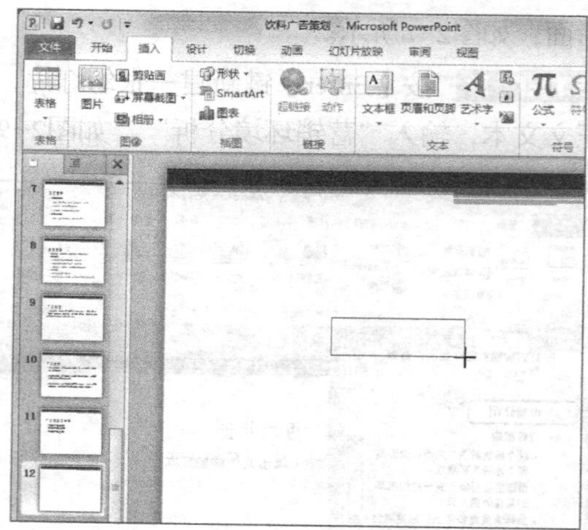

图2-12　绘制文本框

STEP 5 在【格式】/【形状样式】组中单击形状填充按钮，在打开的列表中选择【渐变】/【线性向右】选项，如图2-14所示。

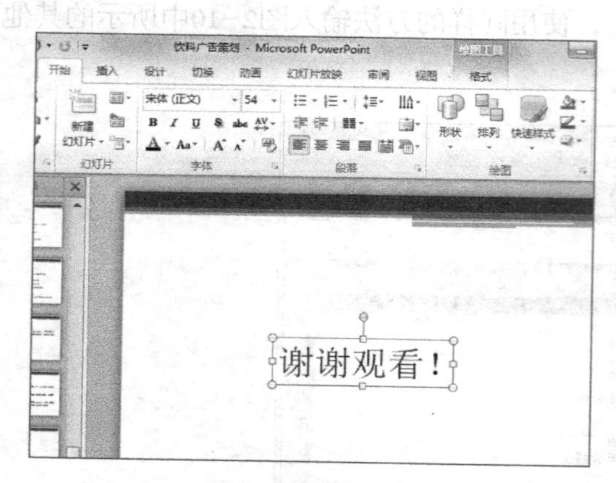

图2-13　调整字号

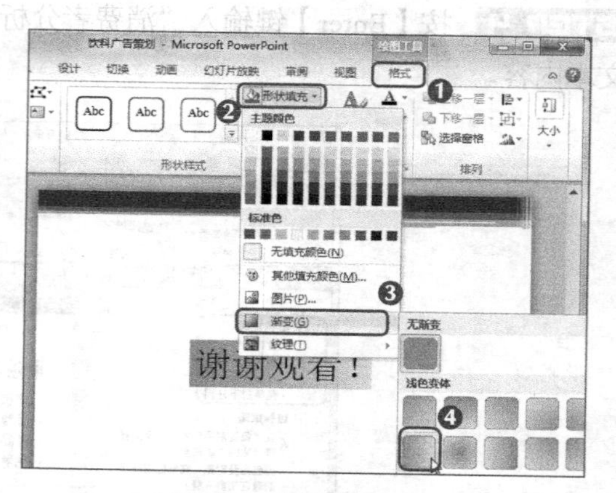

图2-14　选择填充方式

STEP 6 保持文本框选中，单击形状轮廓按钮，在打开的列表中选择“紫色”选项，如图2-15所示。

STEP 7 单击形状效果按钮，在打开的列表中选择【映像】/【全映像-接触】选项，如图2-16所示。

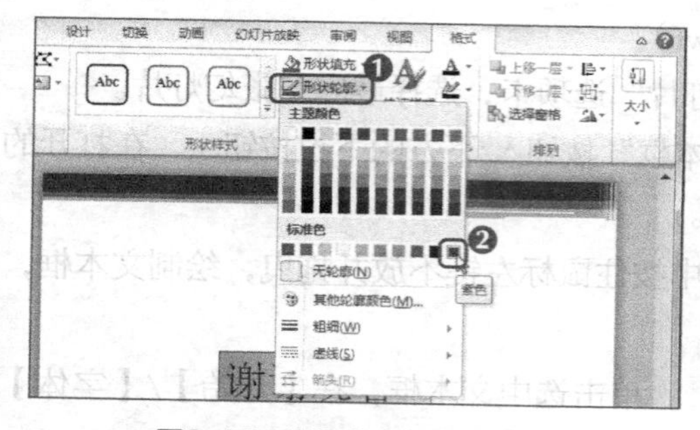

图2-15　设置文本框边框颜色

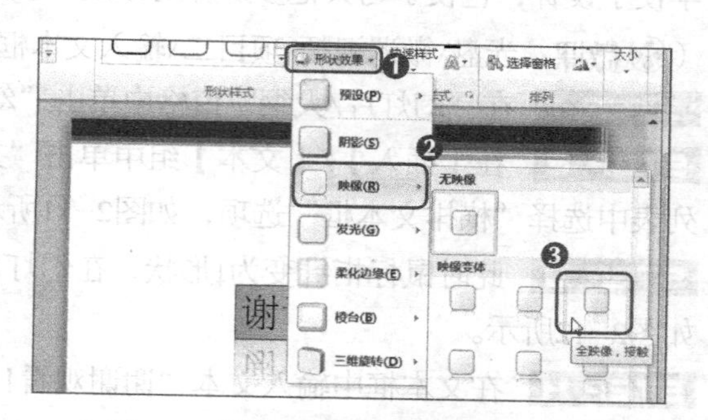

图2-16　设置形状效果

多学一招

在【格式】/【形状样式】组中单击“对话框启动器”按钮，打开“设置形状格式”对话框，在其中可以设置文本框背景、边框、形状效果，并可对文本框中添加的效果进行调整。除此之外，还可对文本框的版式、自动调整、内部边距等进行设置。

任务二 制作“市场营销策划”演示文稿

根据企业的营销目标，以消费者的需求为核心，对企业的产品和服务等进行设计和规划，以达到营销目的的过程即为市场营销策划。在制作市场营销策划前，要确定营销理念，然后在此基础上进行策划，让消费者认识、了解并信任该品牌，从而依赖该品牌。

一、任务目标

公司最近新成立了一个子公司，用于发展其他业务，现需要将该子公司推广出去，让更多人了解其旗下的品牌与产品。公司安排老张完成子公司的市场营销策划，并让老张自己挑选助手，于是老张带上了小白。本任务完成后的最终效果如图2-17所示。

素材所在位置 光盘:\素材文件\项目二\市场营销策划.pptx
效果所在位置 光盘:\效果文件\项目二\市场营销策划.pptx

图2-17 “市场营销策划”最终效果

职业素养

由于营销活动需要经常与人交流，因此，对于营销人员来说，塑造形象、建立声誉尤为重要。营销活动的从业人员必须诚实严谨、恪尽职守、廉洁奉公、公道正派。

二、相关知识

在制作幻灯片时，需要巧妙地选择字体，并合理地搭配字号，使字体和字号对幻灯片内容的影响最小化，突出幻灯片的内容主题。下面讲解如何选择字体和字号。

1．字体的选择

在制作图文类的文档时，许多人往往会忽略字体对整体风格的影响。在制作不同类型的演示文稿时，应选用不同类型的字体，如制作商务类的演示文稿，往往需要比较严谨、横平竖直的字体，制作面向儿童的演示文稿时，则需要选择比较俏皮的字体，如图2-18所示。

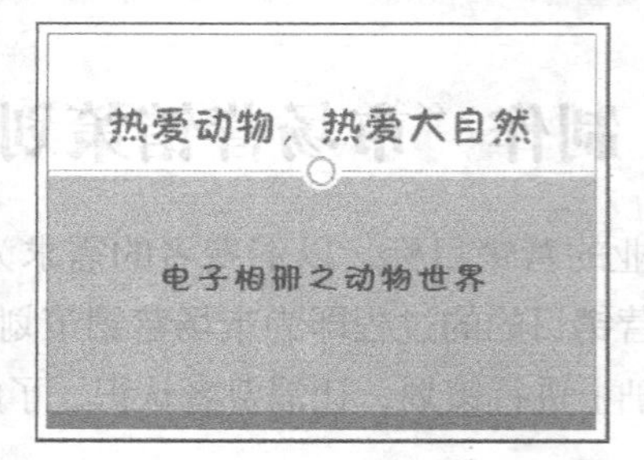

图2-18　字体的选择

下面讲解选择字体应遵循的几个原则。

- **标题字体**：在设置标题时，一般选择黑体、微软雅黑等字体结构清晰的字体。
- **字体搭配**：标题与正文最好使用不一样的字体，以便区分。但应保持字体系列一致，不能选择两种反差过大的字体，影响观众对幻灯片的阅读。
- **英文字体**：在使用英文字体时，应选择笔画清晰，易于辨认的字体，如Helvetica系列的字体。

2．字号的搭配技巧

虽然选择了不同的字体以区分标题和正文，但从远处看上去，并没有什么大的变化，这时就需要调整字号，使字体的差异明显化，使观众能一下子抓住主题部分和正文部分，从而对信息进行分类，便于理解。

在设置字号大小时应注意，如12点和14点大小的字体不但无法形成明显的对比，反而会影响彼此的可读性。但也不意味着必须让字体很大，而是应该合理地设置字号大小的对比性，让观众产生愉悦的阅读体验。

三、任务实施

1．选择和移动文本

文本的编辑操作很多，下面以“市场营销策划”演示文稿为例，讲解如何选择和移动幻灯片中的文本，其具体操作如下。（**微课**：光盘\微课视频\项目二\选择和移动文本.swf）

STEP 1 打开素材文件夹中的“市场营销策划.pptx”演示文稿，选择第8张幻灯片。

STEP 2 在“报酬”文本左侧按住鼠标左键不放并向右拖曳，至选中“报酬”文本时释放鼠标，如图2-19所示。

STEP 3 在“报酬”文本上按住鼠标左键不放并拖曳，此时鼠标指针变为形状，拖曳至目标位置，此时目标位置处将出现一条指示线。

STEP 4 释放鼠标左键即可将文本移动到目标位置，如图2-20所示。

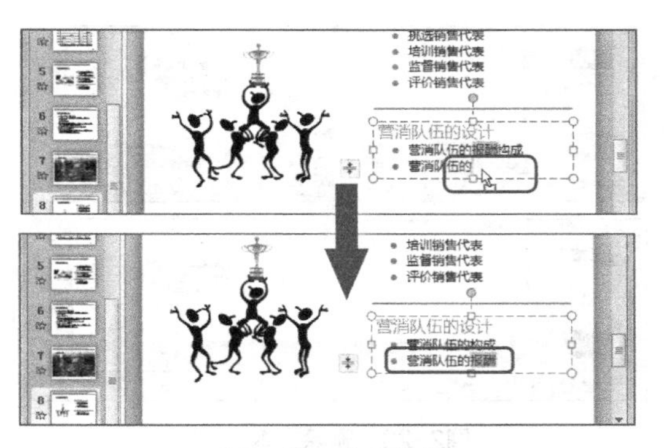

图2-19 选择文本　　　　图2-20 移动文本

2. 复制和删除文本

下面讲解在幻灯片中复制和删除文本的方法，其具体操作如下。（微课：光盘\微课视频\项目二\复制和删除文本.swf）

STEP 1 选择第5张幻灯片，在其中选中“市场”文本，在【开始】/【剪贴板】组中单击“复制”按钮，如图2-21所示，复制选中的文本。

STEP 2 将文本插入点定位到“挑战者”文本前，在【开始】/【剪贴板】组中单击“粘贴”按钮，将复制的文本粘贴至文本插入点处，如图2-22所示。

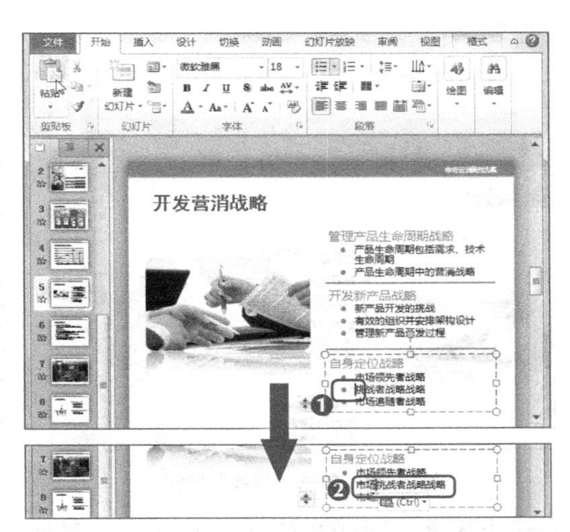

图2-21 复制文本　　　　图2-22 粘贴文本

多学一招

选择文本后，按【Ctrl+V】组合键可快速复制文本，定位到目标位置后，按【Ctrl+V】组合键可快速粘贴文本。此外，在移动文本的同时按住【Ctrl】键不放，也可复制文本。

STEP 3 选中图2-23中所示的“战略”文本，按【Delete】键即可删除选中的文本。

STEP 4 将文本插入点定位到图2-24中所示的“设计”文本之后，按两次【BackSpace】键，删除“设计”文本。

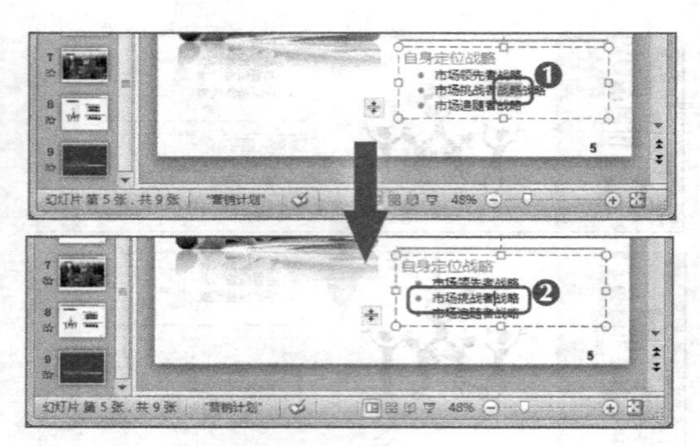

图2-23　删除文本

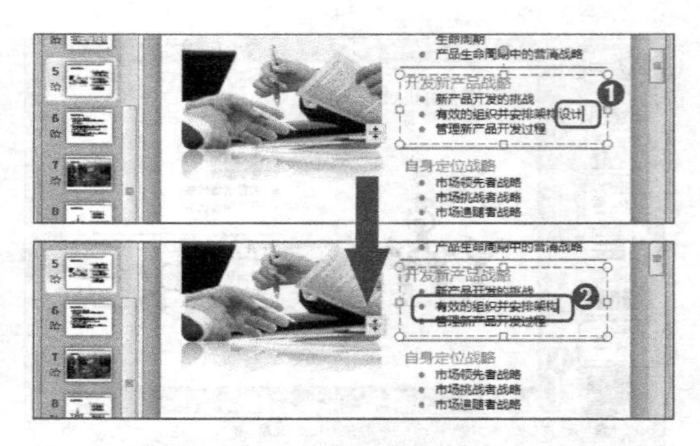

图2-24　继续删除文本

3．查找和替换文本

下面利用PowerPoint的查找和替换功能，替换文档中出错的“营消”文本，其具体操作如下。（微课：光盘\微课视频\项目二\查找和替换文本.swf）

STEP 1 在【开始】/【编辑】组中单击查找按钮，如图2-25所示。

STEP 2 打开“查找”对话框，在“查找内容”文本框中输入“营消”文本，单击查找下一个(F)按钮，在幻灯片中即可找到最近的“营消”文本，再单击替换(R)...按钮，如图2-26所示。

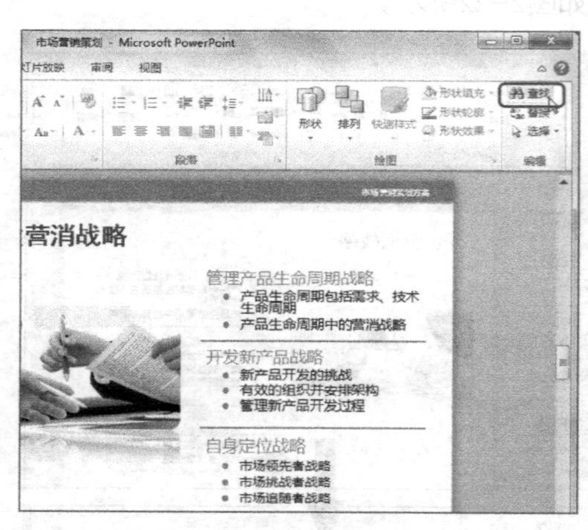

图2-25　单击“查找”按钮

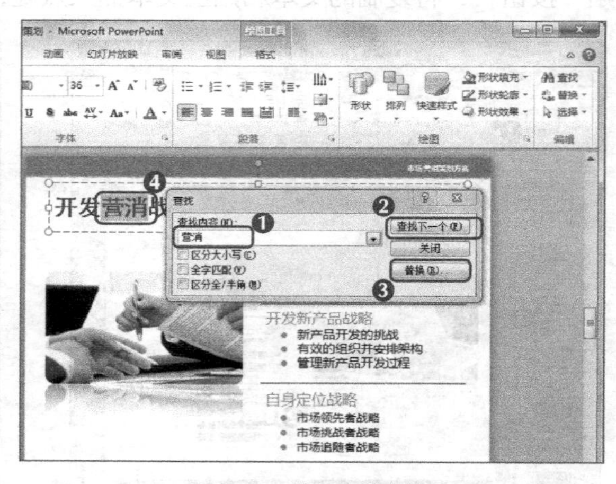

图2-26　输入查找内容

STEP 3 此时的窗口自动转换为“替换”对话框，在“替换为”文本框中输入“营销”文本，单击替换(R)按钮，即可替换当前选中的“营消”文本，如图2-27所示。

STEP 4 单击全部替换(A)按钮，打开图2-28中所示的提示框，提示在该演示文稿中找到已替换的“营消”文本的数量，并将其替换为“营销”文本，单击确定按钮，返回“替换”对话框，单击关闭按钮退出对话框即可。

多学一招

在【开始】/【编辑】栏中单击替换按钮，可直接打开“替换”对话框，进行查找和替换操作。使用“替换”命令，除了可替换文本外，还可替换格式，并区分大小写和全/半角等。

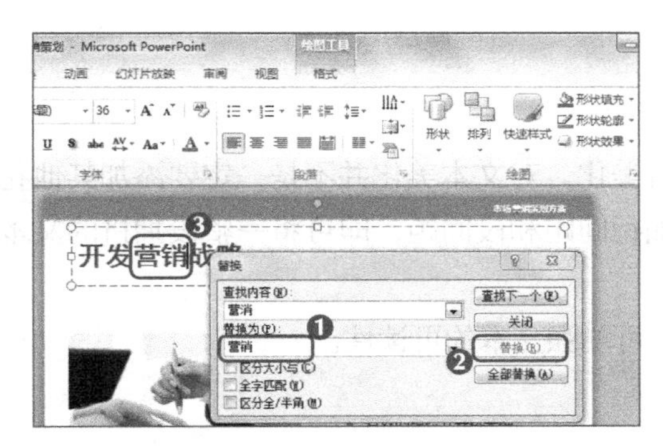

图2-27 替换选中的文本

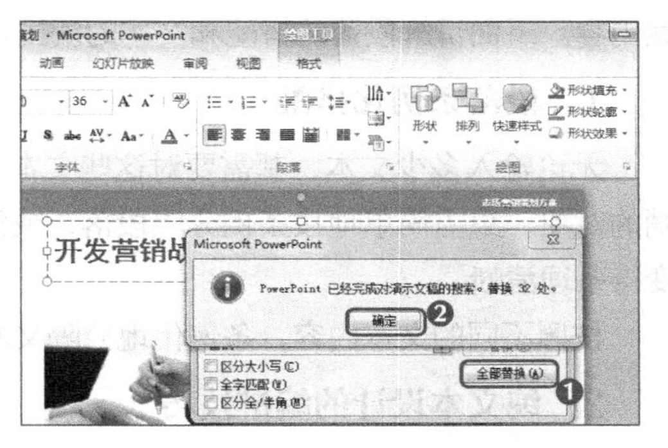

图2-28 替换全部错误的文本

任务三 制作“促销活动策划”演示文稿

促销活动一般是为了将某一产品在短期内尽快销售出去，以达到获取最大利润的目的。促销活动策划主要包括促销活动的目的、对象、活动方式、活动操作、意外防范、效果预估等内容。

一、任务目标

公司给老张下达了一项紧急任务，需要在这个星期内提交一份促销活动策划方案，将公司库存的产品在近期内销售出去。老张这次也带上了小白，让小白去清点库存，并制作相应的策划方案。本例完成后的最终效果如图2-29所示。

素材所在位置 光盘:\素材文件\项目二\促销活动策划.pptx
效果所在位置 光盘:\效果文件\项目二\促销活动策划.pptx

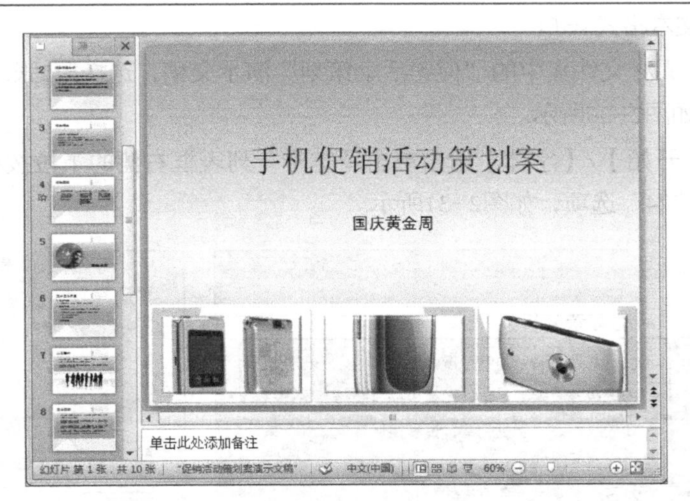

图2-29 “促销活动策划”最终效果

二、相关知识

促销活动的方案一般包含多个方面，此时就需要将其分条逐段地列出，以清晰地表达方案内容。下面讲解段落的搭配和文本的编排。

1．段落条例化搭配

无论输入多少文本，都需要对这些文本进行美化。对文本美化并不是一定要添加其他花哨的对象，只需简单地按条例分隔段落，或添加行间距和段间距，即可将一整段拥挤的文本变得条理清晰。

按照不同的文本内容，条例化地分隔文本，可增强文本的可读性。

2．纯文本设计的编排技巧

在制作幻灯片时，不可一味地追求视觉效果而忽略了幻灯片中文本的处理效果。下面介绍几种纯文本幻灯片的编排方法。

- **改变字体，提炼主题：**在制作幻灯片时，将一段文字的主题提炼出来并进行简单的加粗设置，适当调整主题文本的段前段后距离，可让文本层次更加清晰。
- **改变字体，突出重点：**每一种字体都有其自身的特点，在幻灯片中合理地选择字体，可起到强调重点，分清主次的作用。就一般情况而言，饱满的字体，如黑体、方正大黑简体等，更能凸显重点文字。
- **改变颜色，强调主题：**适当地更改文字颜色，与幻灯片背景产生明显的区分，也可起到强调主题的作用。

三、任务实施

1．设置文本格式

演示文稿带有一定的观赏性，因此在设置演示文稿中的字体时，应注意合理安排字体、字号等文本格式。下面讲解如何设置文本格式，其具体操作如下。（**微课：**光盘\微课视频\项目二\设置文本格式.swf）

STEP 1 打开素材文件夹中的“促销活动策划”演示文稿，选择第2张幻灯片，并选中需要设置的文本，如图2-30所示。

STEP 2 在【开始】/【字体】组中单击“字号”列表框右侧的下拉按钮，在打开的下拉列表框中选择“24”选项，如图2-31所示。

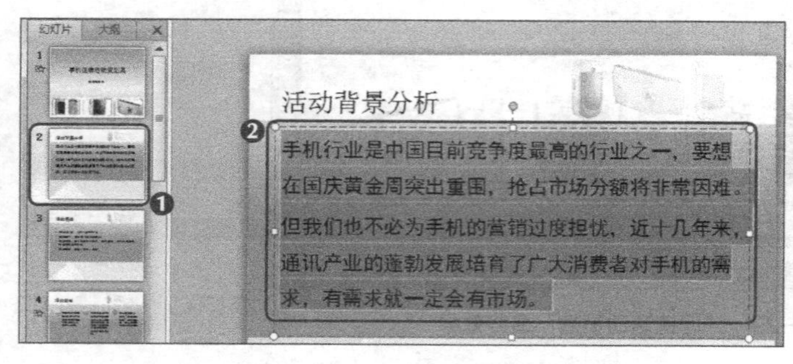

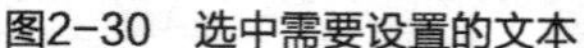
图2-30　选中需要设置的文本

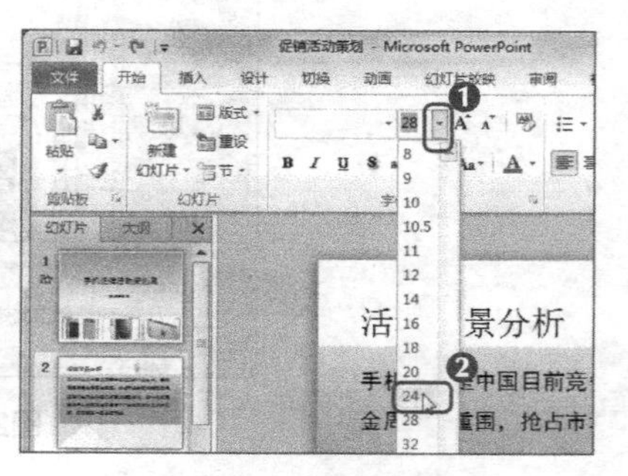

图2-31　设置字号

STEP 3 单击“字体”列表框右侧的下拉按钮，在打开的下拉列表框中选择“楷体”选项，如图2-32所示。

STEP 4 单击“加粗”按钮B，为文本设置加粗显示，如图2-33所示。

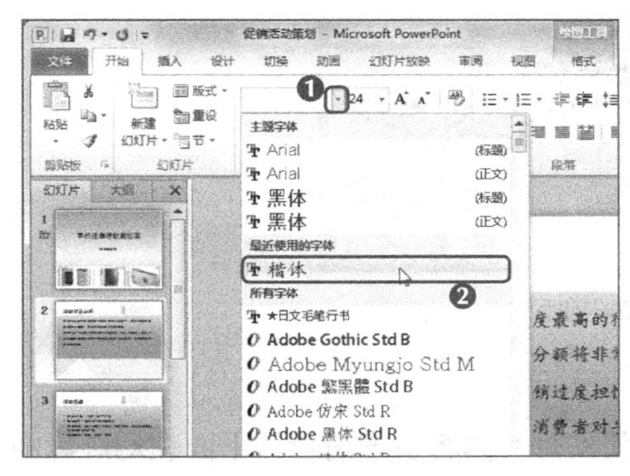

图2-32 选择字体

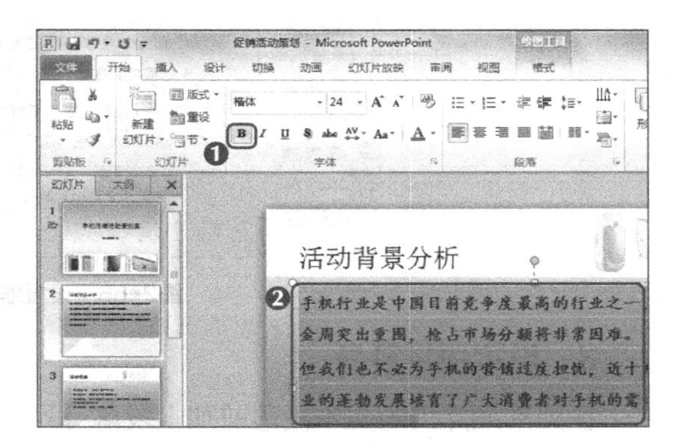

图2-33 设置加粗

知识提示 若字体列表中的字体显示与用户电脑中的字体列表显示不一致，可能是因为用户电脑中没有安装相应的字体，需要下载安装对应的字体后才能使用该字体。

2．设置段落格式

下面继续在该幻灯片中设置段落格式，其具体操作如下。（微课：光盘\微课视频\项目二\设置段落格式.swf）

STEP 1 保持第2张幻灯片中文本的选中状态，在【开始】/【段落】组中单击“对话框启动器”按钮，如图2-34所示。

STEP 2 打开“段落”对话框，在“缩进”栏的“特殊格式”下拉列表中选择“首行缩进”选项，在“间距”栏的“段前”数值框中输入“5磅”，单击 确定 按钮，如图2-35所示。

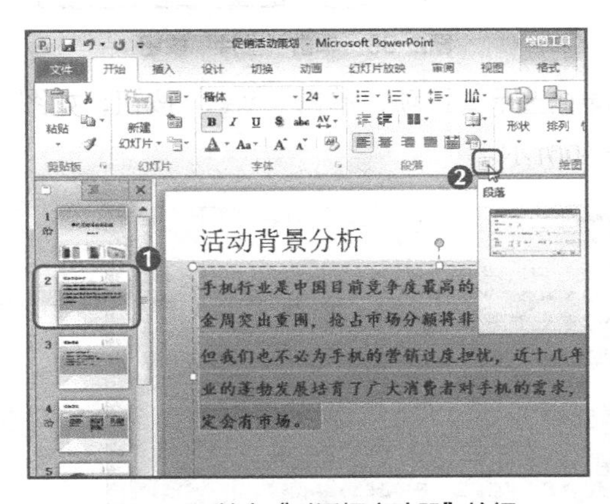

图2-34 单击“对话框启动器”按钮

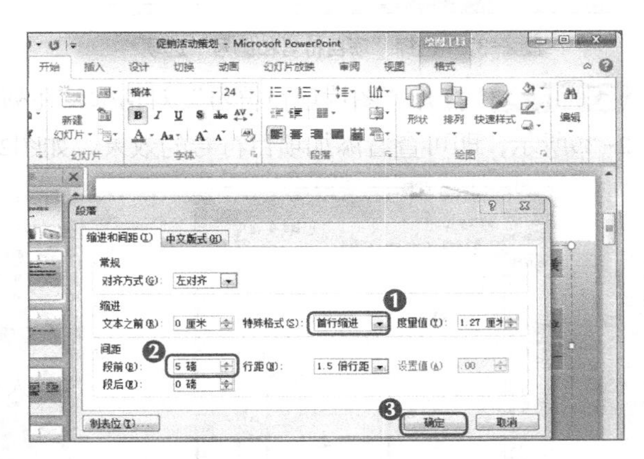

图2-35 设置缩进和间距

STEP 3 选择文本框，按住鼠标左键不放并拖曳，至合适位置后释放鼠标左键，调整文本位置，效果如图2-36所示。

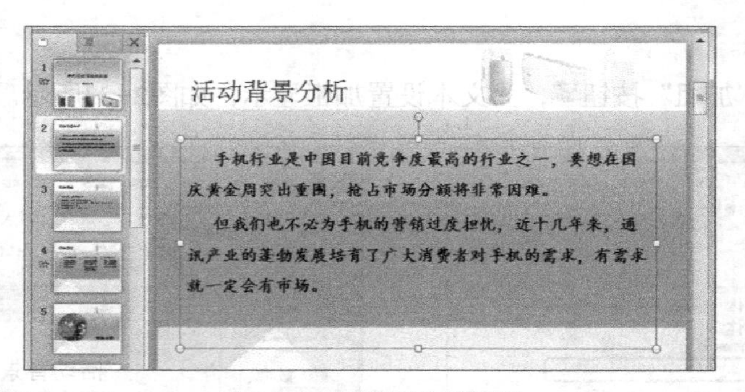

图2-36　设置缩进和段前距

3．设置项目符号

在列举或并列的文本段落前加上段落符号，可使幻灯片内容条理清晰。下面在幻灯片中设置项目符号，其具体操作如下。（微课：光盘\微课视频\项目二\设置项目符号.swf）

STEP 1 选择第7张幻灯片，选中需要设置项目符号的文本。

STEP 2 在【开始】/【段落】组中单击“项目符号”按钮右侧的下拉按钮，在打开的列表中选择“项目符号和编号”选项，如图2-37所示。

STEP 3 打开“项目符号和编号”对话框，在“项目符号”栏中单击 图片(P)... 按钮，如图2-38所示。

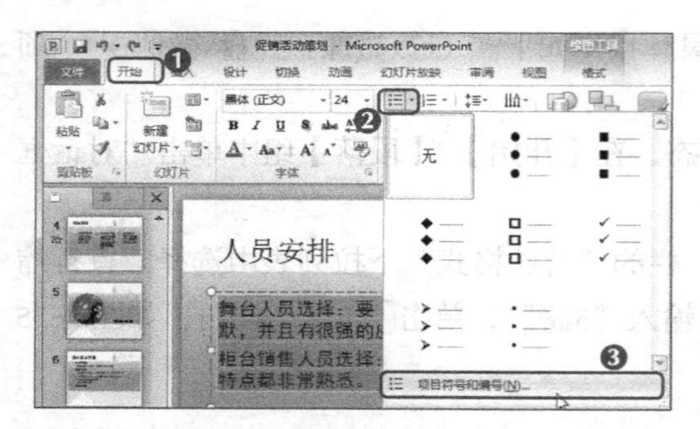

图2-37　选择“项目符号和编号”选项

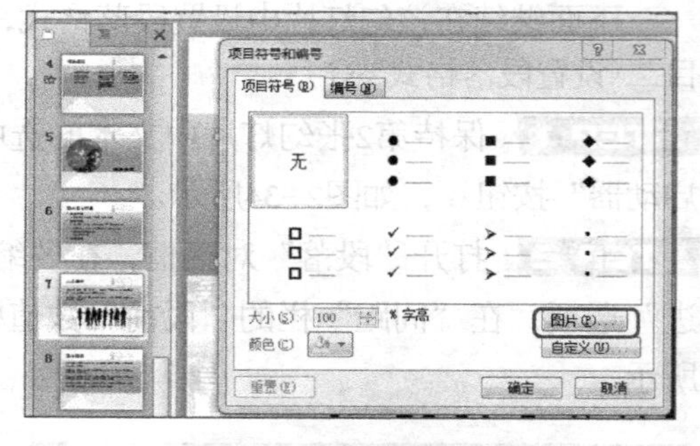

图2-38　单击“图片”按钮

STEP 4 打开“图片项目符号”对话框，在列表中选择选项，单击 确定 按钮，如图2-39所示，即可查看添加项目符号的效果，如图2-40所示。

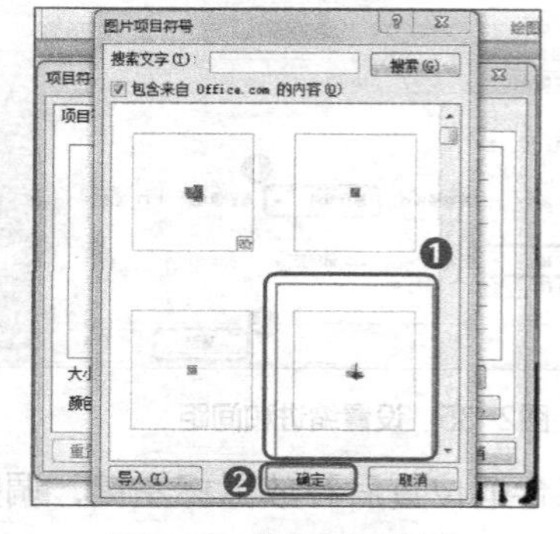

图2-39　选择项目符号

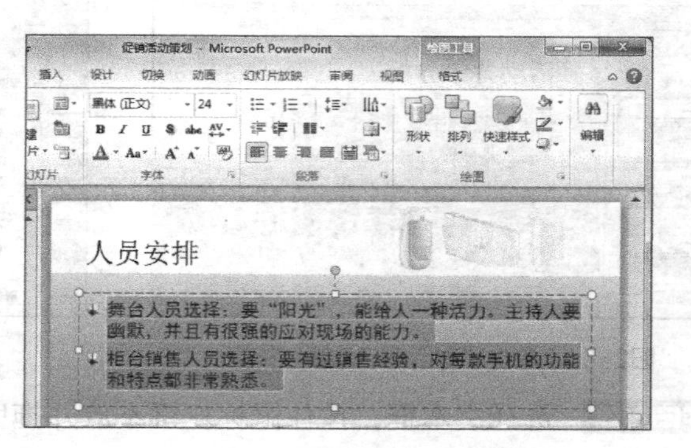

图2-40　设置项目符号的效果

多学一招

在“项目符号和编号”对话框的“项目符号”选项卡中单击【自定义(U)...】按钮，打开“符号”对话框，在其中可设置符号和字体的子集；在“图片项目符号”对话框中单击【导入(I)...】按钮，可在打开的对话框中选择本地电脑上的图片作为项目符号。

4. 设置段落编号

设置段落编号与设置项目符号类似，下面继续在“促销活动策划”演示文稿中设置段落编号，其具体操作如下。（微课：光盘\微课视频\项目二\设置段落编号.swf）

STEP 1 选择第8张幻灯片，选中需要设置段落编号的文本。

STEP 2 在【开始】/【段落】组中单击“编号”按钮右侧的下拉按钮，在打开的列表中选择“项目符号和编号”选项，如图2-41所示。

STEP 3 打开“项目符号和编号”对话框，在“编号”选项卡中选择罗马数字编号，在“大小”数值框中输入“80”，如图2-42所示。

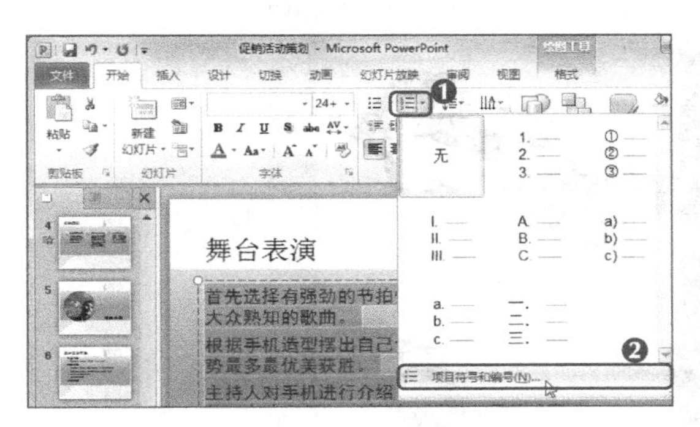

图2-41 选择“项目符号和编号”选项

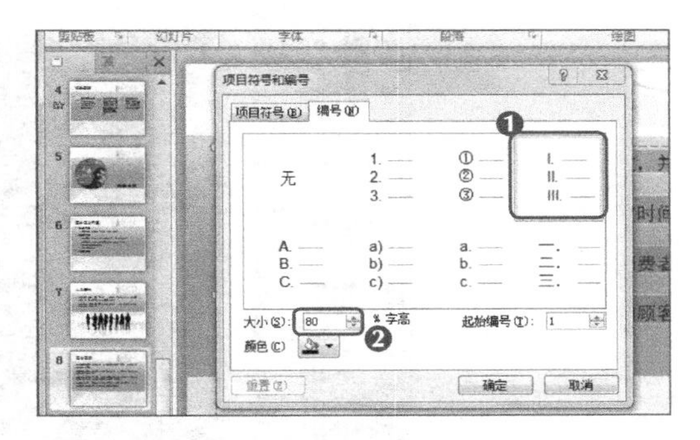

图2-42 选择编号并设置编号大小

STEP 4 单击颜色按钮，在打开的列表中选择“茶色，背景2”选项，单击【确定】按钮，如图2-43所示。

STEP 5 设置效果如图2-44所示。

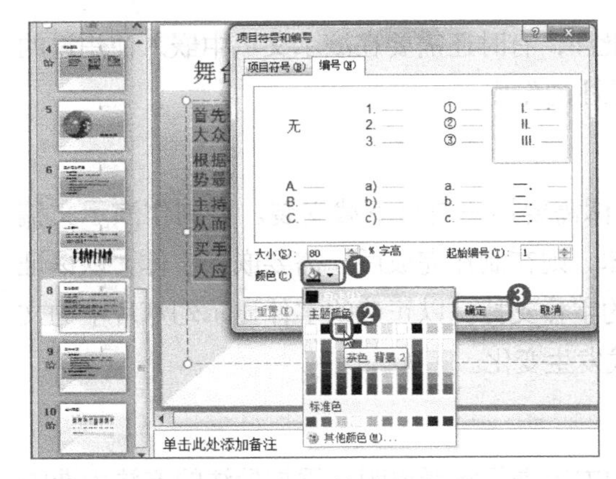

图2-43 选择颜色

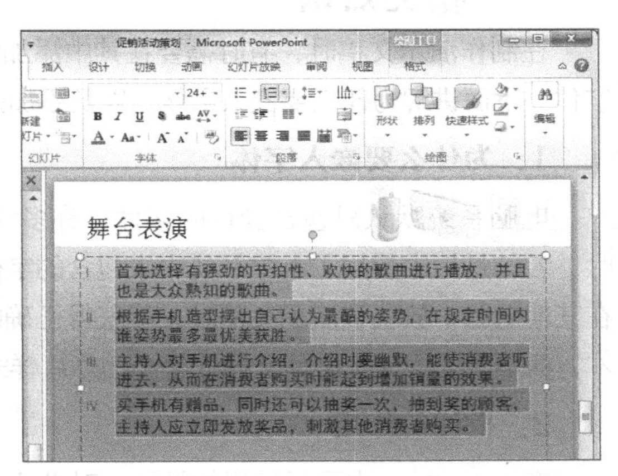

图2-44 段落编号设置效果

任务四 制作“品牌推广策划”演示文稿

品牌推广策划的主要目的是推广品牌，让消费者购买相关品牌的产品，提高品牌的知名度。品牌推广策划在现代商业活动中相当普遍，各种策划的开展为商业活动带来了革命性的发展。

一、任务目标

最近的策划案比较多，老张一个人实在是做不完，他想，带着小白也做了一段时间的策划了，不如这次就让小白独自完成品牌推广的策划，锻炼小白独立策划的能力。本例完成后的最终效果如图2-45所示。

素材所在位置 光盘:\素材文件\项目二\品牌推广策划.pptx
效果所在位置 光盘:\效果文件\项目二\品牌推广策划.pptx

图2-45 “品牌推广策划”最终效果

二、相关知识

在制作演示文稿时，有时需要在其中添加批注，有时还需要在演示文稿中嵌入使用过的字体。下面讲解为什么要嵌入字体，以及添加批注的作用。

1．为什么要嵌入字体

电脑系统默认只包含少量的字体，许多字体需要用户自行下载安装。在制作演示文稿时，若幻灯片中使用了电脑系统中未包含的字体，则在制作完成后，需要嵌入字体，以保证在其他电脑中放映该演示文稿时，能获得正确的字体支持，以正确的字体显示幻灯片中的文本，而不会因为缺少字体，导致整个幻灯片样式发生变化。

2．批注的作用

在PowerPoint中可通过添加批注，对批注的内容进行解释说明。添加批注的方法为选中需要添加批注的对象，如词语、段落或图片等对象，在【审阅】/【批注】组中单击“新建批注”按钮，在幻灯片中显示的批注框中输入批注内容即可。

三、任务实施

1. 添加艺术字

在演示文稿中添加艺术字可增强其放映时的可读性，并提升观赏性。下面讲解在幻灯片中添加艺术字的方法，其具体操作如下。（微课：光盘\微课视频\项目二\添加艺术字.swf）

STEP 1 打开素材文件夹中的“品牌推广策划”演示文稿，选择第6张幻灯片。

STEP 2 在【插入】/【文本】组中单击“艺术字”按钮，在打开的列表中选择“填充-白色，投影”选项，如图2-46所示。

STEP 3 此时在幻灯片正中插入了一个艺术字文本框，提示用户输入需要的文本，如图2-47所示。

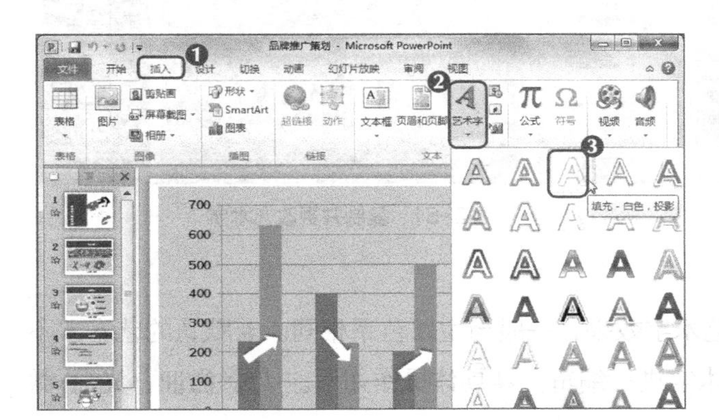

图2-46 选择艺术字样式

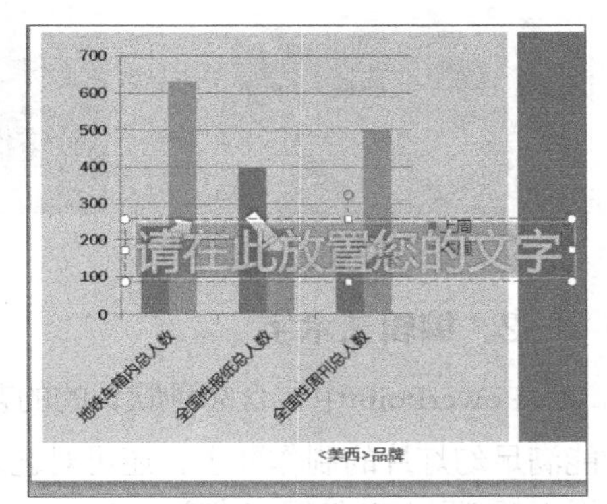

图2-47 查看效果

STEP 4 输入文本“媒体收看人数统计”，将鼠标指针移至文本框右侧的控制点上，当鼠标指针变为形状时，按住鼠标左键不放并向左拖曳，将艺术字文本框中的文字更改为垂直排列，如图2-48所示。

STEP 5 将艺术字移动到图2-49中所示的位置。

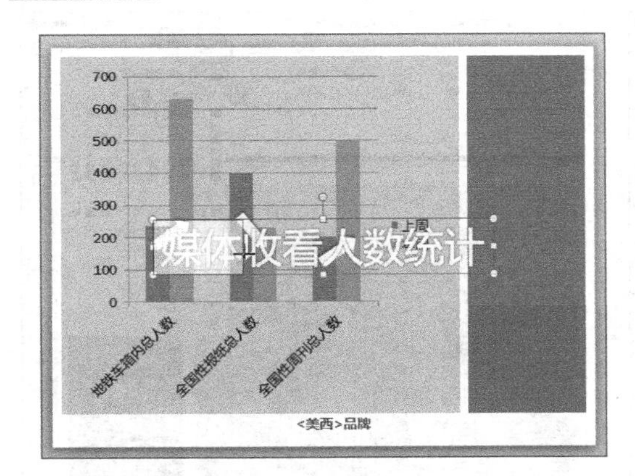

图2-48 将艺术字更改为垂直排列

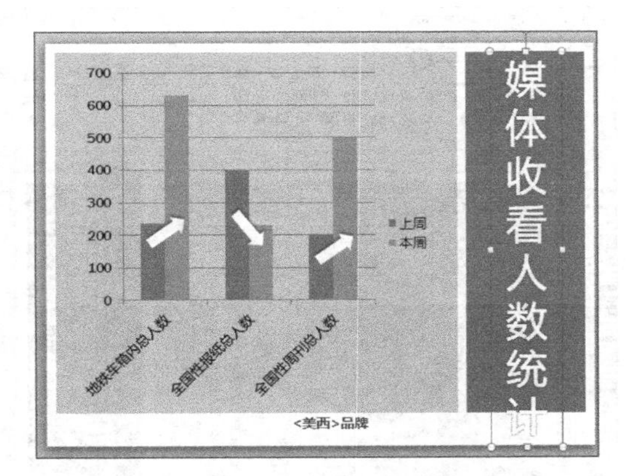

图2-49 更改艺术字位置

STEP 6 在【开始】/【字体】组中将艺术字的字号设置为“48”，如图2-50所示。

STEP 7 选中艺术字文本框，按【Ctrl+C】组合键进行复制，选择第7张幻灯片，按【Ctrl+V】组合键进行粘贴。

STEP 8 选中文本框中的艺术字，将其更改为“各种媒体宣传率统计”，并将其字号设置为“40”，效果如图2-51所示。

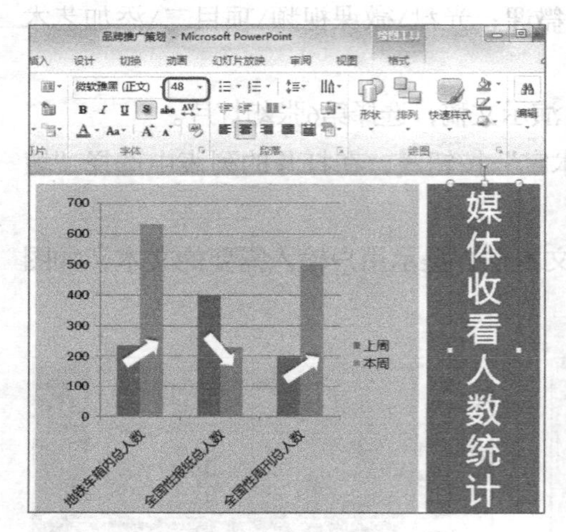

图2-50 更改字号

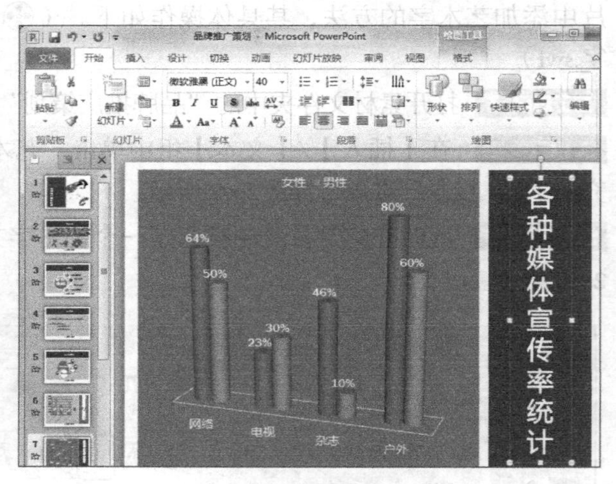

图2-51 复制并更改艺术字

2. 编辑艺术字

PowerPoint中包含30种默认的的艺术字效果，一般与主题色系相同。若默认的艺术字不能满足幻灯片的制作要求，还可对艺术字进行编辑，其具体操作如下。（微课：光盘\微课视频\项目二\编辑艺术字.swf）

STEP 1 选择第7张幻灯片中的艺术字，在【开始】/【字体】组中将字体更改为“楷体”，并加粗显示，如图2-52所示。

STEP 2 在【绘图工具-格式】/【艺术字样式】组中单击“文本填充”按钮右侧的下拉按钮，在打开的列表中选择“茶色，文字2”选项，如图2-53所示。

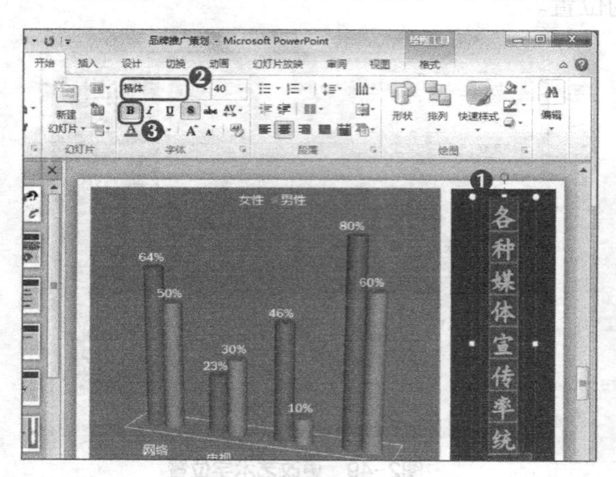

图2-52 设置字体和加粗

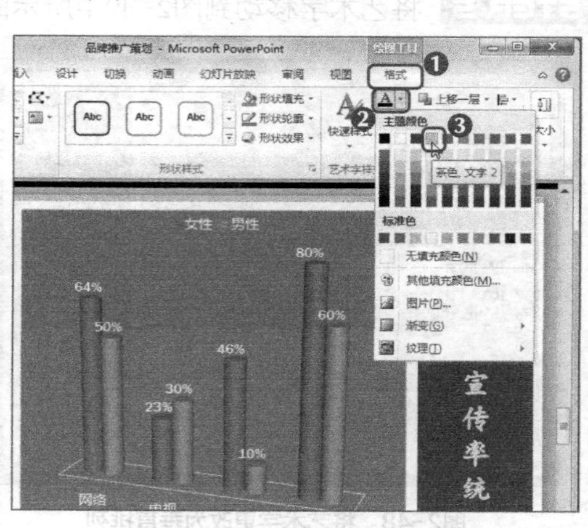

图2-53 设置文本填充颜色

STEP 3 单击“文本轮廓”按钮右侧的下拉按钮，在打开的列表中选择“茶色，强调文字颜色1”选项，如图2-54所示。

STEP 4 再次单击“文本轮廓”按钮右侧的下拉按钮，在打开的列表中选择【粗细】/【0.25磅】选项，如图2-55所示。

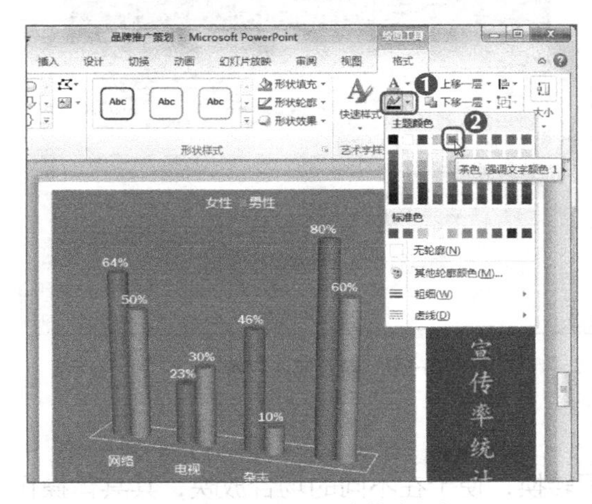

图2-54 设置文字轮廓颜色

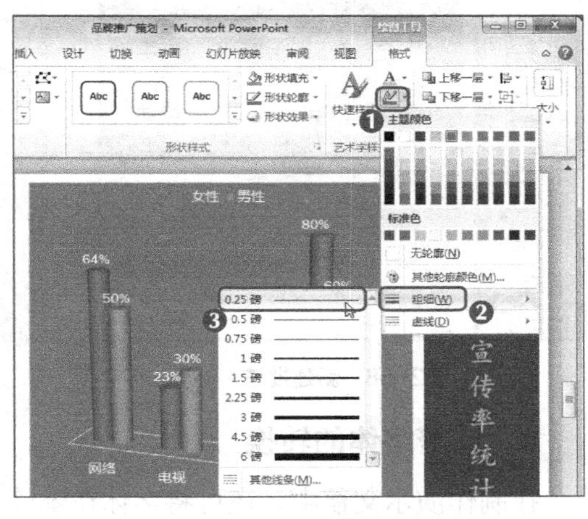

图2-55 设置文字轮廓粗细

STEP 5 单击“文字效果”按钮右侧的下拉按钮，在打开的列表中选择【映像】命令，在其子菜单中选择“紧密映像，接触”选项，如图2-56所示。

STEP 6 设置完成后的艺术字效果如图2-57所示。

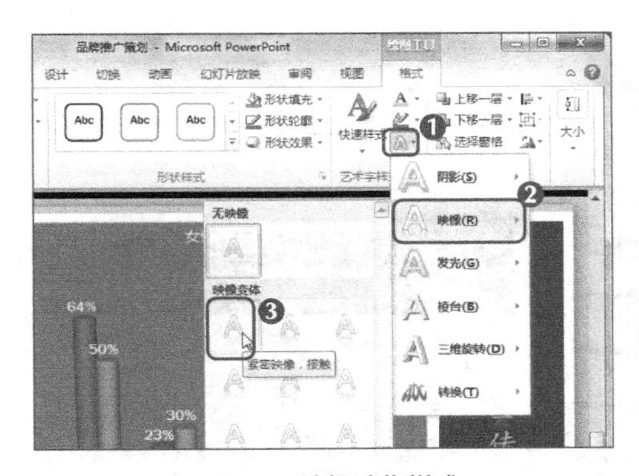

图2-56 选择映像样式

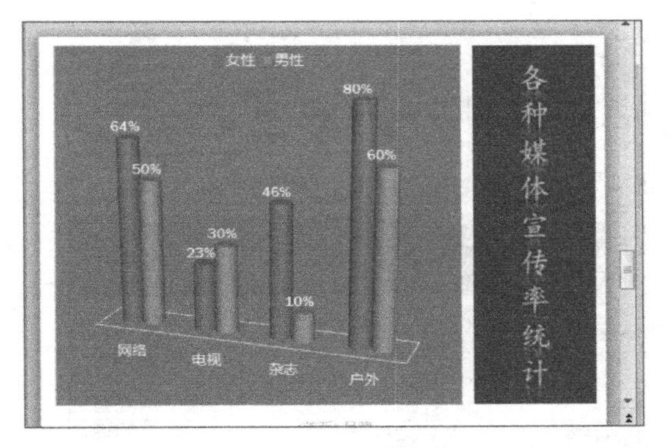

图2-57 艺术字设置效果

3．添加批注

用户可通过添加批注对一些文本进行说明，在放映幻灯片时，不会显示这些批注内容，其具体操作如下。（**微课**：光盘\微课视频\项目二\添加批注.swf）

STEP 1 选择第8张幻灯片，选中“户外”文本。

STEP 2 在【审阅】/【批注】组中单击“新建批注”按钮，如图2-58所示，为选中的文本添加批注。

STEP 3 选中的文本旁边出现批注框，并显示文本插入点，直接输入图2-59中所示的文本即可。

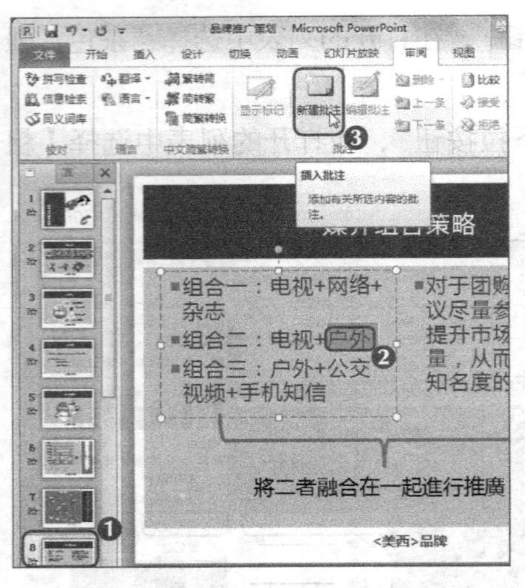

图2-58　新建批注

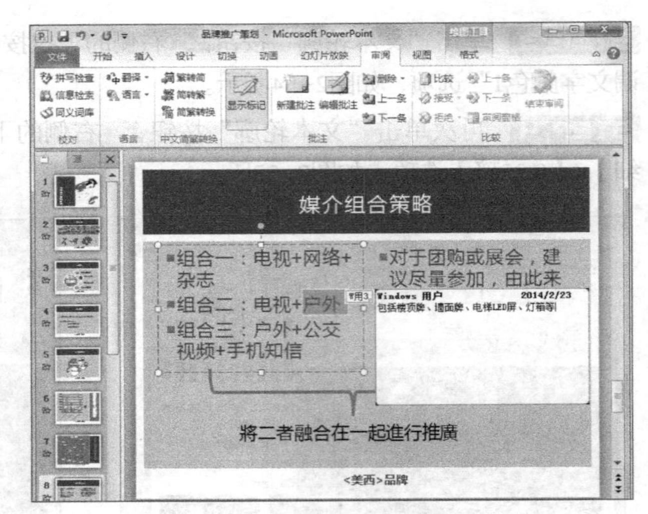

图2-59　输入批注内容

4．简繁字体的转换

在制作演示文稿中，还可将字体在繁简之间转换，便于在不同的场合放映，其具体操作如下。（微课：光盘\微课视频\项目二\简繁字体的转换.swf）

STEP 1 在第8张幻灯片中，选中繁体字文本，如图2-60所示。

STEP 2 在【审阅】/【中文简繁转换】组中单击「繁转简」按钮，即可将繁体字转换为简体字，如图2-61所示。

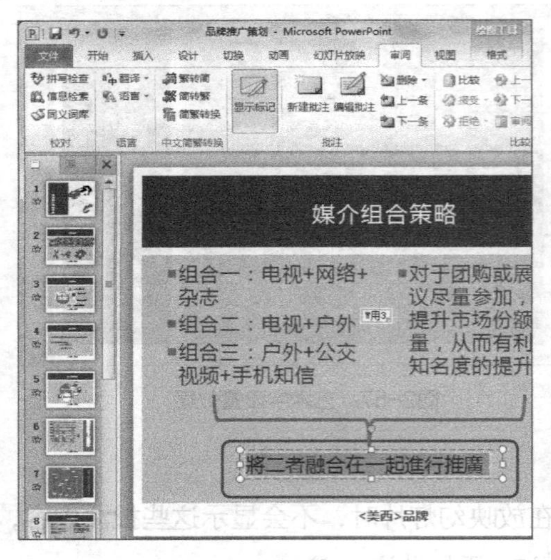

图2-60　选中繁体字

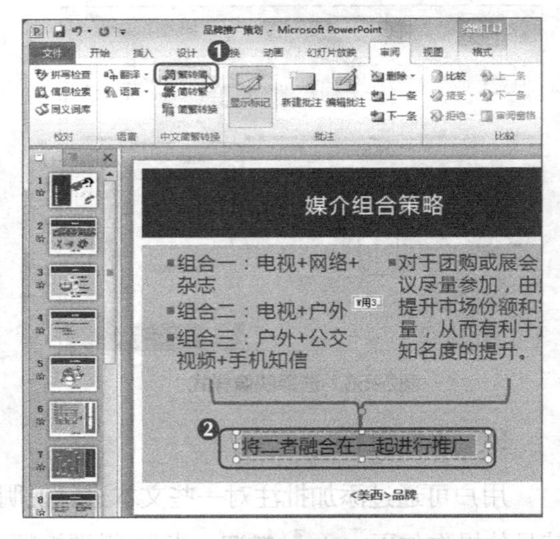

图2-61　将繁体字转换为简体字

5．嵌入字体

演示文稿制作完成后，通常需要在其他电脑上进行播放。若在制作时使用了电脑预设字体以外的字体，而播放的电脑中没有安装这些字体，那么放映效果将大打折扣。因此，在制作完成演示文稿后，通常需要将使用过的字体打包嵌入演示文稿中，其具体操作如下。

（微课：光盘\微课视频\项目二\嵌入字体.swf）

STEP 1 单击“文件”选项卡，选择“选项”命令，如图2-62所示。

STEP 2 打开“PowerPoint 选项”对话框，单击左侧的“保存”选项卡，在右侧的面板中单击选中“将字体嵌入文件”复选框，其他保持默认，单击 确定 按钮，如图2-63所示，完成设置。

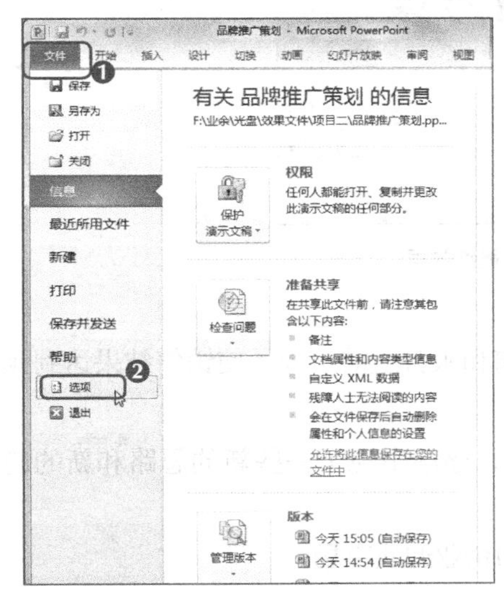

图2-62 选择命令

图2-63 设置嵌入字体

知识提示

在PowerPoint中提供了两种嵌入选项，不完全嵌入和完全嵌入。不完全嵌入仅嵌入PowerPoint中使用到的字体；完全嵌入将嵌入所有字体，但文件会变得相当大。在制作演示文稿的过程中没有必要嵌入字体，可以在所有操作全部完成，演示文稿制作完毕后再嵌入字体。

实训一 制作“新产品营销方案”演示文稿

【实训目标】

公司想合理运用现有市场机会，在结合科学的产品营销方案的基础上，将最新研制的电子产品成功销往市场。小白现在已经可以独立完成产品营销策划方案的制作了，于是老张将此次任务交给小白来完成。

要完成本实训，需要熟练掌握文本的输入和编辑、文本和段落格式的设置、项目符号和编号的设置，以及艺术字的使用等基础操作，本实训的最终效果如图2-64所示。

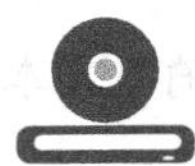

素材所在位置 **光盘:\素材文件\项目二\新产品营销方案.pptx**

效果所在位置 **光盘:\效果文件\项目二\新产品营销方案.pptx**

图2-64 “新产品营销方案”最终效果

【专业背景】

营销方案（Marketing program）是在进行市场销售和服务之前，为了使销售结果达到预期的目标而对各种销售活动的促进进行整体性规划的方案。

随着市场经济的不断发展，在营销发展的过程中，逐渐出现了一些新的思路和新的趋势，慢慢形成了营销策划。

随着市场竞争的日益激烈，好的营销策划更能帮助企业迎战市场。

【实训思路】

完成本实训需要先输入文本，然后设置段落格式和项目符号，最后设置文本格式，其操作思路如图2-65所示。

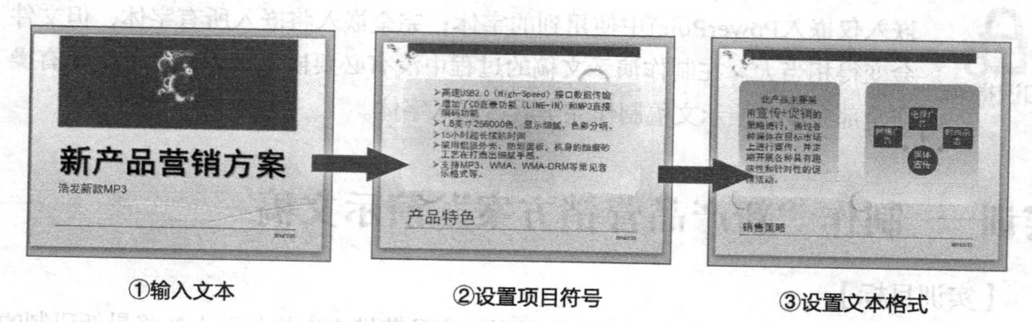

图2-65 制作“新产品营销方案”的思路

【步骤提示】

STEP 1 启动PowerPoint 2010，打开素材文件“新产品营销方案.pptx”。

STEP 2 在第1张幻灯片中输入标题和副标题文本。

STEP 3 在第2张幻灯片中继续输入内容文本，然后设置内容文本的段落格式，并添加项目符号。

STEP 4 在第3张幻灯片中继续输入文本内容，设置段落格式，并将“宣传+促销”文本的格式设置为“深红、黑体、32、加粗”。

STEP 5 完成后保存演示文稿。

实训二 制作“公益广告策划”演示文稿

【实训目标】

小白最近要策划一个环保公益广告，主要涉及一次性物品的使用，号召公司内的同事共同爱护环境，注意生活中一次性物品的使用细节，提高大家的环境保护意识。

要完成本实训，需要熟练掌握字符格式的设置方法，掌握填充数据、批量输入数据、设置表格边框的操作方法，本实训的最终效果如图2-66所示。

素材所在位置 光盘:\素材文件\项目二\公益广告策划.pptx
效果所在位置 光盘:\效果文件\项目二\公益广告策划.pptx

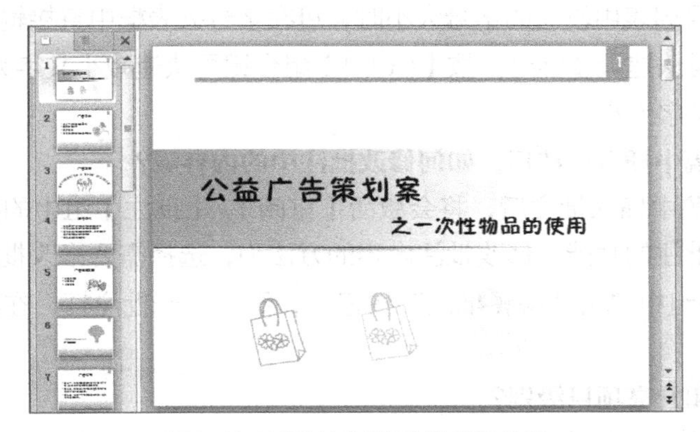

图2-66 “公益广告策划”最终效果

【专业背景】

公益广告不以盈利为目的，旨在为社会公众的切身利益和社会道德风尚服务，如为公众谋求更高的福利待遇。对于企业或公司来说，公益广告应向观众阐明它对社会的功能和责任，以及如何参与解决社会问题和环境问题。

【实训思路】

完成本实训需要先在演示文稿的各个幻灯片中输入文本，然后设置文本和段落格式，并设置项目符号，最后添加并设置艺术字，其操作思路如图2-67所示。

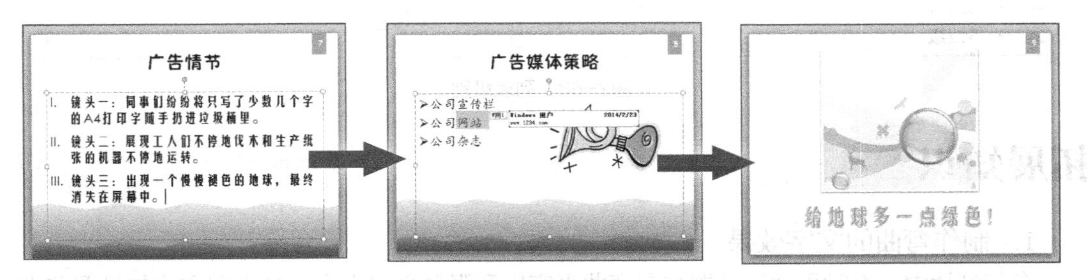

图2-67 制作“公益广告策划”的思路

【步骤提示】

STEP 1 打开素材文件夹中的“公益广告策划”演示文稿，在第1张幻灯片中输入标题和副标题。

STEP 2 在第2张幻灯片中输入文本，并设置项目符号。在第4张和第7张幻灯片中输入文本，并设置段落格式和编号。

STEP 3 在第5张幻灯片中为“网站”文本添加批注，批注内容为网站网址。

STEP 4 在最后一张幻灯片中添加艺术字，并编辑艺术字。

常见疑难解析

问：在设置文字的字号时，若默认的字号列表中没有需要的字号，该怎么办？

答：在设置字号列表中没有的字号大小时，可在字号列表框中直接输入需要的字号。此外，还可通过快捷键快速调整字号，按【Ctrl+[】组合键可快速减小文字大小，按【Ctrl+]】组合键可快速增大文字大小。

问：在演示文稿中插入批注后，如何修改批注中的内容呢？

答：在演示文稿中插入批注后，将会激活【审阅】/【批注】组中的其他功能选项，其中包括编辑和删除批注的功能。修改批注内容的方法为，选择需要修改批注的显示标记，在【审阅】/【批注】组中单击“编辑批注”按钮，即可展开批注框，在其中进行编辑修改即可。

问：如何降低和升高项目级别？

答：在输入文本时，按【Enter】键可实现快速换行，但换行后的段落将自动应用上一级的项目符号，即该行与上一行仍然属于同一级别。若想降低文本的级别，可在换行后按【Tab】键，或在【开始】/【段落】组中单击“降低列表级别”按钮，即可快速降低文本级别，如图2-68所示。按“提高列表级别”按钮，即可快速提高文本级别。

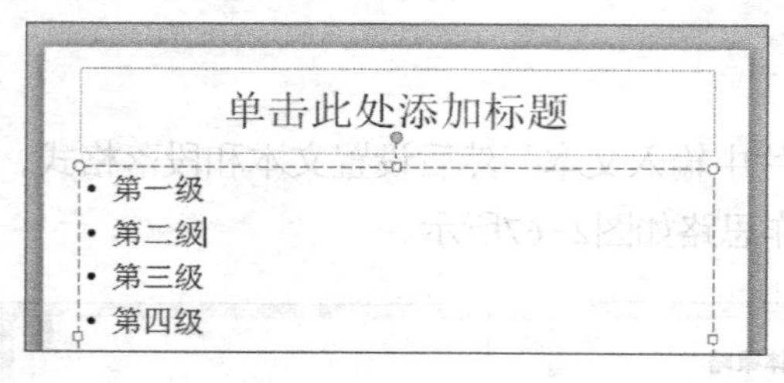

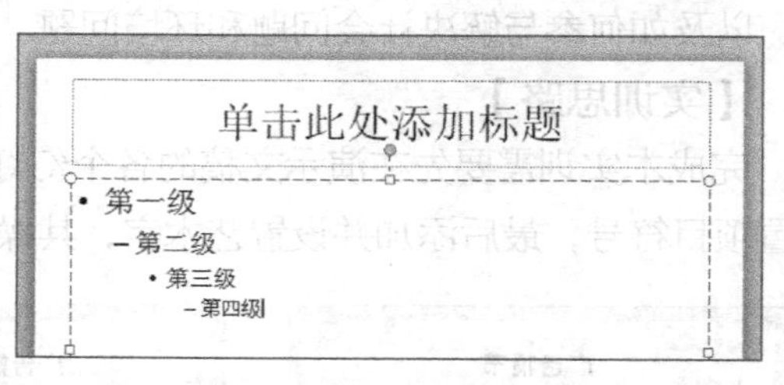

图2-68 列表级别

拓展知识

1. 制作弯曲的文字效果

在幻灯片中，有时可通过设置文字弯曲来突出和强调文字内容，其设置方法与设置艺术字样式的“映像”的方法类似，具体操作为，在幻灯片中选择需要设置弯曲格式的文本，在【格式】/【艺术字样式】组中单击“文字效果”按钮，在打开的列表中选择“转换”,【弯曲】选项，在打开的下拉列表框中的“弯曲”栏中选择一种弯曲样式即可，如图2-69所示。

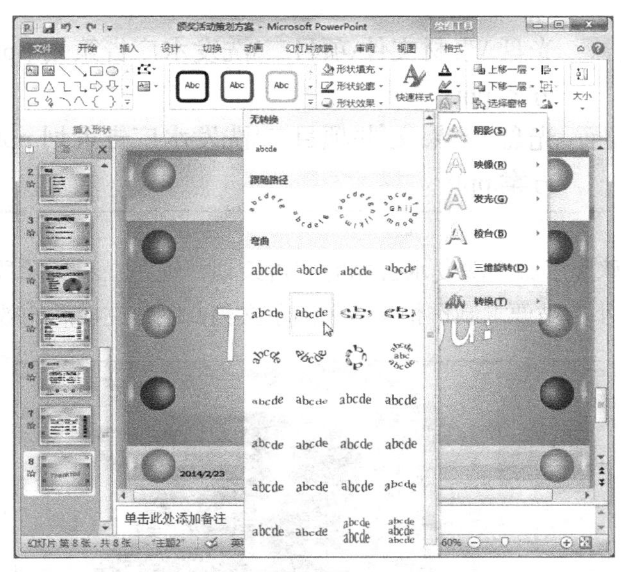

图2-69　设置文字弯曲

2. 插入键盘上不存在的字符

在PowerPoint 2010中，除了可利用“符号”对话框插入一些特殊的符号，还可以利用电脑自带的“字符映射表”插入特殊符号。

具体操作为，选择【开始】/【所有程序】/【附件】/【系统工具】/【字符映射表】菜单命令，打开“字符映射表”对话框，在“字体”下拉列表框中选择插入符号的类别，在中间的列表框中选择需要插入的符号，然后单击 选择(S) 按钮，将所选符号添加到“复制字符”文本框中。单击 复制(C) 按钮，复制所选的字符，如图2-70所示，在幻灯片的目标位置处定位文本插入点，然后粘贴即可。

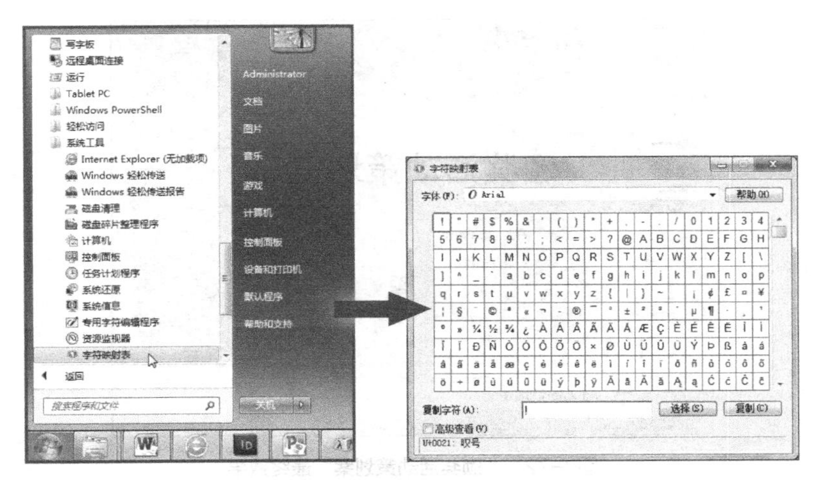

图2-70　插入键盘上不存在的字符

课后练习

素材所在位置　光盘:\素材文件\项目二\洗发水广告策划.pptx、颁奖活动策划方案.pptx

效果所在位置　光盘:\效果文件\项目二\洗发水广告策划.pptx、颁奖活动策划方案.pptx

（1）公司最近承接了一个洗发水公司的广告策划，现正在讨论阶段，确定洗发水的市场定位和销售价格，小白被要求制作相关策划演示文稿，制作完成后的效果如图2-71所示。

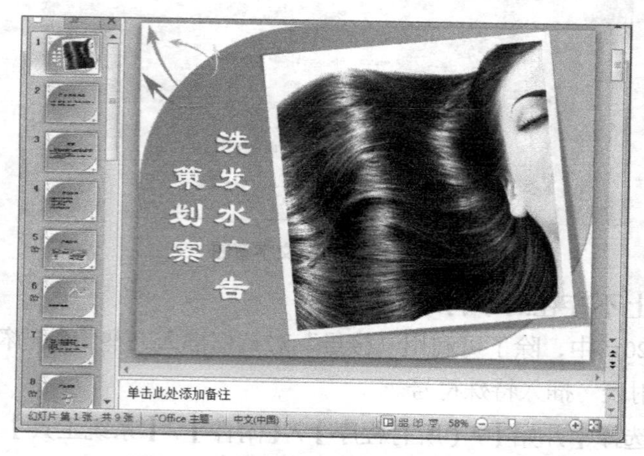

图2-71　“洗发水广告策划”最终效果

（2）公司要举行颁奖活动，在鼓励员工的同时，也可以让合作伙伴感受公司良好的文化氛围。小白需要在本周内给出一份具体的“颁奖活动策划案”，设计活动流程和具体事项及相关的费用支出，具体效果如图2-72所示。

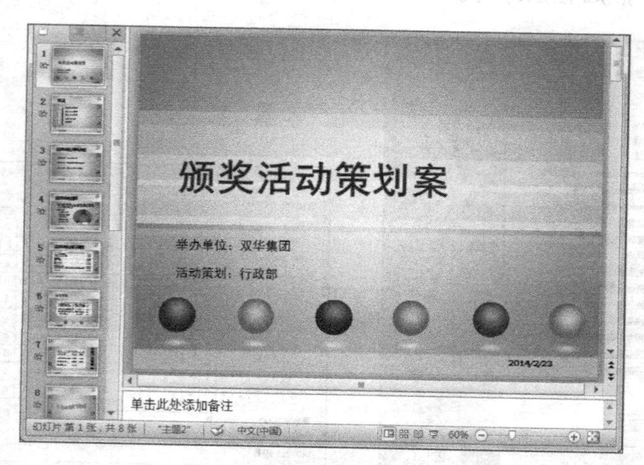

图2-72　“颁奖活动策划案”最终效果

PART 3

项目三
行政管理

情景导入

最近公司行政管理这一块很缺人手，特地调了老张去协助该部门的工作。老张心想这正是个锻炼小白的好机会，于是申请带上小白，立马获得了上级的批准。

知识技能目标

- 熟练掌握插入剪贴画和插入、编辑、压缩图片的操作方法。
- 熟练掌握使用SmartArt图形和编辑SmartArt图形的操作方法。
- 熟练掌握绘制、修改、美化形状的操作方法。

- 了解行政管理的主要工作范畴并掌握形状和SmartArt图形的使用。
- 掌握“招聘计划”“薪酬管理制度”“绩效考评制度”等演示文稿的制作方法。

课堂案例展示

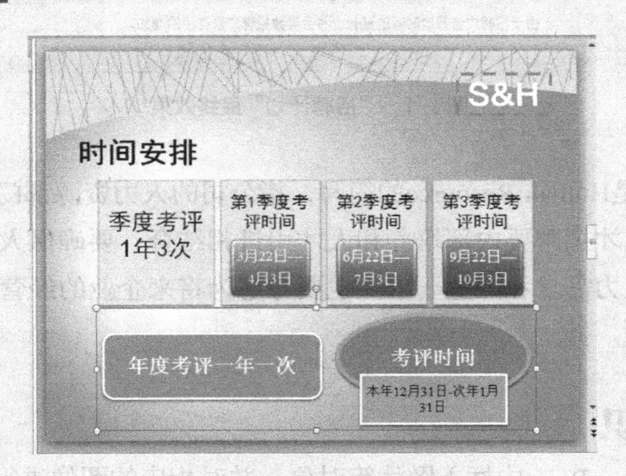

“绩效考评制度”演示文稿最终效果

任务一　制作“招聘计划”演示文稿

根据用人部门的增员申请，并结合人力资源规划，人力资源部门可制定相应的招聘计划。在确定某一时期企业内需要招聘的职位、人员数量及职位要求等因素后，可制定具体的招聘活动的执行方案。

一、任务目标

由于公司最近人员流动比较大，公司高层决定面向社会招聘一批优秀的人员以弥补人力资源的不足，并把该工作交给了老张。老张看过各部门提交的增员申请后，指定了一份招聘计划，并让小白根据招聘计划制作出相应的演示文稿，以便在下次会议中进行讲解。本任务完成后的最终效果如图3-1所示。

素材所在位置　光盘:\素材文件\项目三\招聘计划.pptx、钱袋.png
效果所在位置　光盘:\效果文件\项目三\招聘计划.pptx

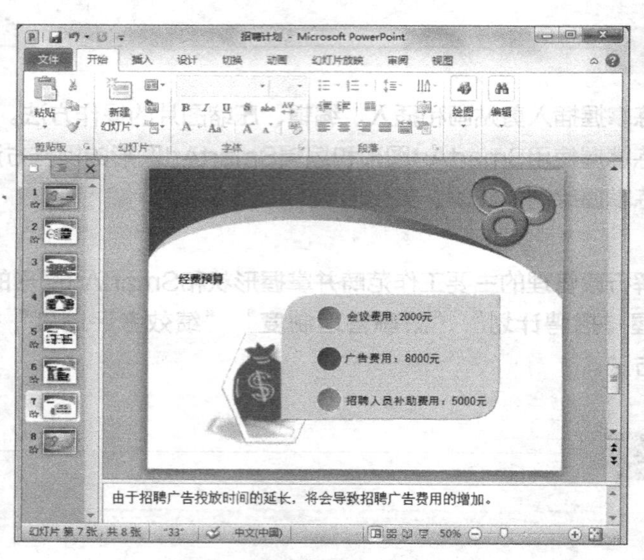

图3-1　“招聘计划”最终效果

职业素养

HR是Human Resource的简写，指公司的人力资源部门。在招聘人员时应注意，人才招聘要内部培养和人才引进相结合，要确保人才规划满足企业现阶段的人力需求和配置要求，也要考虑为将来企业的经营和发展储备相应的人力。

二、相关知识

本任务涉及在PowerPoint中插入图片等对象，并对相应的图像进行编辑的操作。下面讲解PowerPoint中常用的图片格式、图片获取与处理技巧及图文混排的设计技巧。

1．PPT常用的图片格式

在PowerPoint中可插入多种格式的图片，如JPEG、GIF、PNG和WMF等。不同格式的图片有其不同的作用和用途，下面介绍常用图片的格式。

- **JPEG**：JPEG格式的图片是一种位图格式的图片，由于其高保真的压缩性，被广泛应用于网络传播图片，其特点是图片文件小、节省磁盘空间。在选用该格式的图片时应注意选用一些分辨率较高的图片。
- **GIF**：GIF格式的图片基于一种无损压缩模式，其压缩比高，占用空间少。其特点是在一个GIF文件中可以存多幅彩色图像，并可将存于一个文件中的多幅图像数据逐幅读出并显示到屏幕上，从而构成动画，但由于其自身的局限性，一般只能制作一些简单的动画。
- **PNG**：PNG格式的图像文件同样具有文件容量小，清晰度较高的特点，除此之外，其还支持背景透明，在幻灯片中可用于制作动画对象。
- **WMF**：WMF格式是Windows平台下的一种矢量图形格式，矢量图像基于数学公式表达图像内容，因此无论放大多少倍，其内容都不会失真。该格式的图片在幻灯片中一般用于制作动画。

2．图片获取与处理技巧

在制作幻灯片时，需要添加图片作为点缀或说明，以丰富幻灯片内容。在制作过程中如何获得适合的图片呢？下面介绍几种获取图片的方法。

- **在网络上搜索**：网络是一个大平台，其中有许多丰富的图片。只要在搜索引擎中输入搜索图片的类型，就会显示相关内容的图片，用户就可下载使用。
- **拍摄获取**：用户可自己拍摄相关主题内容的图片，然后上传到电脑中，经过处理后选择应用到幻灯片中。
- **使用PowerPoint自带的图片**：PowerPoint中集合了许多矢量图片，用户可在【插入】/【图像】组中单击剪贴画按钮，在打开的窗格中选择相关选项或输入图片主题进行搜索。

在网络中下载的图片或自己拍摄的图片，一般都需要经过处理才能使用，用户可在Photoshop或CorelDRAW等图形图像软件中对其进行裁切或修饰后再使用。

3．图文混排的设计技巧

一个让人驻足的演示文稿，一定要有其自身的特色，其很大一部分依赖于漂亮的版面设计。下面介绍一些常用的图文混排技巧，以提高演示文稿的可阅性。

- **常规型**：这是一种最常用的版面设计类型，一般幻灯片中各对象至上而下的排列顺序为图片、标题、图表、表格和说明文等，这样符合人们的心里顺序和逻辑顺序，能够产生良好的阅读效果，如图3-2所示。
- **左置型**：左置型幻灯片版式中，左侧一般放置图片内容，右侧用于放置文字内容，从而左右对称，形成衬托和对比。这种设计方法符合人们视线的流动顺序，如图3-3所示。

图3-2　常规型

图3-3　左置型

- **斜线型**：该版式的设计关键是将幻灯片中的对象整体向左或右倾斜排列，使视线上下流动，让画面产生动感，如图3-4所示。
- **圆圈型**：在设计此种类型的版面时，首先要以圆形、半圆或椭圆构成版面的中心，然后围绕此中心，按照常规顺序安放标题、图片、图表、说明文等内容，这样可以使人的视线比较集中，如图3-5所示。

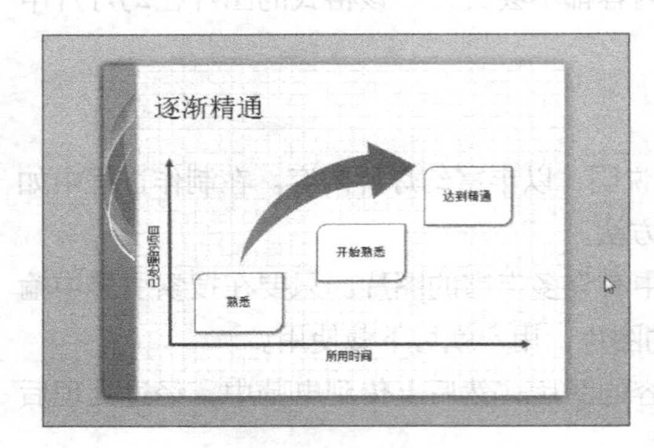

图3-4　斜线型

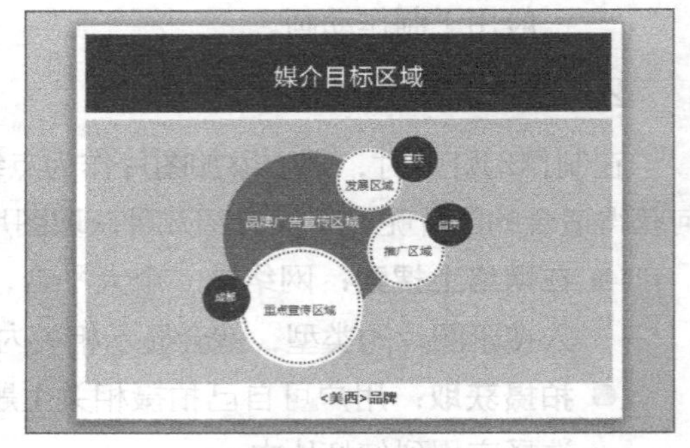

图3-5　圆圈型

- **对称型**：对称给人稳定、严谨、理性的感觉。对称分为绝对对称和相对对称两种，相对对称较为常见，左右对称便是其中之一，即将标题、图片、说明文等放在轴心线或图形的两边，在视觉上给人良好的平衡感，如图3-6所示。

图3-6　对称型

三、任务实施

1. 插入剪贴画

在PowerPoint中可选择文件自带或集成在Office网络中的图片，这些图片称为剪贴画。下面讲解如何在幻灯片中插入剪贴画，其具体操作如下。（微课：光盘\微课视频\项目三\插入剪贴画.swf）

STEP 1 打开素材文件“招聘计划”，选择第1张幻灯片。

STEP 2 在【插入】/【图像】组中单击剪贴画按钮，如图3-7所示。

STEP 3 打开“剪贴画”任务窗格，单击“结果类型”右侧的下拉按钮，在打开的下拉列表中单击选中“插图”复选框，单击搜索按钮，如图3-8所示。

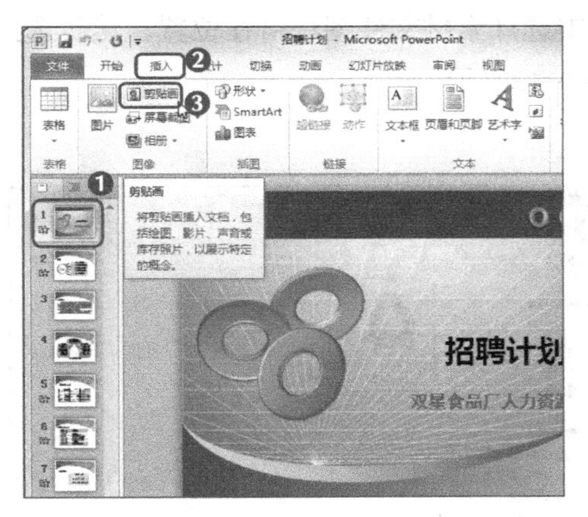

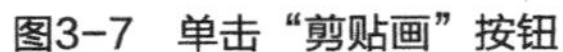
图3-7 单击“剪贴画”按钮

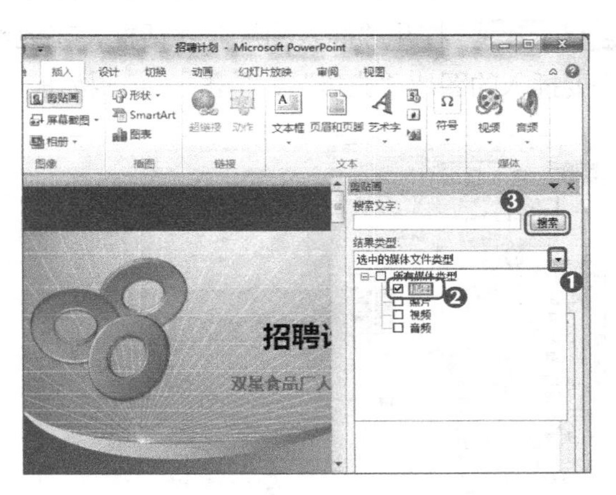

图3-8 搜索剪贴画

STEP 4 在“搜索结果”列表框中选择需要的剪贴画，这里选择“businesswoman”，单击即可插入到幻灯片中，如图3-9所示。

STEP 5 单击并向右拖曳幻灯片编辑区下方的水平滑块，显示幻灯片右侧的内容，然后单击选中插入的剪贴画，按住鼠标左键不放拖曳到合适位置，如图3-10所示。

图3-9 选择剪贴画

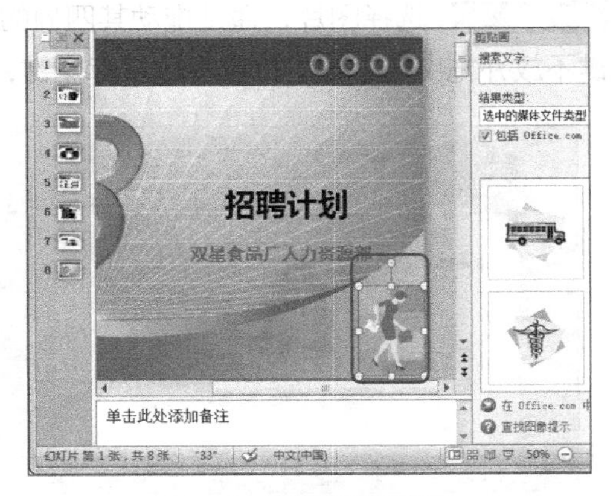

图3-10 调整剪贴画位置

STEP 6 在“剪贴画”任务窗格中单击右上角的“关闭”按钮，关闭任务窗格即可。

知识提示

在“剪贴画”任务窗格的“搜索文字”文本框中输入需要搜索内容的主题文字，再单击搜索按钮，即可搜索与该内容相关的剪贴画。

2．插入图片

PowerPoint中自带的剪贴画并不能完全满足用户的需求，有时候还需要插入外部图片以达到想要的效果。下面在演示文稿中插入图片，其具体操作如下。（微课：光盘\微课视频\项目三\插入图片.swf）

STEP 1 在“招聘计划”演示文稿中继续选择第7张幻灯片，在【插入】/【图像】组中单击“图片”按钮，如图3-11所示。

STEP 2 打开“插入图片”对话框，在地址栏中选择素材文件图片所在位置，然后选择需要插入的图片“钱袋”，单击插入(S)按钮，如图3-12所示。

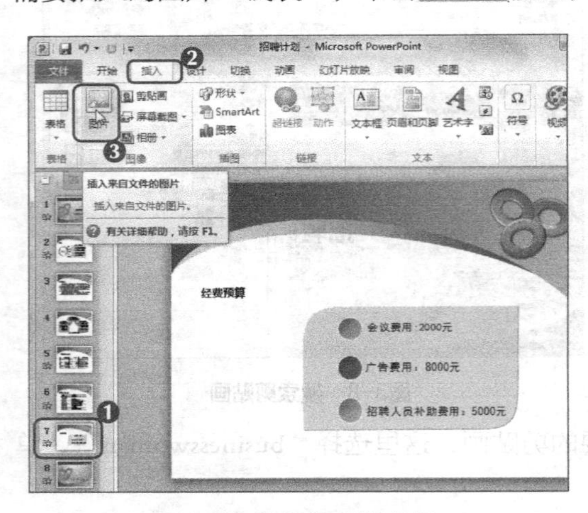

图3-11　单击“图片”按钮

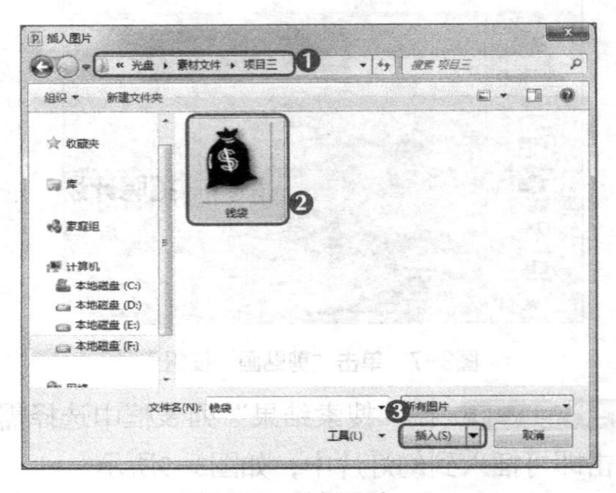

图3-12　选择图片

STEP 3 插入图片后效果如图3-13所示。

STEP 4 选择图片，通过拖动其四周的8个控制点适当缩放图片，选择图片后按住鼠标左键不放并拖曳至合适的位置释放鼠标左键，如图3-14所示。

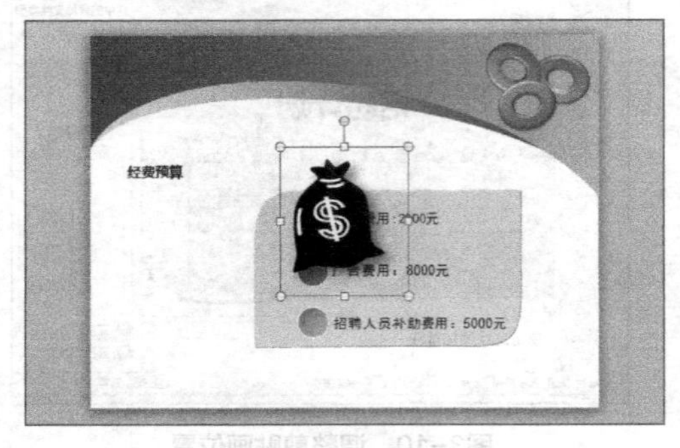

图3-13　插入图片

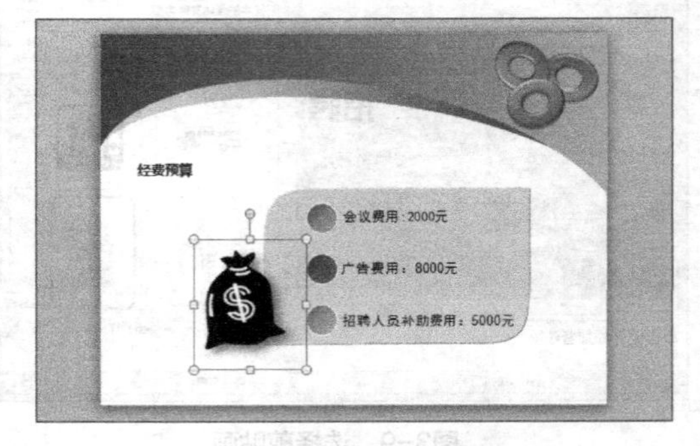

图3-14　调整图片大小和位置

STEP 5 在【图片工具】/【格式】/【排列】组中单击下移一层按钮，如图3-15所示。

STEP 6 此时，图片将移动到图形的后面，效果如图3-16所示。

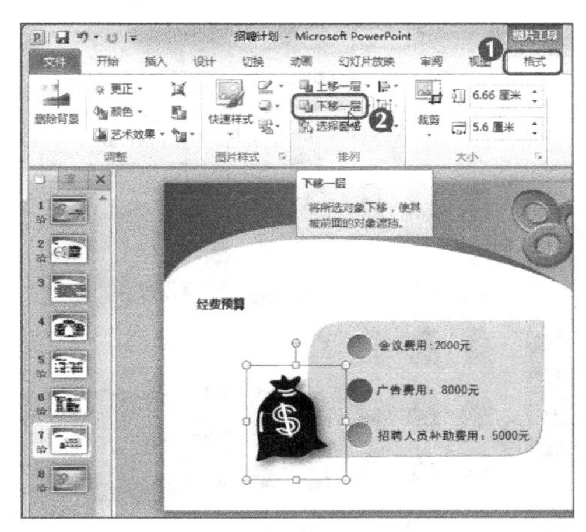

图3-15 下移图片

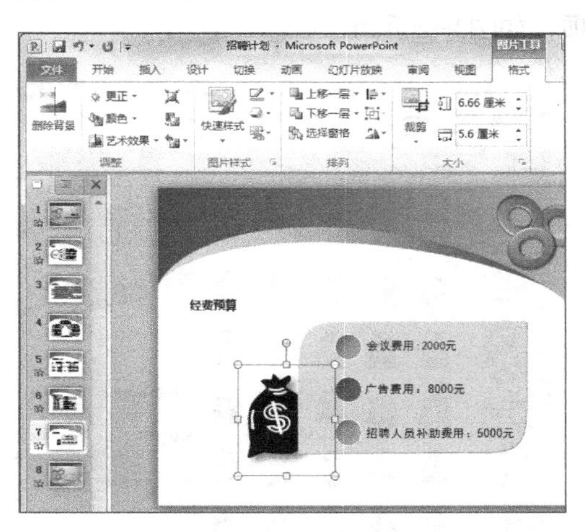

图3-16 移动效果

3. 编辑图片

PowerPoint 2010中增加了许多简易快捷的图片处理功能，用户可根据需要为图片设置美观、适用的效果。下面讲解一些幻灯片中常用的图片编辑方法，其具体操作如下。（微课：光盘\微课视频\项目三\编辑图片.swf）

STEP 1 在演示文稿中选中第7张幻灯片中插入的图片，激活相应的“格式”选项卡，在“调整”组中单击颜色按钮。

STEP 2 在打开的列表中选择“橙色，强调文字颜色2，浅色”选项，如图3-17所示。

STEP 3 此时插入的图片颜色更改为如图3-18所示。

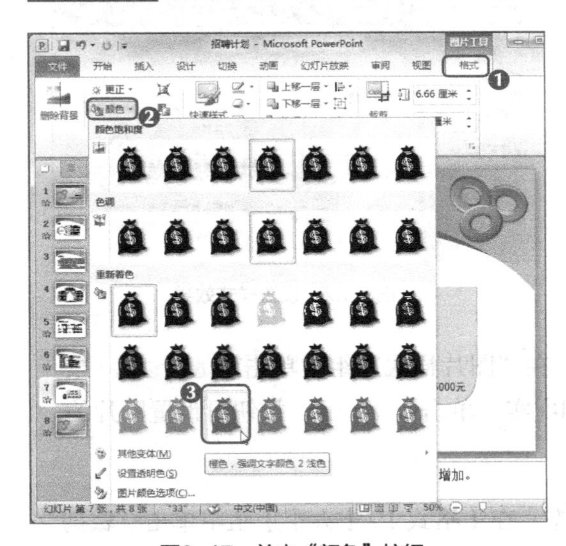

图3-17 单击“颜色”按钮

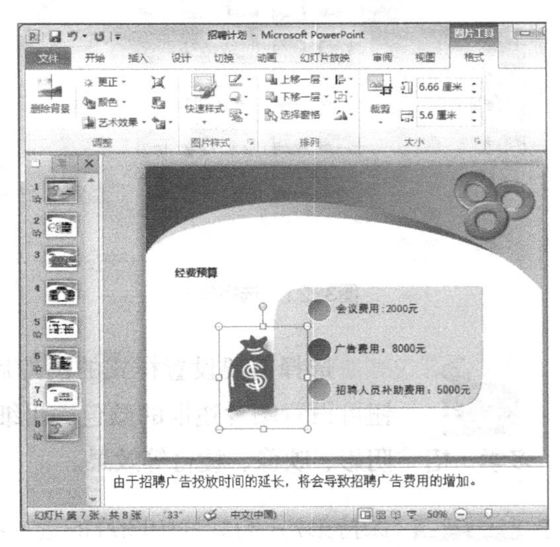

图3-18 更改颜色效果

STEP 4 在“调整”组中继续单击更正按钮，在打开的列表中选择“柔化：50%”选项，如图3-19所示。

STEP 5 再次单击 更正 按钮，在打开的列表中选择“亮度：-40% 对比度：+20%”选项，如图3-20所示。

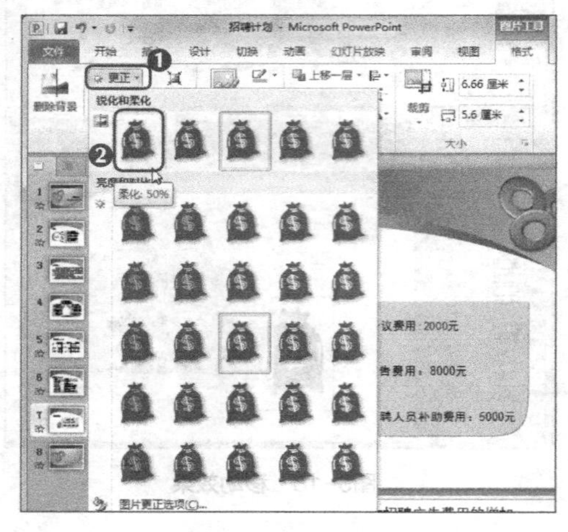

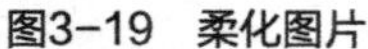
图3-19　柔化图片

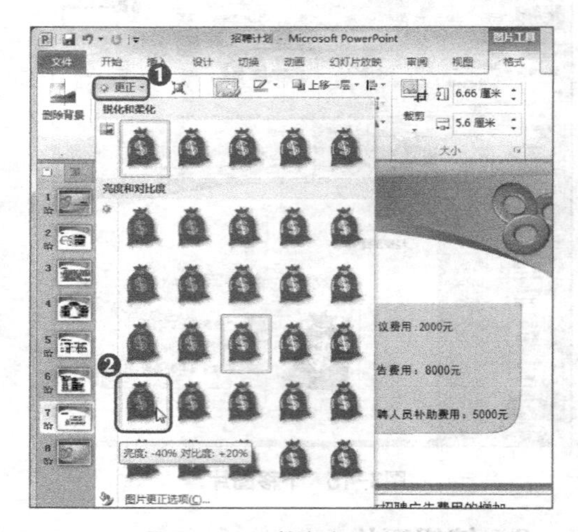

图3-20　调整亮度和对比度

STEP 6 在【格式】/【图片样式】组中单击“快速格式”按钮，在打开的列表中选择“透视阴影，白色”选项，如图3-21所示。

STEP 7 此时图片效果如图3-22所示。

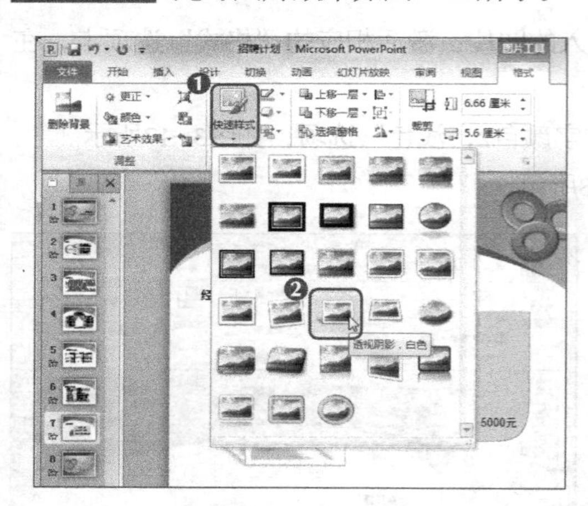

图3-21　选择样式

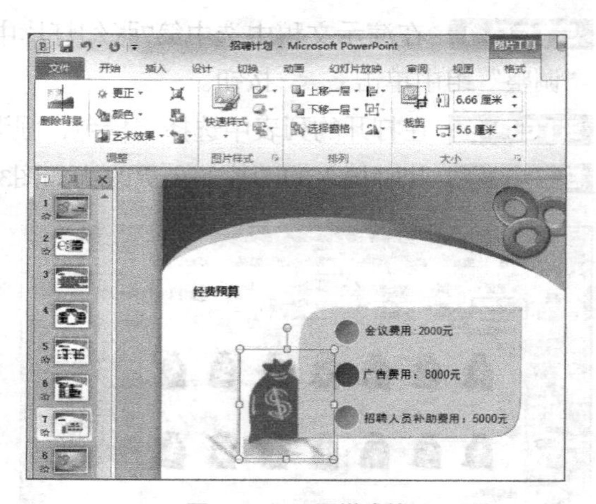

图3-22　设置样式效果

多学一招

选择需要设置样式的图片后，在“图片样式”组中单击 图片边框 按钮可设置图片边框的颜色、粗细和虚实，单击 图片效果 按钮可设置图片的阴影、映像、棱台等效果。

STEP 8 保持第7张幻灯片中图片的选择状态，在【格式】/【大小】组中单击“裁剪”按钮的下拉按钮，在打开的列表中选择“裁剪为形状”选项，在打开的下拉列表框中选择“六边形”选项，如图3-23所示。

STEP 9 选中的图片即可以六边形的形式进行显示，且对其应用的样式也会随之改变，如图3-24所示。

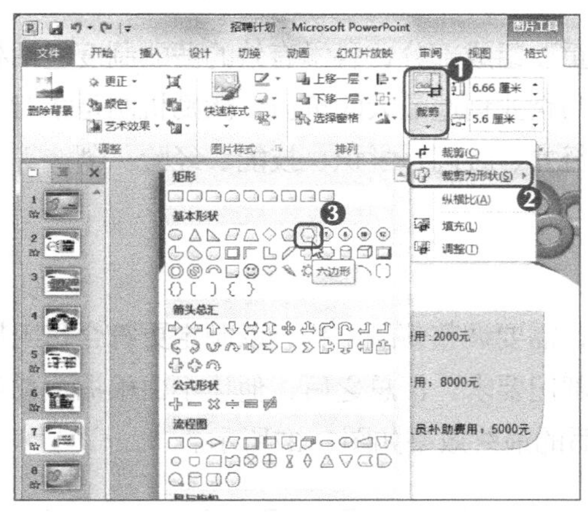

图3-23　更改图片形状

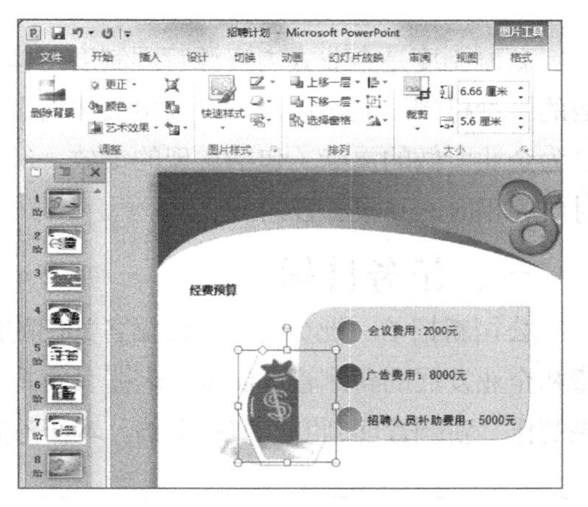

图3-24　设置效果

多学一招

在【图片工具】/【格式】/【调整】组中单击“重设图片”按钮可取消对图片所做的操作，然后重新设置。选中图片后，将鼠标指针移至图片上方的绿色控制点上，当鼠标指针变为形状时，单击并拖曳可旋转图片。

4．压缩图片

随着PowerPoint的发展和改进，其功能越来越强大，因此在制作时，若插入太多对象（例如图片等），难免会使演示文稿的体积过大。下面讲解如何压缩演示文稿中的图片，其具体操作如下。（**微课**：光盘\微课视频\项目三\压缩图片.swf）

STEP 1 选择第7张幻灯片中的图片，在【格式】/【调整】组中单击“压缩图片”按钮，如图3-25所示。

STEP 2 打开“压缩图片”对话框，在其中可设置图片压缩的相关选项，这里保持默认设置，单击“确定”按钮，如图3-26所示。

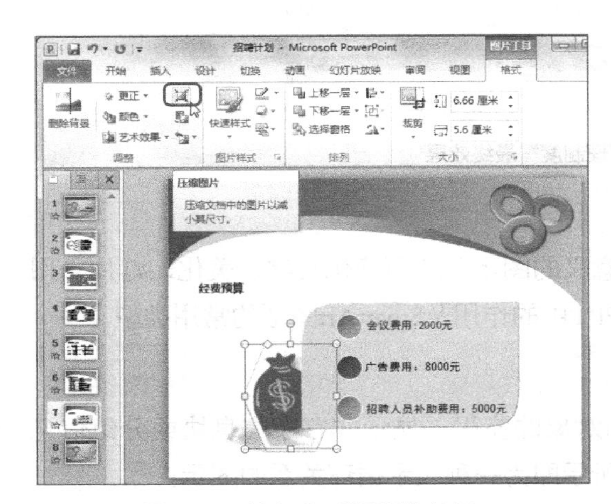

图3-25　单击“压缩图片”按钮

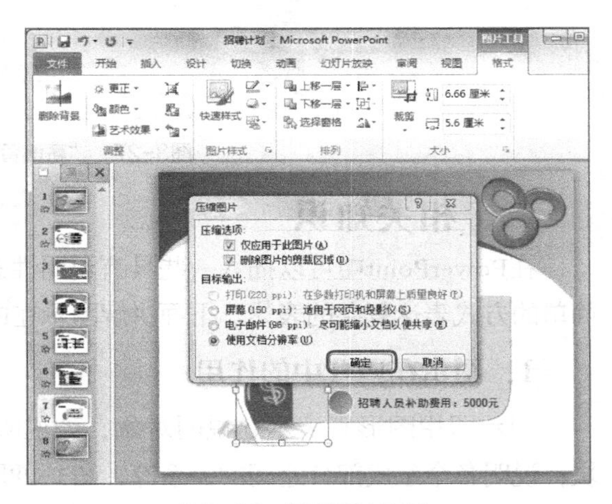

图3-26　设置压缩选项

任务二 制作“薪酬管理制度”演示文稿

薪酬制度是企业人力资源管理制度与体系的重要组成部分，科学有效的薪酬制度包括相应的激励机制，能够让员工发挥出最佳的潜能，为企业创造最大的价值。激励机制是指对员工为企业所做的贡献（包括实现的绩效，付出的努力、时间、学识、技能、经验、创造等）付给的相应的回报和答谢。

一、任务目标

公司新招了一批员工，且根据各部门的反馈，需要调整薪酬结构，以制定更符合员工期望和企业发展的薪酬管理制度。老张负责汇总各部门要求，汇总之后，他让小白根据汇总结果制作“薪酬管理制度”演示文稿。本任务完成后的最终效果如图3-27所示。

素材所在位置 光盘:\素材文件\项目三\薪酬管理制度.pptx
效果所在位置 光盘:\效果文件\项目三\薪酬管理制度.pptx

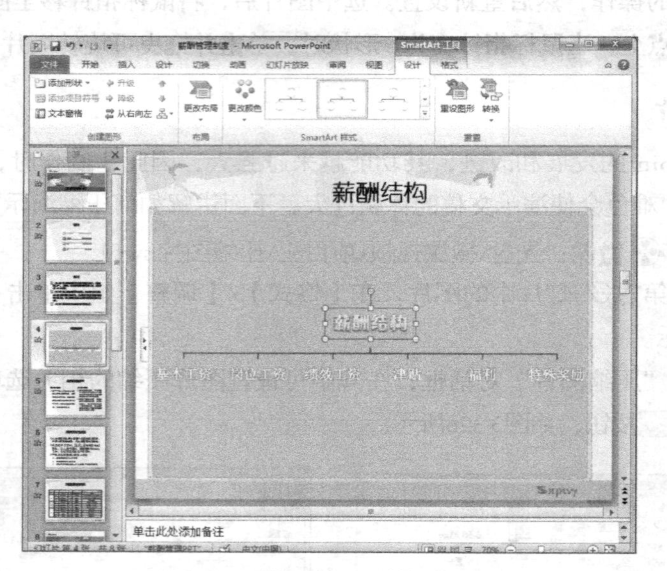

图3-27 “薪酬管理制度”最终效果

二、相关知识

在PowerPoint中可以插入一些具有说明性意义的图示，从而简化文字、美化幻灯片，用简单的方式表达复杂的表述。下面讲解图示在PPT中的作用及SmartArt图形的常用类型。

1．图示在PPT中的作用

图示即用图形来表示、说明对象，如说明对象的流程，显示非有序信息块或分组信息块，说明各个组成部分之间的关系等，图3-28所示即为一种表示循环关系的图示。

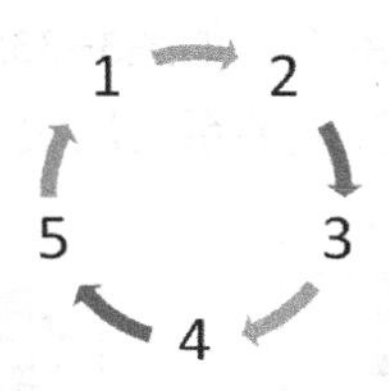

图3-28 表示循环关系的图示

2．认识SmartArt图形的类型

PowerPoint中自带了一些图示关系，用户可直接选择使用，免去制作的麻烦。PowerPoint中的图示叫作SmartArt图形，在【插入】/【图像】组中单击SmartArt按钮，即可打开“选择 SmartArt 图形”对话框，在其中即可选择相应的图示。

下面介绍一些常用图示，并讲解其作用。

- **列表图**：主要用于显示多个信息并列的内容，通常可通过编号1、2、3……的形式来表示，如图3-29所示。
- **流程图**：主要用于显示一个作业的整个过程，或一个项目需要经过的主要步骤，通常可用箭头进行连接，从项目的开始指向末尾，如图3-30所示。

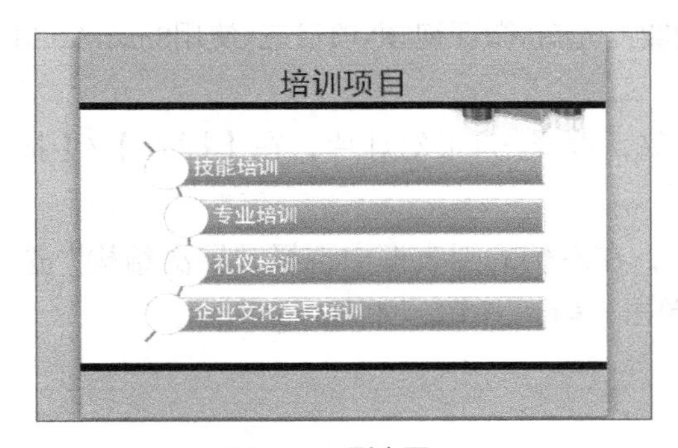

图3-29 列表图

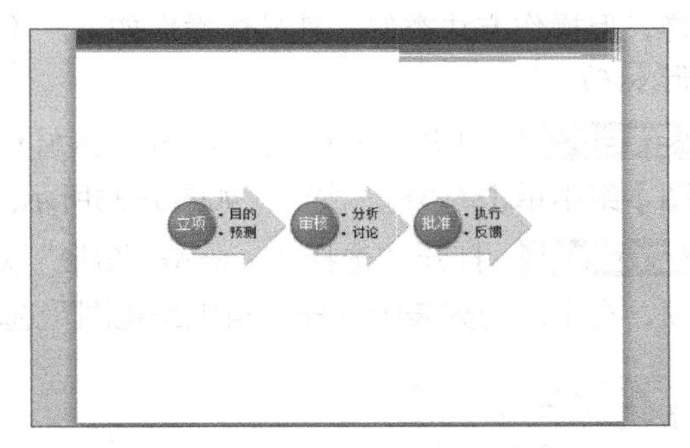

图3-30 流程图

- **循环图**：主要用于表示一个项目中可持续操作的部分，或表示阶段、事件、任务的连续性，如图3-31所示。
- **层次结构图**：主要用于显示组织中的分层信息或上下级关系等，如图3-32所示。

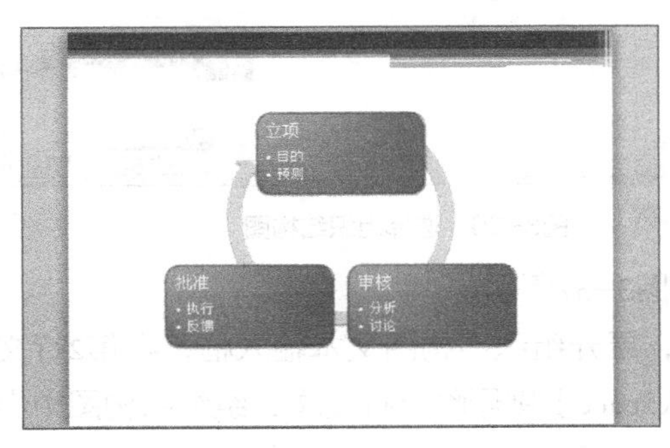

图3-31 循环图

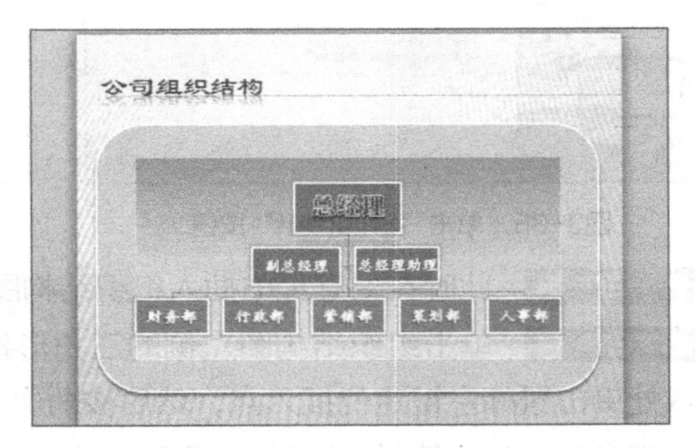

图3-32 层次结构图

- **关系图**：主要用于显示两种对立或对比观点，也可比较或显示两个观点之间的关

系，以及显示与中心观点的关系等，如图3-33所示。

● **棱锥图**：用于显示比例关系、互连关系或层次关系，如图3-34所示。

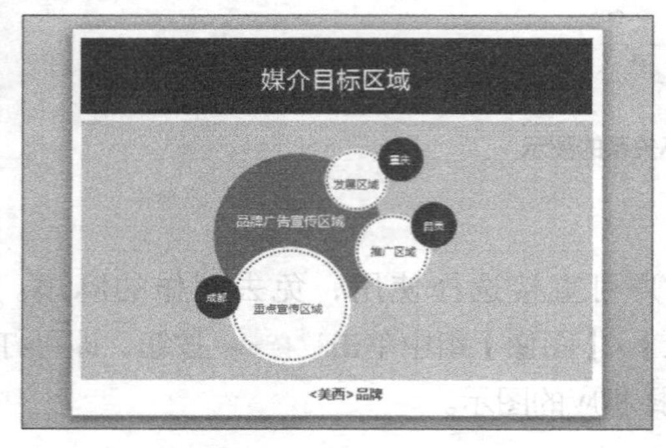

图3-33　关系图

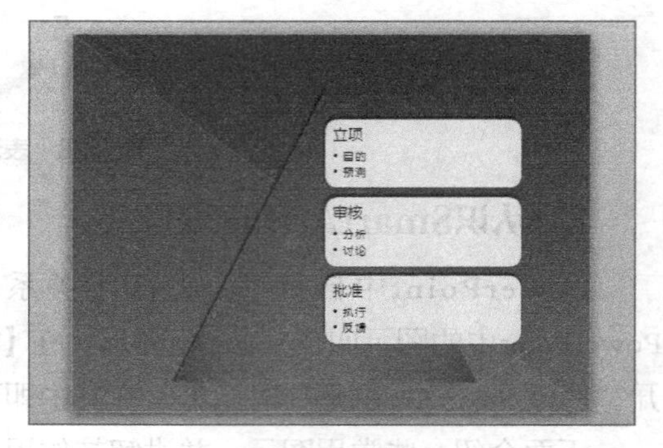

图3-34　棱锥图

三、任务实施

1．使用SmartArt图形

在幻灯片中可根据不同的需要添加不同类型的SmartArt图形，这些SmartArt图形结构不一样，但操作方法类似，其具体操作如下。（**微课**：光盘\微课视频\项目三\使用SmartArt图形.swf）

STEP 1　打开“薪酬管理制度”素材演示文稿，选择第4张幻灯片，在【插入】/【插图】组中单击SmartArt按钮，如图3-35所示。

STEP 2　打开“选择 SmartArt 图形”对话框，在左侧的列表框中选择“层次结构”选项，在中间的列表中选择“组织结构图”选项，单击确定按钮，如图3-36所示。

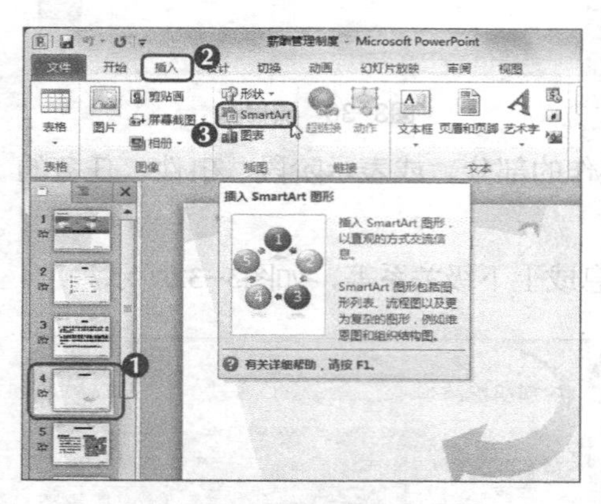

图3-35　单击“SmartArt”按钮

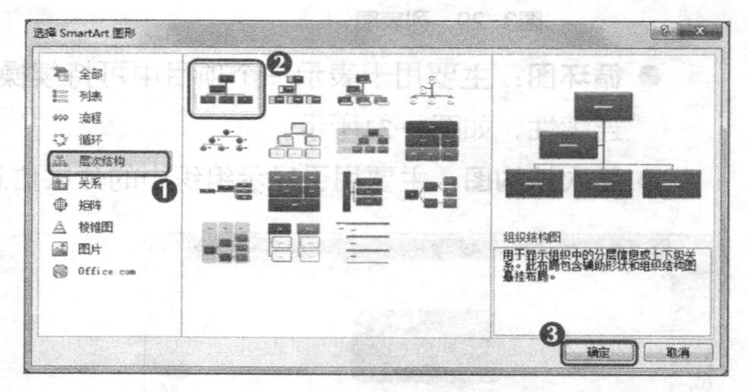

图3-36　选择组织结构图

STEP 3　此时在幻灯片中插入组织结构图，如图3-37所示。

STEP 4　单击组织结构图左侧的三角形按钮，展开组织结构图文本输入框，在第2行文本处单击鼠标左键定位插入点，然后按两次【BackSpace】键删除该行文本，组织结构图中出现相应的变化，第2行的结构对象被删除，如图3-38所示。

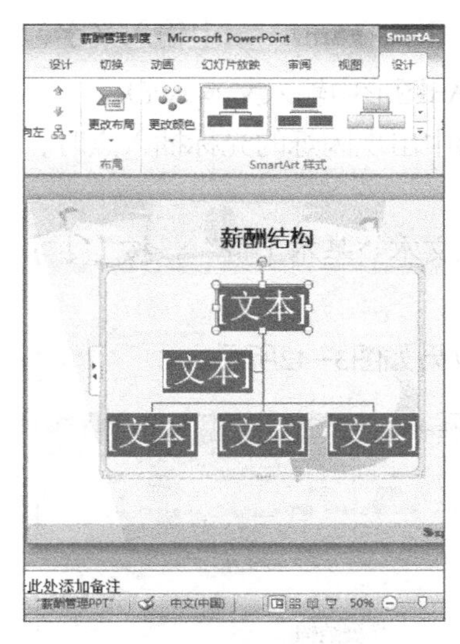

图3-37 插入组织结构图

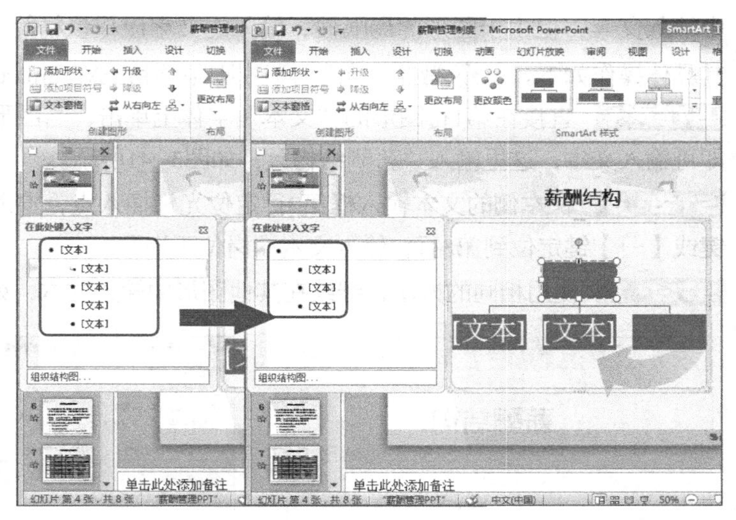

图3-38 通过文本输入框更改结构

STEP 5 在SmartArt图形中选择第2行的第1个图形，激活“SmartArt工具”，在【设计】/【创建图形】组中单击 添加形状 按钮右侧的下拉按钮，在打开的列表中选择“在后面添加形状”选项，如图3-39所示。

STEP 6 此时即可在该行添加一个图形，使用相同的方法，继续在该行添加两个图形，效果如图3-40所示。

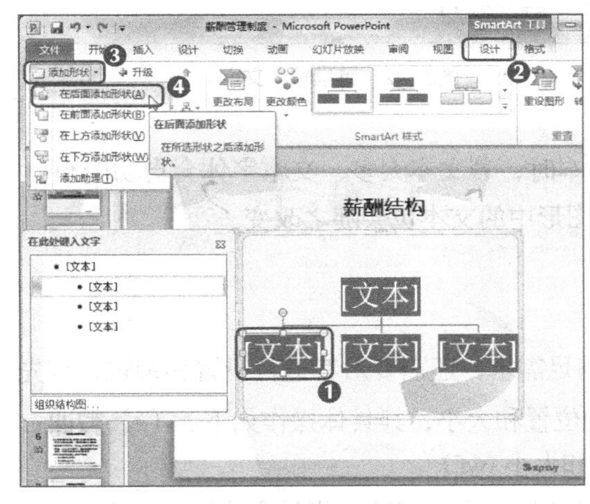

图3-39 添加图形

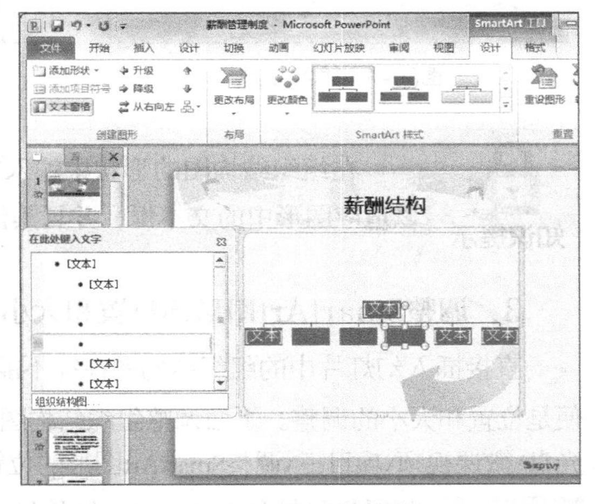

图3-40 添加图形效果

多学一招

选择图形后在图形上单击鼠标右键，在弹出的快捷菜单中选择“添加形状”命令，在其子菜单中同样可以选择相应的命令，在组织结构图中添加形状，其命令与“创建图形”组中的“添加形状”选项一样。

2. 在SmartArt图形中输入文本

PowerPoint中插入的SmartArt图形中一般会默认出现“文本”二字，提示制作者可在其中输入文字，但由于图形的局限性，输入的文字应尽量精简。下面在SmartArt中输入文字，其具体操作如下。（**微课**：光盘\微课视频\项目三\在SmartArt图形中输入文本.swf）

STEP 1 直接在第1行图形的“文本”字体上单击，当图形中出现闪烁的光标插入点时，即可输入文本，这里输入“薪酬结构”，如图3-41所示。

STEP 2 在左侧的文本输入框第2行定位光标插入点，输入文本“基本工资”，按【↓】键或【→】键定位到第3行，输入文本“岗位工资”。

STEP 3 使用相同的方法，继续在其他图形中输入文本，效果如图3-42所示。

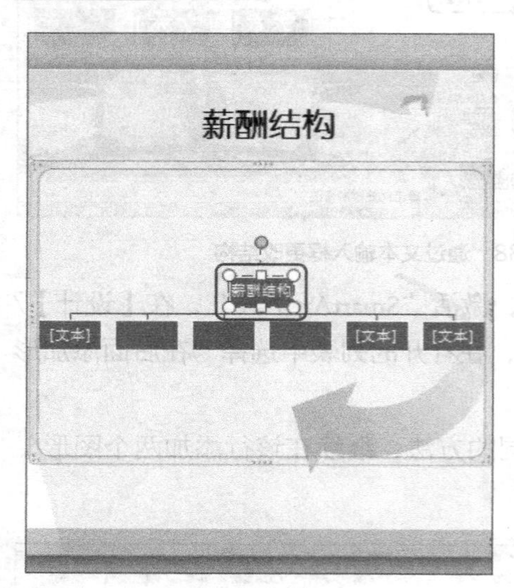

图3-41　输入文字

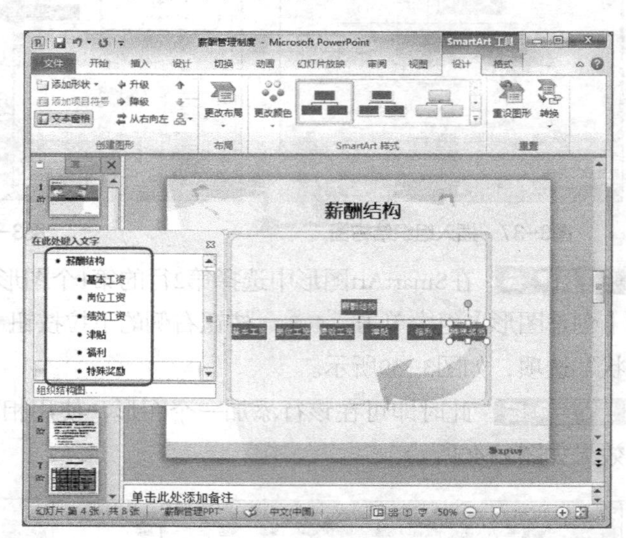

图3-42　继续输入文字

知识提示

在组织结构图的形状中输入文本时，若文本太多，文本字体会自动变小以适应图形中的文本框，并且其他图形中的文本也会随之改变。

3．调整SmartArt图形的位置和大小

直接插入幻灯片中的组织结构图往往不能满足需求，还需要对其进行设置和编辑，首先便是位置和大小的调整。下面调整组织结构图的位置和大小，其具体操作如下。（**微课**：光盘\微课视频\项目三\调整SmartArt图形的位置和大小.swf）

STEP 1 将鼠标指针移至SmartArt图形右下角的边框上，当鼠标指针变为↘形状时，按住鼠标左键不放并拖曳，至合适位置后释放鼠标左键，放大SmartArt图形，如图3-43所示。

STEP 2 将鼠标指针移至SmartArt图形的边框上，当鼠标指针变为✥形状时，按住鼠标左键不放并拖曳，调整SmartArt图形的位置，如图3-44所示。

STEP 3 选择第1行的“薪酬结构”图形，将鼠标指针移至图形右下角的控制点上，此时鼠标指针呈↘形状，单击鼠标左键不放并拖曳，将图形放大，到合适位置后释放鼠标，调整图形大小，如图3-45所示。

STEP 4 使用同样的方法，调整其他图形的大小，效果如图3-46所示。

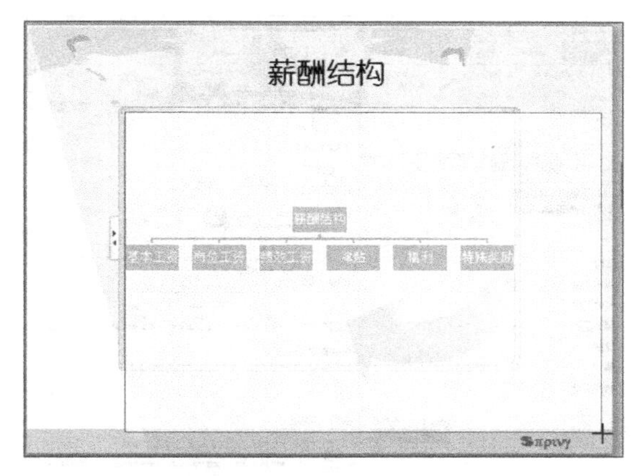

图3-43 整体放大SmartArt图形

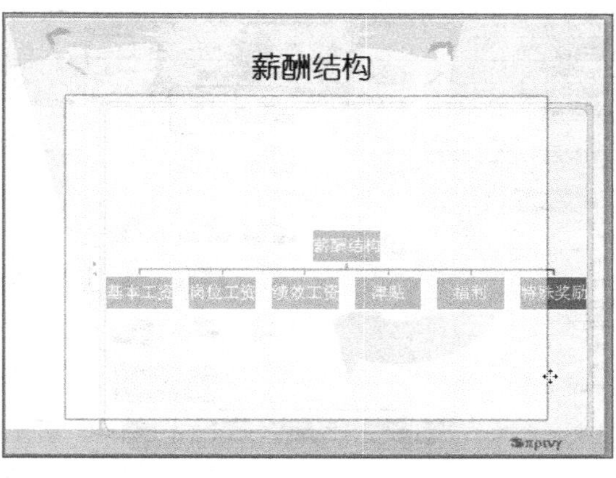

图3-44 调整SmartArt图形位置

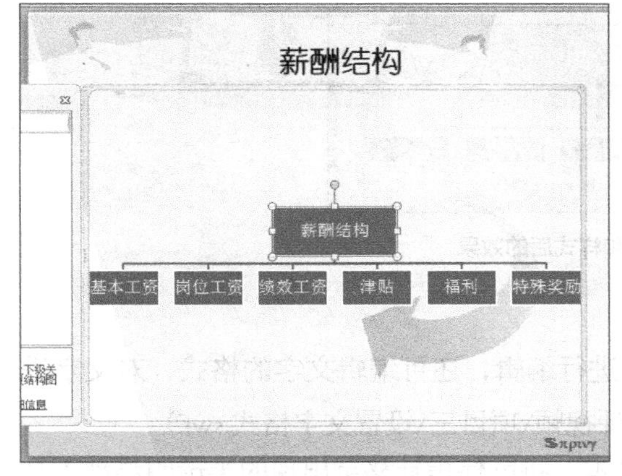

图3-45 调整图形大小

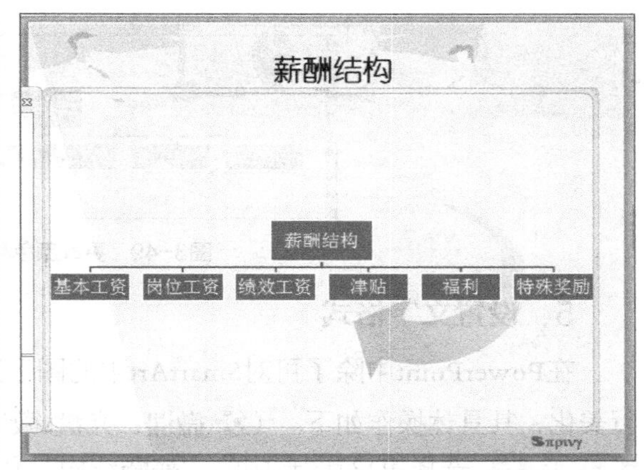

图3-46 图形大小调整结果

知识提示

SmartArt图形中所有文字的大小通常以文字最多的图形内的文字为标准，更改图形大小时，整个SmartArt图形中的文本大小保持一致。

4．修改颜色和样式

完成对组织结构图位置和大小的调整后，即可对组织结构图进行美化。选中SmartArt图形，在“格式”选项卡中可对图形的样式和颜色等进行设置，使SmartArt图形更具艺术性质，其具体操作如下。（微课：光盘\微课视频\项目三\修改颜色和样式.swf）

STEP 1 在幻灯片中选中SmartArt图形，在【设计】/【SmartArt 样式】组的样式列表中单击按钮，在打开的列表中选择“白色轮廓”选项，如图3-47所示。

STEP 2 在“SmartArt 样式”组中单击“更改颜色”按钮，在打开的列表中选择“彩色范围-强调文字颜色2至3”选项，如图3-48所示。

STEP 3 单击左侧文本输入框的“关闭”按钮，更改颜色和样式后的SmartArt图形如图3-49所示。

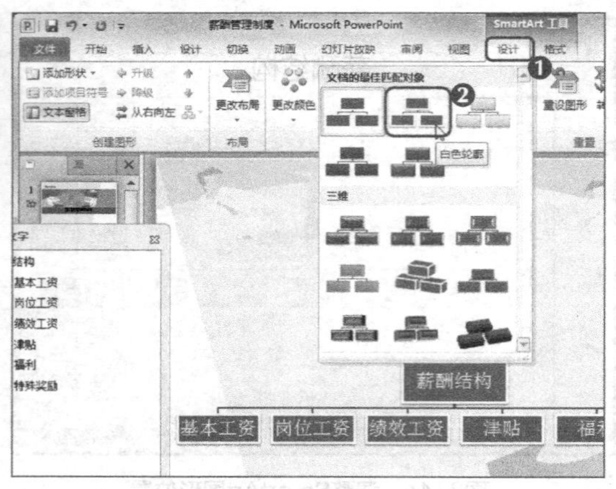

图3-47　更改颜色

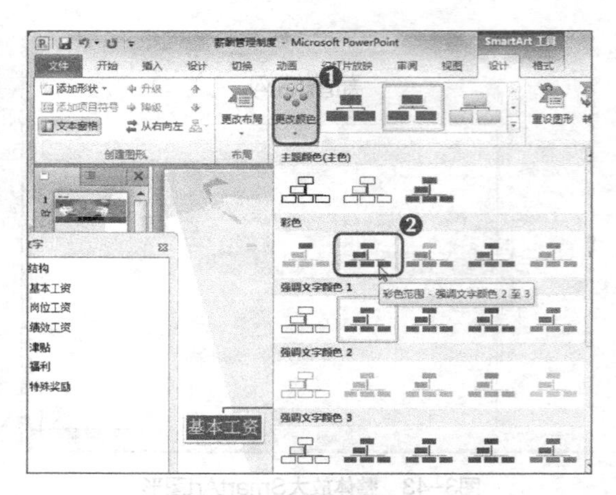

图3-48　更改样式

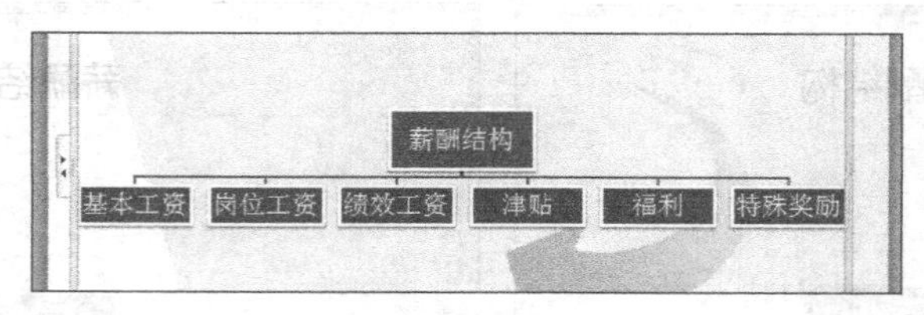

图3-49　更改颜色和样式后的效果

5．设置文字格式

在PowerPoint中除了可对SmartArt中的图形进行编辑，还可编辑文字的格式，对文字进行美化，其具体操作如下。（**微课**：光盘\微课视频\项目三\设置文字格式.swf）

STEP 1　选择第1行图形中的“薪酬结构”文本，将鼠标指针移至出现的半透明浮动工具栏中，设置选中文本的格式为“方正粗活意简体”，字号“28”，如图3-50所示。

STEP 2　在【格式】/【艺术字样式】组中单击样式列表右侧的按钮，在打开的列表中选择“填充-金色，强调文字颜色2，暖色粗糙棱台”选项，如图3-51所示。

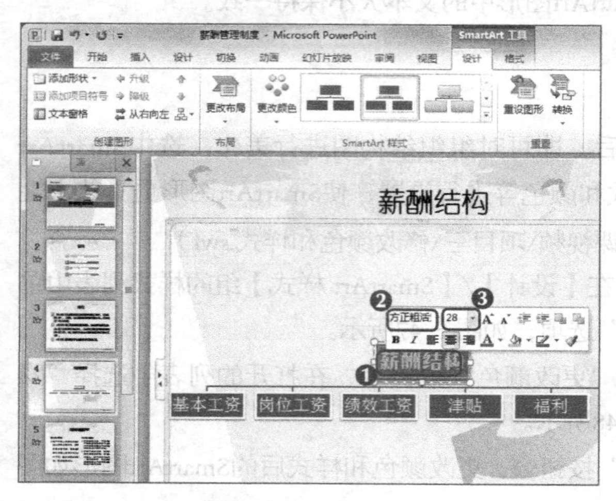

图3-50　设置文本格式

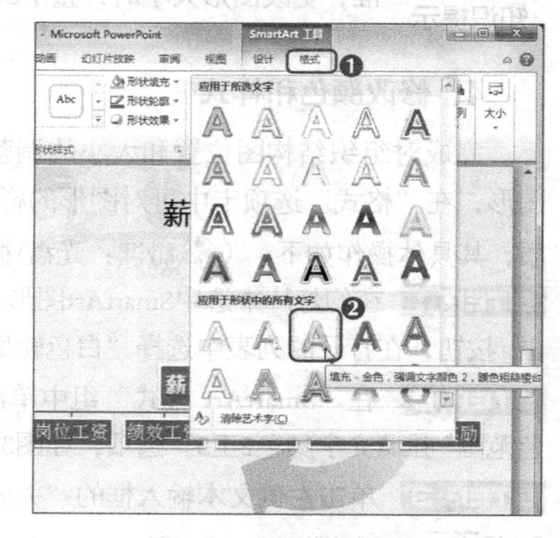

图3-51　设置艺术字样式

STEP 3 利用【Ctrl】键选择第2排图形中的所有文字，在/【艺术字样式】组中为文字应用样式“填充-白色，投影”，如图3-52所示，效果如图3-53所示。

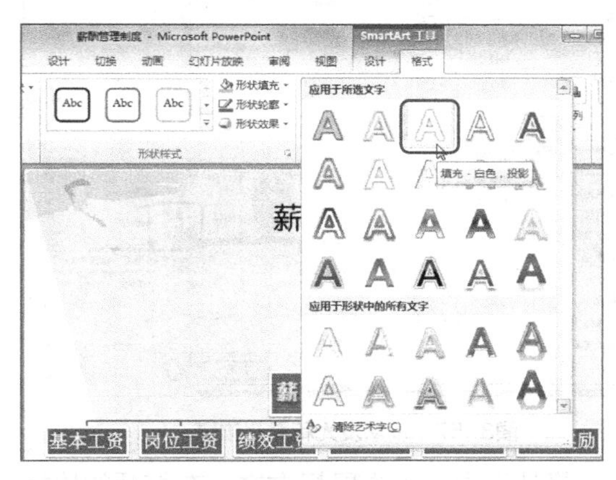

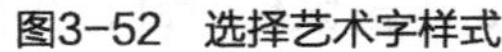
图3-52 选择艺术字样式

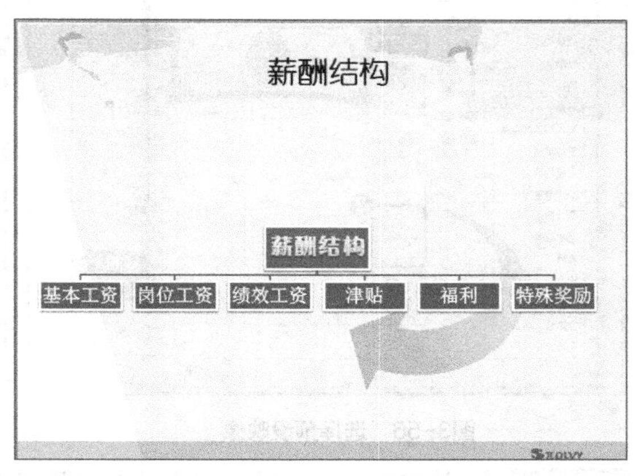

图3-53 应用艺术字样式

6. 设置图框与SmartArt图形格式

设置图框是指对SmartArt图形中文本框的颜色、底纹映像方式等进行设置，其设置方法与幻灯片中文本框的设置方式类似；设置SmartArt图形格式是指对整个组织结构图的背景、边框、文本位置等进行设置，其设置方法与设置图框类似。下面讲解设置图框与SmartArt图形格式的方法，其具体操作如下。（**微课**：光盘\微课视频\项目三\设置图框与SmartArt图形格式.swf）

STEP 1 按住【Shift】键不放，依次单击选择SmartArt中的各个图形，在图形上单击鼠标右键，在打开的快捷菜单中选择“设置形状格式”命令，如图3-54所示。

STEP 2 打开“设置形状格式”对话框，单击“映像”选项卡，如图3-55所示。

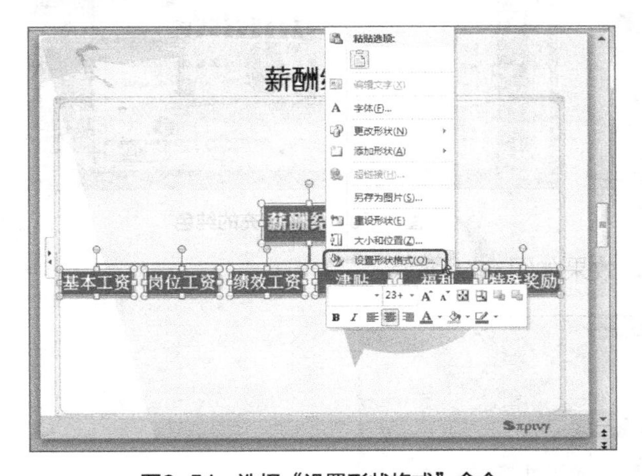

图3-54 选择“设置形状格式”命令

图3-55 单击“映像”选项卡

STEP 3 在“预设”栏中单击按钮，在打开的列表中选择“紧密映像，4 pt偏移量”选项，如图3-56所示。

STEP 4 单击“发光和柔化边缘”选项卡，在“预设”栏中单击按钮，在打开的列表中选择“茶色，8 pt发光，强调文字颜色6”选项，单击 关闭 按钮，如图3-57所示。

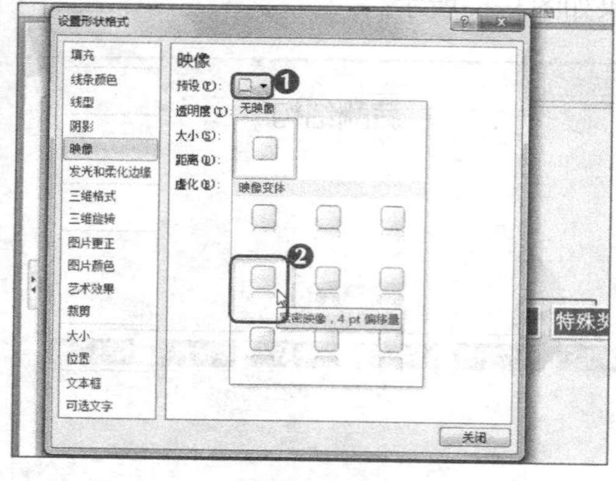

图3-56 选择预设映像

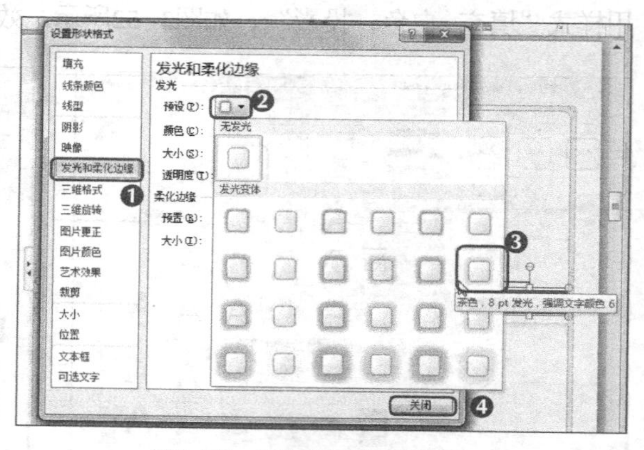

图3-57 设置发光和柔化边缘

STEP 5 单击SmartArt图形四周的半透明边框，将其选中，单击鼠标右键，在打开的快捷菜单中选择“设置对象格式”命令，如图3-58所示。

STEP 6 打开“设置形状格式”对话框，单击“填充”选项卡，单击选中“纯色填充”单选项，在“填充颜色”栏中单击 按钮，在打开的列表中选择“茶色，强调文字颜色6，淡色40%”选项，然后单击 关闭 按钮，如图3-59所示。

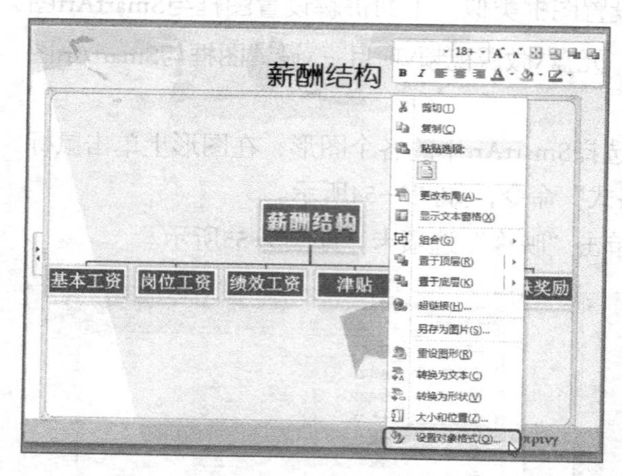

图3-58 选择“设置对象格式”命令

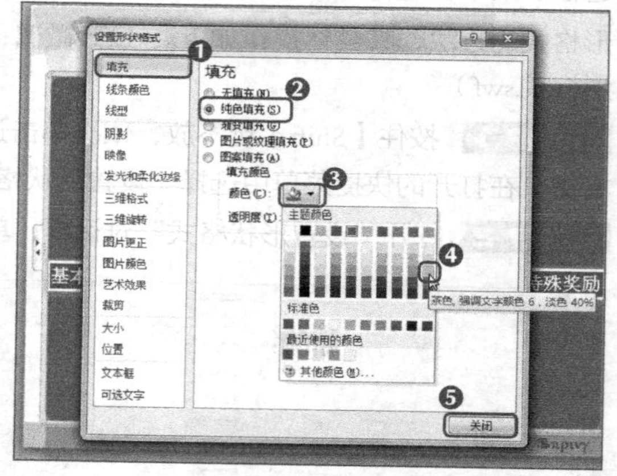

图3-59 选择填充的纯色

STEP 7 完成SmartArt图形格式的设置，效果如图3-60所示。

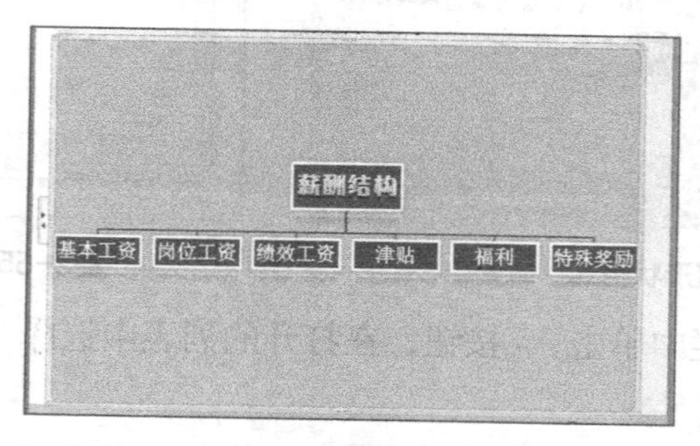

图3-60 设置SmartArt格式效果

在组织结构图上单击鼠标右键，在弹出的快捷菜单中选择“重设形状”命令，可撤销对形状的所有设置，恢复默认值。

7．更改SmartArt图形布局

在制作完成SmartArt图形后，还可对其布局进行更改，使其可应用于不同的放映场合。下面讲解如何更改SmartArt图形布局，其具体操作如下。（**微课：**光盘\微课视频\项目三\更改SmartArt图形布局.swf）

STEP 1 选中SmartArt图形，在【设计】/【布局】组中单击“更改布局”按钮，在打开的列表中选择“半圆组织结构”选项，如图3-61所示。

STEP 2 此时第1行图形中的文字变成了2行，选中该图形的文本框，调整其大小，效果如图3-62所示。

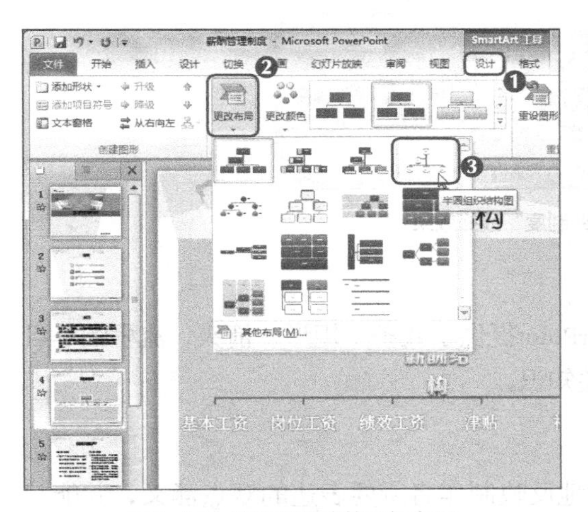

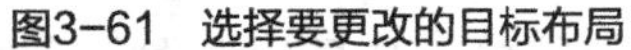
图3-61 选择要更改的目标布局

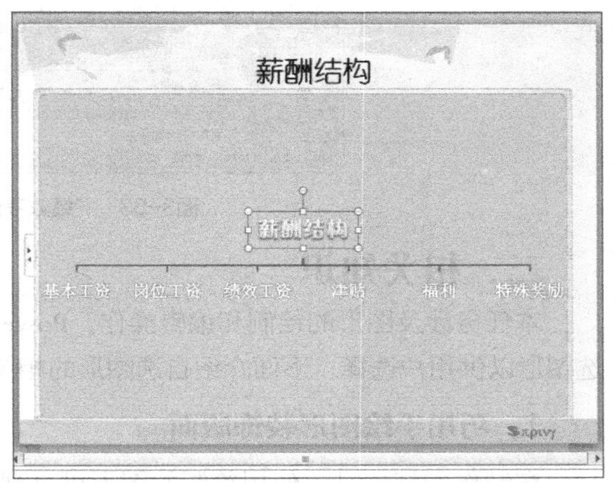

图3-62 更改布局效果

任务三 制作“绩效考评制度”演示文稿

绩效考评制度是指企业依据一定的标准，采用一定的考评方法，对员工工作任务的完成情况、员工工作的履行程度及员工的发展情况进行评定，并将评定结果反馈给员工的一种制度。绩效考评的最终目的是改善员工的工作状态，提高员工的满意程度和成就感，以达到为企业盈利的目的，其结果可作为工作反馈、报酬管理、职务调整、工作改进的考虑因素。绩效考评具有一致性、客观性、公平性、公开性等特点。

一、任务目标

公司最近决定对绩效考评制度进行修改和更新，要求老张带着助手小白收集各部门意见，并整合相关信息，重新制定绩效考核制度，并将制定后的绩效考核制度张贴在公司入口处的张贴栏中。本任务完成后的最终效果如图3-63所示。

素材所在位置 光盘:\素材文件\项目三\绩效考评制度.pptx
效果所在位置 光盘:\效果文件\项目三\绩效考评制度.pptx

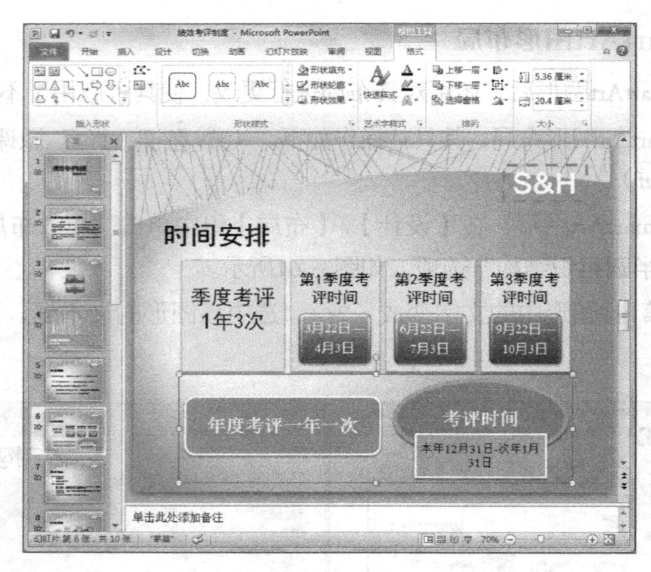

图3-63 “绩效考评制度”最终效果

二、相关知识

本任务涉及图形的绘制和编辑操作，PowerPoint提供了线条、矩形、箭头、流程图等自选图形以供用户选择。下面介绍自选图形的相关知识。

1．巧用手绘图形装饰版面

在制作幻灯片时，使用绘制的图形可直观地反映制作者所要表达的观点涵义，并能起到一定的装饰美化作用。在PowerPoint中绘制图形的方法很简单，其具体操作方法是在【插入】/【插图】组中单击 形状 按钮，在打开的列表中选择需要绘制的图形，将鼠标指针移至幻灯片中，此时鼠标指针变为+形状，按住鼠标左键不放并拖曳即可绘制选中的图形。图3-64所示为绘制的消防示意图。

图3-64 绘制图形装饰版面

2．自选图形对齐与排列原则

无规矩不成方圆，在PowerPoint中使用自选图形也一样，杂乱无序的图形并不能给幻灯片加分，反而会让观众理不清思路，不知道制作者究竟要表达的是什么。因此在使用自选图形时，也要遵循一些原则，具体介绍如下。

- **对齐原则**：根据图形对象的边框、水平中心或垂直中心排列两个或更多图形对象，也可根据整个页面或其他锁定标记的位置对齐一个或多个图形对象。
- **排列原则**：将图形对象垂直或水平等距分布，也可以根据幻灯片页面等距分布。

形状是PowerPoint中预先设计好的绘图插件，可绘制一些基本的线条、矩形、箭头等，以及一些复杂的流程图、旗帜、星形等。其中，线条、连接符、任意多边形等图形常用于链接相关的对象或内容，但不具备添加文本的功能。

三、任务实施

1．选择并绘制形状

下面打开素材文件“绩效考评制度”，绘制形状并完善其中的内容，其具体操作如下。（**微课**：光盘\微课视频\项目三\选择并绘制形状.swf）

STEP 1 启动PowerPoint 2010，选择【文件】/【打开】菜单命令，在打开的“打开”对话框中选择素材文件“绩效考评制度”，将其打开。

STEP 2 选择第6张幻灯片，在【插入】/【插图】组中单击“形状”按钮，在打开的列表中选择“矩形”栏下的“矩形”选项，如图3-65所示。

STEP 3 将鼠标指针移至幻灯片中，当鼠标指针变为+形状时，按住鼠标左键不放并拖曳绘制矩形，如图3-66所示。

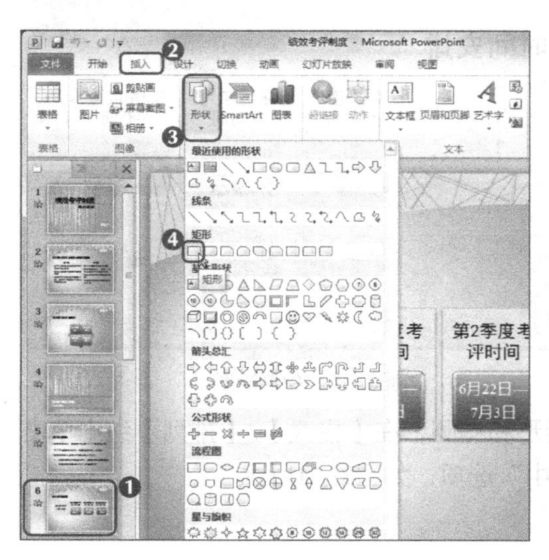

图3-65 选择“矩形”选项

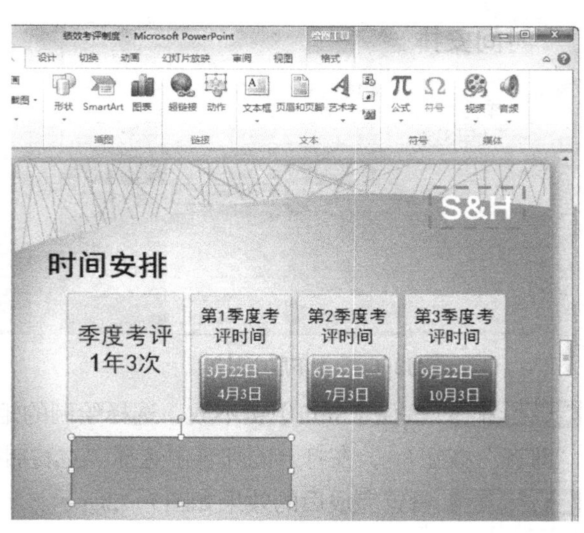

图3-66 绘制矩形

STEP 4 在“插图”组中单击“形状”按钮，在打开的列表中选择“基本形状”栏下的“椭圆”选项，如图3-67所示。

STEP 5 将鼠标指针移至幻灯片中，当鼠标指针变为+形状时，按住鼠标左键不放并拖曳绘制椭圆，如图3-68所示。

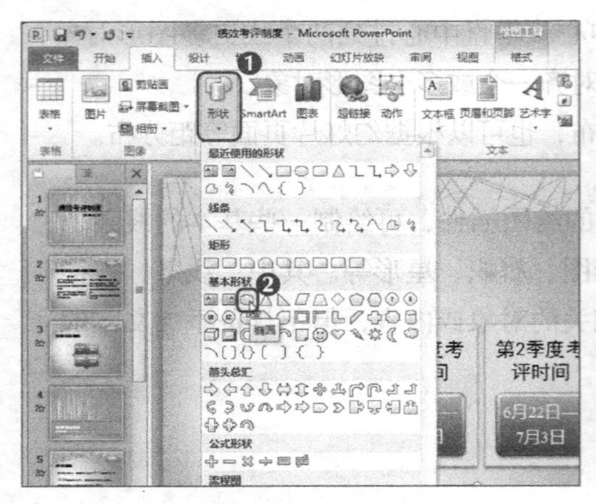

图3-67 选择“椭圆”选项

图3-68 绘制椭圆

STEP 6 按住【Shift】键不放，单击选中绘制的矩形和椭圆，然后在【开始】/【绘图】组中单击“排列”按钮，在打开的列表中选择【对齐】/【上下居中】选项，如图3-69所示。

STEP 7 在图3-70中所示的位置绘制一个矩形。

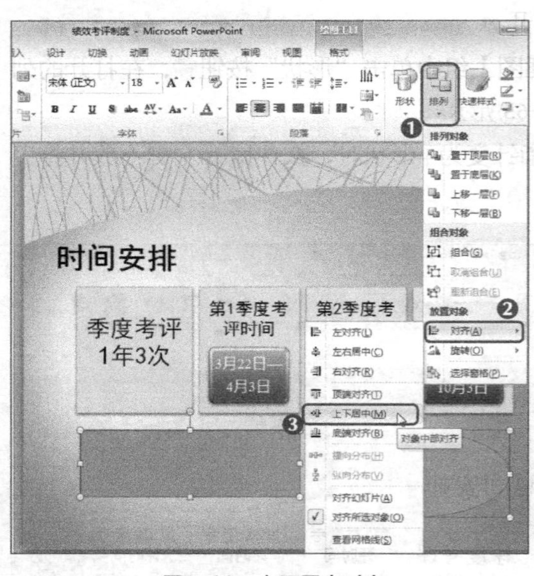

图3-69 上下居中对齐

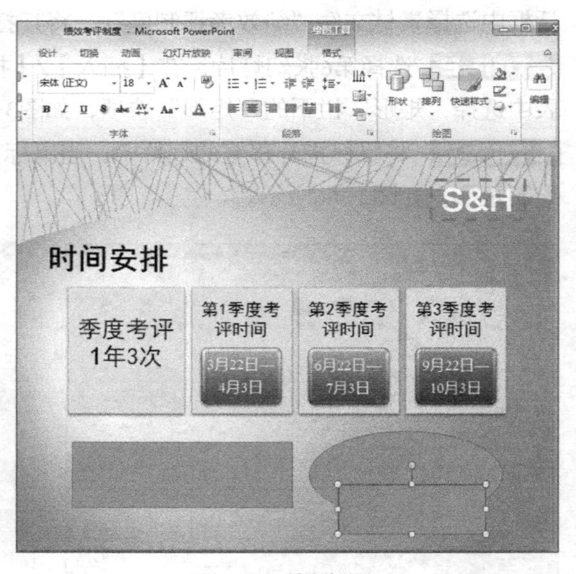

图3-70 绘制矩形

STEP 8 按住【Shift】键不放，选择绘制的矩形和椭圆，在【格式】/【排列】组中单击“对齐”按钮，在打开的列表中选择“左右居中”选项，如图3-71所示。

STEP 9 设置完成后的效果如图3-72所示。

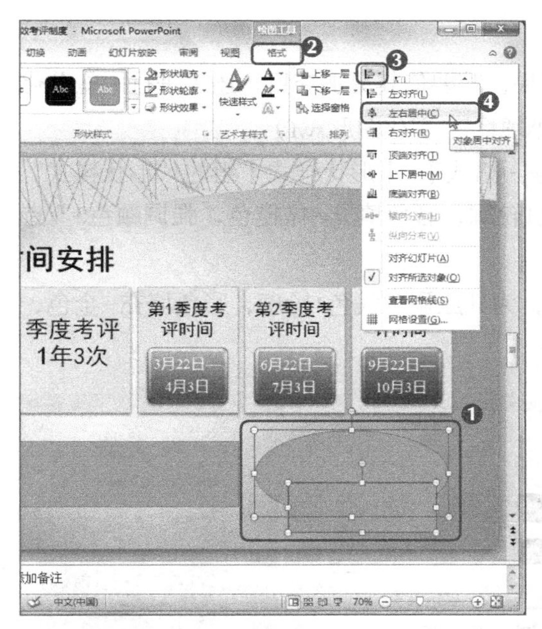
图3-71 选择“左右居中”命令

图3-72 对齐效果

2．修改图形

用户还可对绘制好的图形进行修改，以适应幻灯片的播放，其具体操作如下。（微课：光盘\微课视频\项目三\修改图形.swf）

STEP 1 选择左侧的矩形，激活“绘图工具”，在【格式】/【插入形状】组中单击“编辑形状”按钮，在打开的列表中选择【更改形状】/【圆角矩形】选项，如图3-73所示。

STEP 2 更改后的效果如图3-74所示。

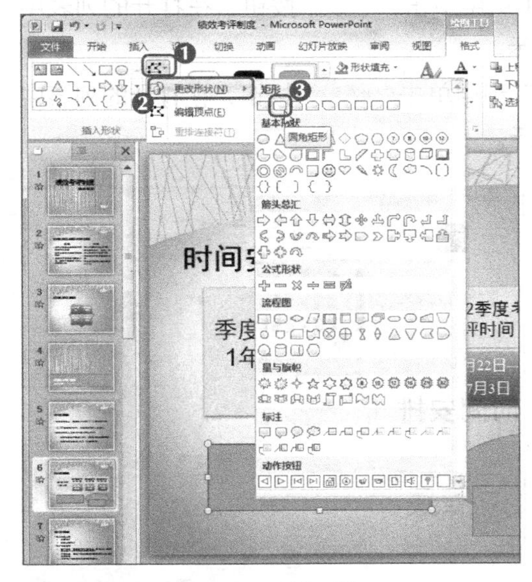
图3-73 更改形状

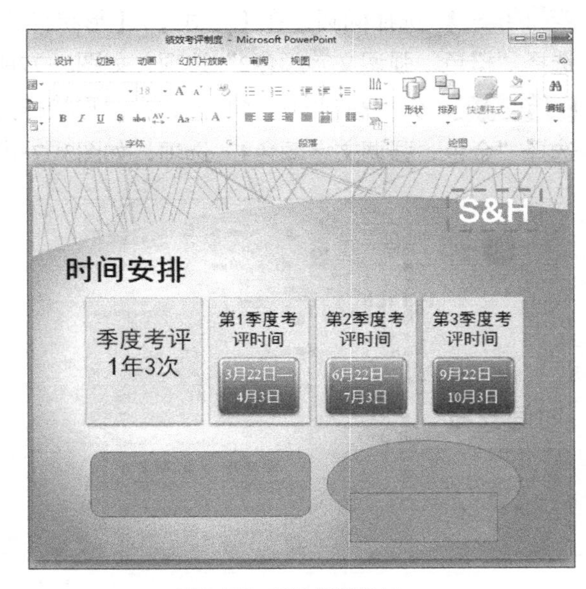

图3-74 更改形状效果

3．美化图形

在PowerPoint中绘制的图形只包含默认的效果，若要使其更加夺目，还需进行一些美化设置，具体操作如下。（微课：光盘\微课视频\项目三\美化图形.swf）

STEP 1 选择左侧绘制的图形，在【绘图工具-格式】/【形状样式】组的“形状样式”列表中单击按钮，在打开的列表中选择“浅色1轮廓，彩色填充-橄榄色，强调颜色3”选项，如图3-75所示。

STEP 2 选择右侧的矩形，使用同样的方法，为其应用“浅色1轮廓，彩色填充-金色，强调颜色4”选项，如图3-76所示。

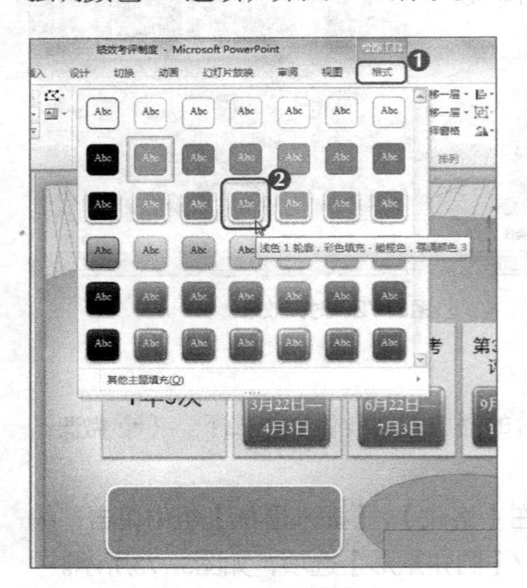

图3-75　应用快速样式

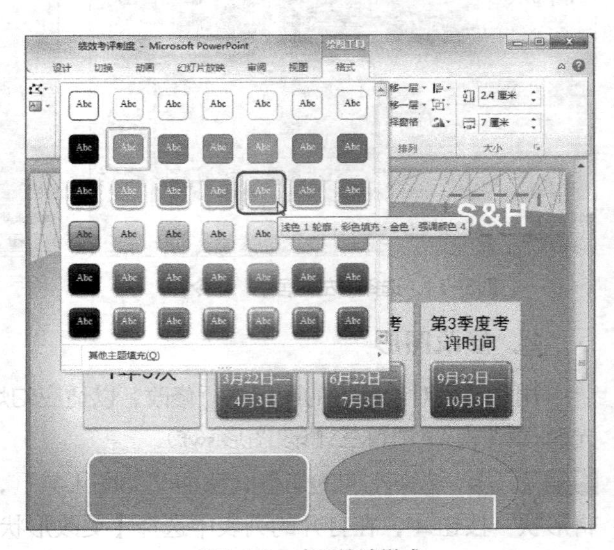

图3-76　应用快速样式

STEP 3 选择椭圆，在【格式】/【形状样式】组中单击形状填充按钮，在打开的列表中选择“橙色，强调文字颜色2”选项，如图3-77所示。

STEP 4 保持椭圆的选择状态，在“形状样式”组中单击形状轮廓按钮，在打开的列表中选择“金色，强调文字颜色4”选项，如图3-78所示。

图3-77　填充形状颜色

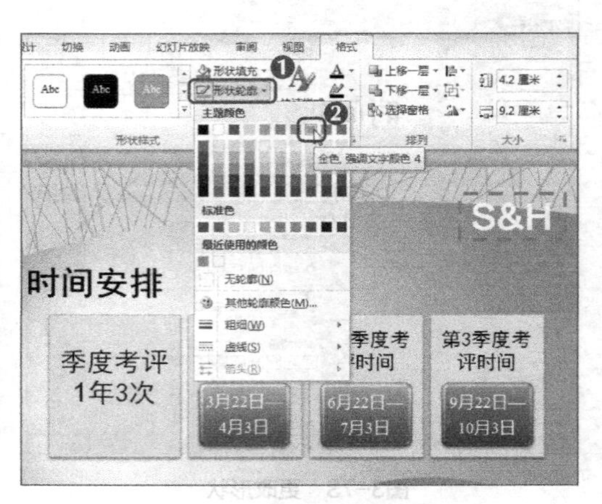

图3-78　添加形状轮廓

STEP 5 单击形状轮廓按钮，在打开的列表中选择【粗细】/【6磅】选项，如图3-79所示。

STEP 6 单击形状效果按钮，在打开的列表中选择【阴影】/【向下偏移】选项，如图3-80所示。

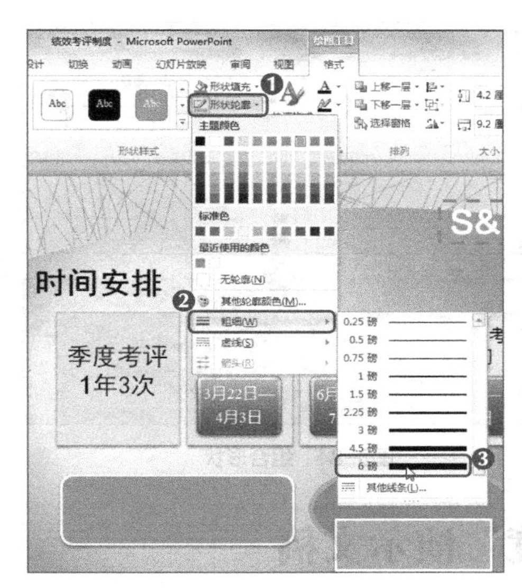

图3-79 设置轮廓粗细

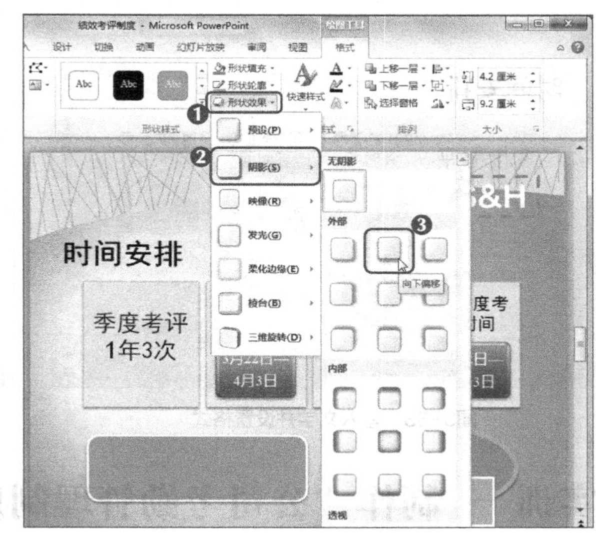

图3-80 设置阴影

STEP 7 选择左侧的圆角矩形，单击鼠标右键，在打开的快捷菜单中选择“编辑文字”命令，如图3-81所示。

STEP 8 此时在形状中出现文本插入点，输入文本“年度考评一年一次”，并设置文本格式为“宋体、28、加粗”，如图3-82所示。

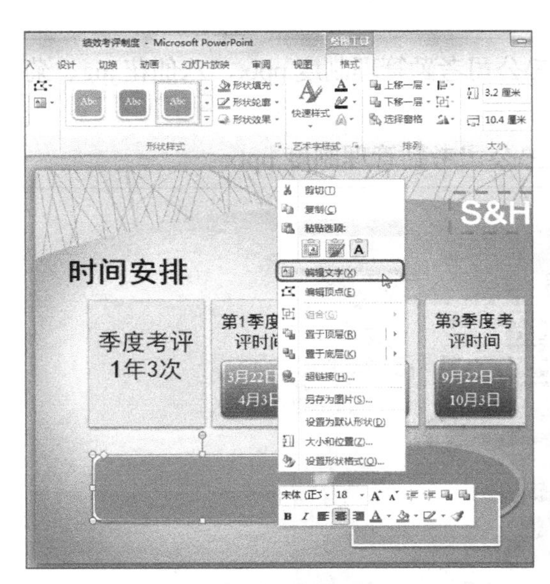

图3-81 选择“编辑文字”命令

图3-82 输入文本并设置格式

STEP 9 使用同样的方法在另外两个形状中输入图3-83中所示的文本，其中椭圆形状内的文字格式为“宋体、28、加粗”，矩形形状内的文字格式为“宋体、18、黑色”。

STEP 10 按住【Shift】键不放，选择绘制的3个形状，在【格式】/【排列】组中单击“组合”按钮，在打开的列表中选择“组合”选项，如图3-84所示，完成操作。

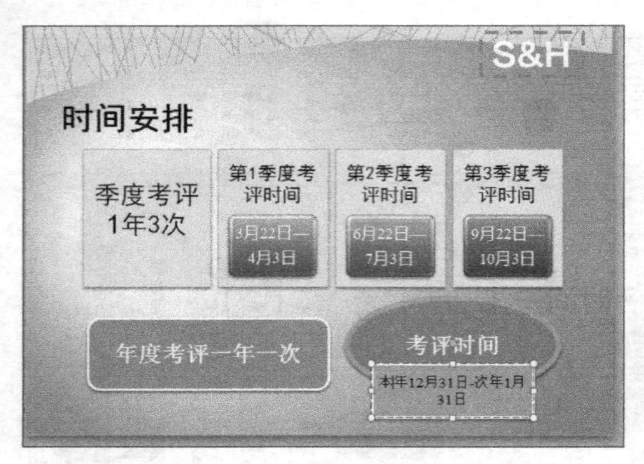

图3-83 输入文字并设置格式

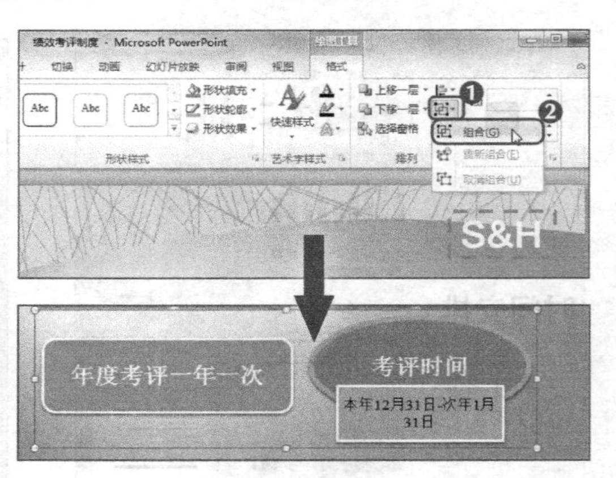

图3-84 组合形状

实训一 制作“公司考勤管理制度”演示文稿

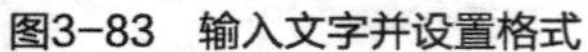

【实训目标】

公司近期在整顿，需要重新制作考勤管理制度，老张已完成了考勤制度的编写工作，制作了一部分演示文稿，剩下的任务他交给了小白，让小白来完成，以巩固近期所学知识。

要完成本实训，需要熟练掌握插入和编辑SmartArt图形及插入和编辑图片的操作方法，本实训的最终效果如图3-85所示。

素材所在位置 光盘:\素材文件\项目三\公司考勤管理制度.pptx、八仙花.jpg、菊花.jpg、郁金香.jpg

效果所在位置 光盘:\效果文件\项目三\公司考勤管理制度.pptx

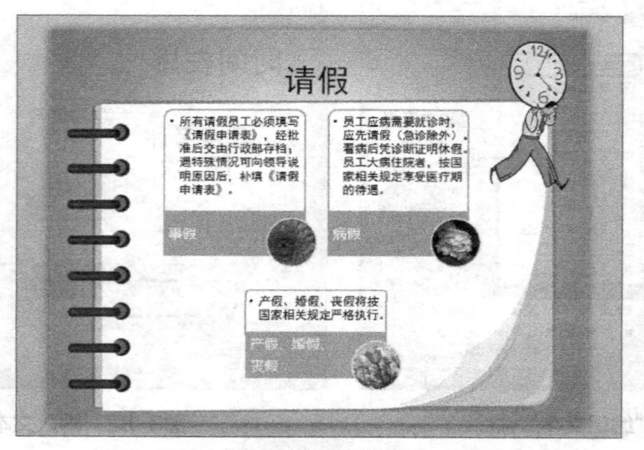

图3-85 “公司考勤管理制度”最终效果

【专业背景】

考勤管理是企业事业单位对员工出勤进行考察管理的一种管理制度，主要包括排班管理、请假管理、带薪假管理、补卡管理、加班申请管理、日出勤处理、月出勤汇总等。考勤管理是维护公司正常运作的手段之一，以此避免员工无故迟到旷工，给公司造成损失。

【实训思路】

完成本实训需要先创建表格的基本框架，然后设置文本格式并添加表格边框，最后在表格中输入完整的需求统计，其操作思路如图3-86所示。

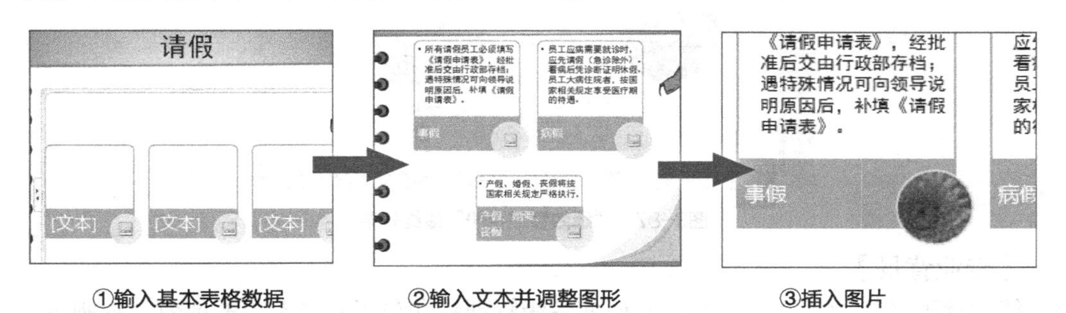

①输入基本表格数据　　②输入文本并调整图形　　③插入图片

图3-86　制作“公司考勤管理制度”的思路

【步骤提示】

STEP 1 启动PowerPoint 2010，按【Ctrl+O】组合键打开“打开”对话框，打开素材文件夹中的“公司考勤管理制度”演示文稿。

STEP 2 打开“选择SmartArt图形”对话框，在“列表”选项卡中选择“蛇形图片重点列表”选项进行插入。

STEP 3 调整SmartArt图形的大小和位置，在其中输入相应的文本。

STEP 4 在SmartArt图形中提示插入图片的位置单击，打开“插入图片”对话框，在其中选择素材图片进行插入。

实训二　制作“绩效管理手册”演示文稿

【实训目标】

为加强公司运营能力，公司现准备印制一批绩效管理手册，以规范、约束并激励公司员工。在制作该手册之前，需要列出相关的内容，以备公司高层开会决议是否加入手册内容。老张整理好相关资料后，将制作演示文稿的任务交给了小白。

要完成本实训，需要熟练掌握形状的绘制和编辑，以及创建和编辑SmartArt图形的操作方法，本实训的最终效果如图3-87所示。

素材所在位置　**光盘:\素材文件\项目三\绩效管理手册.pptx、A.tif、B.tif、C.tif、D.tif**

效果所在位置　**光盘:\效果文件\项目三\绩效管理手册.pptx**

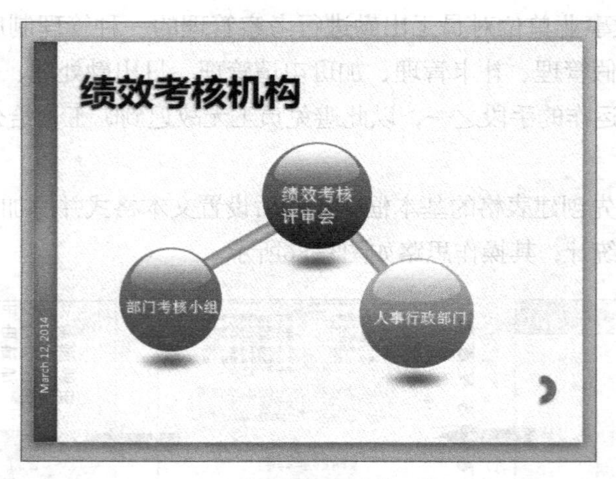

图3-87 "绩效管理手册"最终效果

【专业背景】

绩效管理是指为了达到组织目标而使各级管理者和员工共同参与的绩效计划制定、沟通、考核评价、结果应用、目标提升的持续循环过程，其目的是持续提升个人、部门、组织的绩效。

绩效管理的过程通常被分为四个环节，即绩效计划、绩效辅导、绩效考核、绩效反馈。

【实训思路】

完成本实训需要先创建表格的基本框架，然后设置文本格式并添加表格边框，最后在表格中输入完整的需求统计，其操作思路如图3-88所示。

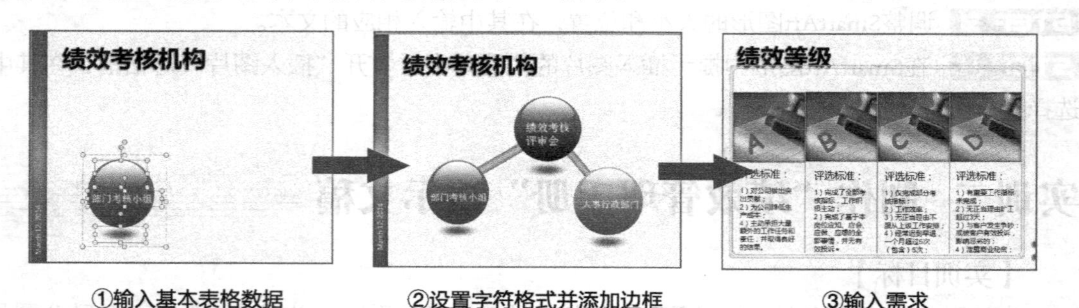

图3-88 制作"绩效管理手册"的思路

【步骤提示】

STEP 1 打开素材文件"绩效管理手册"。

STEP 2 选择第7张幻灯片，通过【插入】/【插图】组在幻灯片中绘制圆形，输入文字，填充渐变，再绘制其他形状，填充相应的渐变色。

STEP 3 复制绘制的图形，更改颜色和位置，更改其中的文本，并绘制矩形，填充渐变，作为连接线。

STEP 4 选择第6张幻灯片，打开"选择SmartArt图形"对话框，在"图片"列表中选择

"图片排列"选项进行插入。

STEP 5 在其中输入文本，并在4个提示插入图片的位置依次插入素材图片。

常见疑难解析

问：造成PowerPoint演示文稿容量增大的原因有哪些？

答：造成PowerPoint演示文稿容量增大的原因很多，常见的有以下几种。

- **完全嵌入字体：** 保存时使用完全嵌入字体，完全嵌入字体将使演示文稿的容量非常庞大。
- **使用特殊格式的图片：** 使用了GIF格式的动画，或使用了BMP格式的图片。
- **插入了视频或音频：** 视频或音频的插入也会使演示文稿容量增大，解决这一问题的方法是将视频转换成WMV或flash格式插入，降低音频的采样率。

问：除了前面提到的方法，还有其他方法可撤销对SmartArt图形应用的样式吗？

答：可以。选中SmartArt图形，激活"SmartArt 工具"，在【设计】/【重置】组中单击"重设图形"按钮即可。

问：在SmartArt中可单独设置某个形状的样式吗？

答：可以。选择需要更改样式的单个形状，激活"SmartArt 工具"，在【格式】/【形状样式】组中即可对选中的单个形状进行设置。

拓展知识

1. 让图片背景透明

在幻灯片中插入的图片通常会以背景或装饰的形式出现，从而构成用户所要表达的情景，有时候也需要去除图片的背景，使图片与其他幻灯片内容融合。PNG格式的图片支持透明背景，但若使用JPEG等不支持透明背景的图片，则需要在其他软件中对图片进行处理，将其转换为支持透明背景的PNG格式的图片。

PowerPoint 2010支持将插入图片的纯色背景透明化的功能，这样可免除用户不会处理图片的烦恼，其具体操作为：选择图片，在【格式】/【调整】组中单击按钮，在打开的列表中选择"设置透明色"命令，然后将鼠标指针移至图片的纯色背景上，此时鼠标指针变为形状，单击鼠标左键，即可去除纯色背景。

2. 将其他对象转换为SmartArt图形

将其他对象转换为SmartArt图形，可以使演示文稿显得更加专业，可转换为SmartArt图形的对象包括图片、文字、形状、文本框等。

以将文字转换为SmartArt图形为例，其操作方法为：选择需要转换的全部文本，在【开始】/【段落】组中单击"转换为SmartArt图形"按钮，在打开的列表中选择一种SmartArt样式。

课后练习

素材所在位置　光盘:\素材文件\项目三\招聘会.pptx、绩效工资实施方案.pptx
效果所在位置　光盘:\效果文件\项目三\招聘会.pptx、绩效工资实施方案.pptx

（1）利用本章所学知识，完善“招聘会”演示文稿，要求在第4张幻灯片中插入“基本循环”SmartArt图形，在第5张幻灯片中插入“连续图片列表”SmartArt图形，并在提示插入图片的位置插入PowerPoint自带的剪贴画，效果如图3-89所示。

图3-89　“招聘会”最终效果

（2）制定好绩效考评制度之后还需要制定绩效工资实施方案，以确定具体的操作方法。本任务要求利用形状完善“绩效工资实施方案”演示文稿，具体效果如图3-90所示。

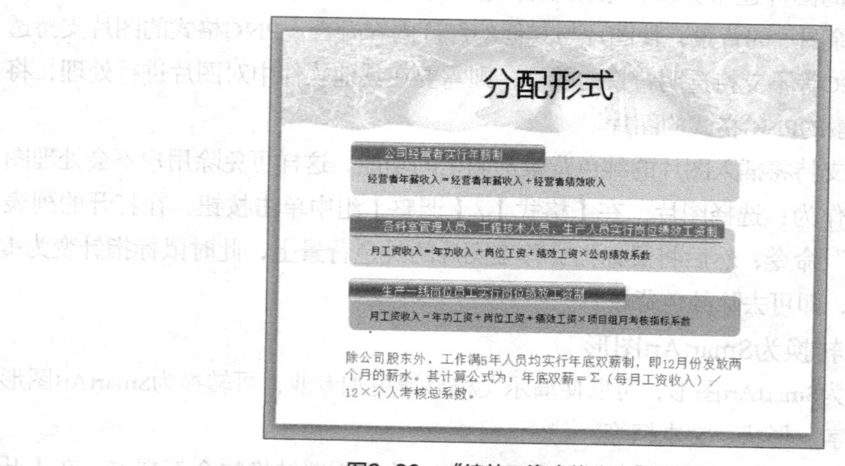

图3-90　“绩效工资实施方案”最终效果

项目四 财务分析

情景导入

公司最近资金周转出现了问题，需要对近期以及过去的财务进行分析，以便找出问题所在、解决问题并制定下一步经营计划。老张接受了这个任务，带着小白在各部门之间统计资料。

知识技能目标

- 熟练掌握添加、绘制、美化表格的操作方法。
- 熟练掌握插入、编辑和美化图表的操作方法。
- 熟练掌握导入Word和Excel中表格的操作方法。

- 了解财务分析的主要内容。
- 掌握“企业盈利能力分析”“企业发展能力分析”等演示文稿的制作方法。

项目流程对应图

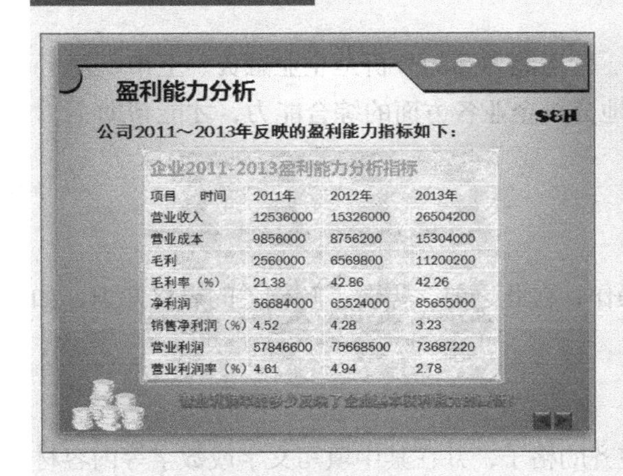

项目　　时间	2011年	2012年	2013年
营业收入	12536000	15326000	26504200
营业成本	9856000	8756200	15304000
毛利	2560000	6569800	11200200
毛利率（%）	21.38	42.86	42.26
净利润	56684000	65524000	85655000
销售净利润（%）	4.52	4.28	3.23
营业利润	57846600	75668500	73687220
营业利润率（%）	4.61	4.94	2.78

“企业盈利能力分析”演示文稿最终效果

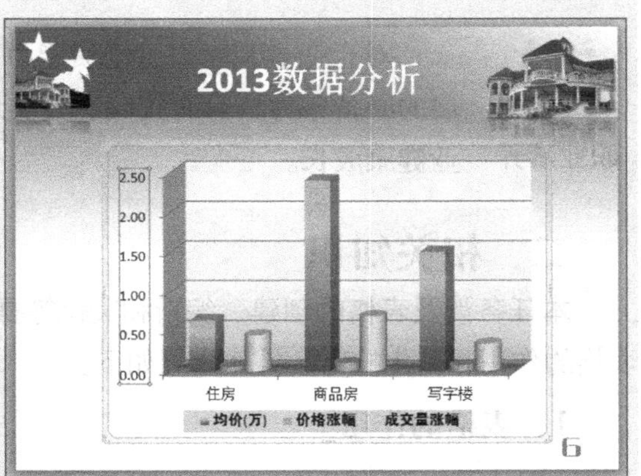

“企业发展能力分析”演示文稿最终效果

任务一　制作“企业盈利能力分析”演示文稿

盈利是企业从事经营活动最主要的目的，同时也是维持企业持续稳定经营和发展的保障。因此，盈利能力不仅是衡量企业经营人员业绩的重要指标，也是改进企业管理的突破口。盈利能力分析的根本目的是通过分析及时发现问题，改善企业财务结构，提升企业偿债能力和经营能力。企业盈利分析主要是对利润率的分析，包括企业资金利润率、销售利润率、成本费用利润率等。

一、任务目标

由于盈利能力分析是财务分析中的一项重要部分，因此，无论是内容还是版式设计都有很多讲究。老张已经确定了文稿的相关内容，他叫来小白，让小白在PowerPoint中设计版式并输入相关文本内容。本任务完成后的最终效果如图4-1所示。

素材所在位置　**光盘:\素材文件\项目四\企业盈利能力分析.pptx**
效果所在位置　**光盘:\效果文件\项目四\企业盈利能力分析.pptx**

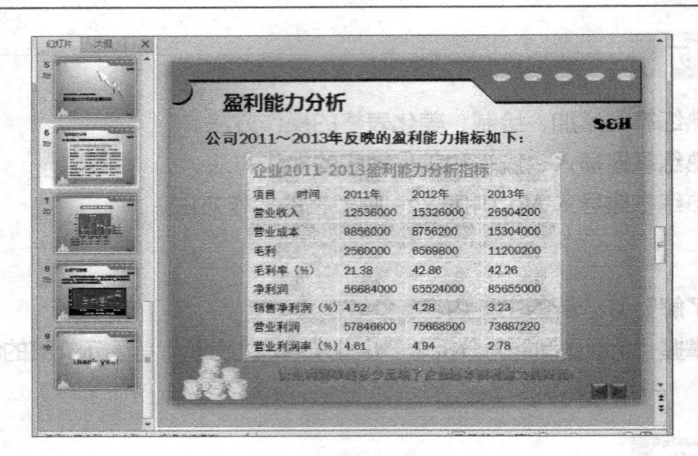

图4-1　“企业盈利能力分析”最终效果

职业素养　**对企业盈利能力、偿债能力、营运能力等的分析是企业融资、上市、发展的必备条件，只有正确、真实地分析企业各方面的综合能力，才能帮助企业健康成长。**

二、相关知识

本任务涉及表格的创建、编辑和美化等操作，在此之前，需要了解相关的表格知识，如表格的作用和美化技巧，具体介绍如下。

1．表格的作用

表格，是指按所需的内容项目绘制排列整齐的格子，并在其中填写文字或数字等内容材料，便于统计查看。其中，以文本为主的表格主要用于内容的展示或对比，而以数字为主的表格主要用于表现各项数据的组成和对比。

表格经常被应用于各种软件，特别是Office办公软件中，表格是最常用的数据处理方式之一，主要用于输入、输出、显示、处理、打印数据，并可制作各种复杂的表格文档，帮助用户进行复杂的统计运算和图表化展示等。

2. 表格美化技巧

美化表格可使表格显得疏密有致，突出表格中的重点。其相关美化原则介绍如下。

- **突出重点**：一个表格中要体现的数据很多，在众多数据中，如总结性的数据，就需要突出显示。突出显示的方法有多种，如加粗文字、增大字号或改变颜色等。应注意的是，在文字性表格中，文本内容不应太多，要用言简意赅的方式表现出内容信息。
- **不能过度修饰**：由于PowerPoint的延展性很宽，因此可以在其中放置各种各样的修饰对象，但应当注意，修饰得当即可。过度的修饰只会让表格显得杂乱，没有中心。
- **内容完整**：表格中应有的内容必须全部包含，应具备的要素必须面面俱到，如表格必须包含表头、标题，行和列之间要有分隔线，数量应配以相应的单位等。除此之外，一个表格相应的行或列中的内容应属于同一分组，而不是杂乱的信息。

三、任务实施

1. 添加表格

在PowerPoint中需要通过插入的方式在幻灯片中插入表格，其具体操作如下。（微课：光盘\微课视频\项目四\添加表格.swf）

STEP 1 打开素材文件“企业盈利能力分析”演示文稿，选择第6张幻灯片。

STEP 2 在【插入】/【表格】组中单击“表格”按钮，在打开的列表中选择“插入表格”选项，如图4-2所示。

STEP 3 打开“插入表格”对话框，设置“列数”为4，“行数”为9，单击确定按钮，如图4-3所示。

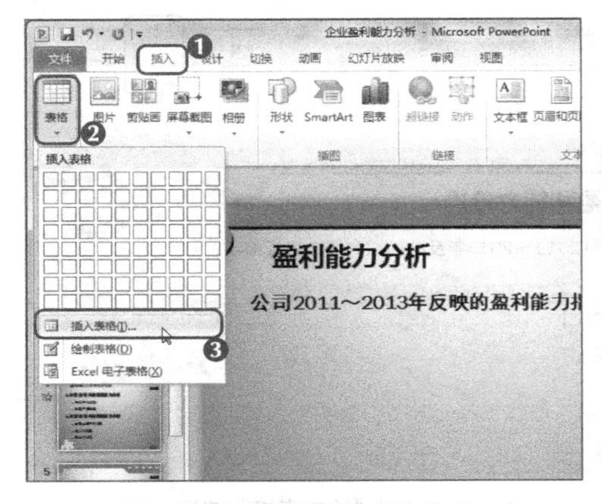

图4-2 选择“插入表格”选项

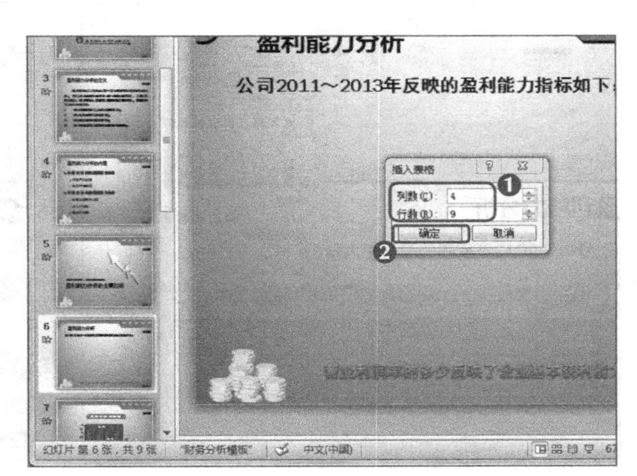

图4-3 设置行列数

STEP 4 此时在幻灯片中自动插入一个表格，调整表格位置，效果如图4-4所示。

多学一招

在【插入】/【表格】组中单击“表格”按钮，在打开的列表中可直接选择表格的行数和列数，从而插入表格，如图4-5所示。

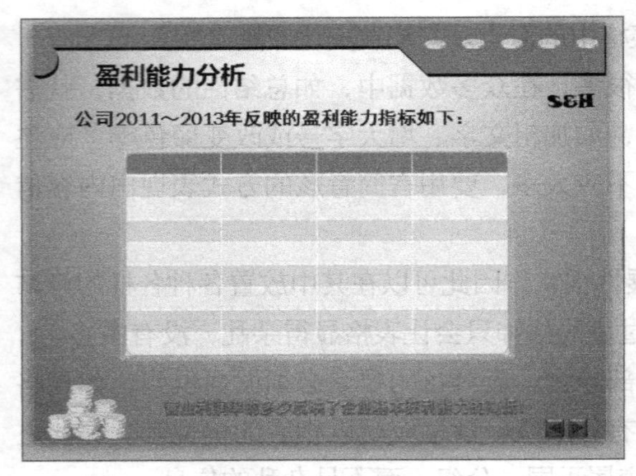

图4-4 插入表格

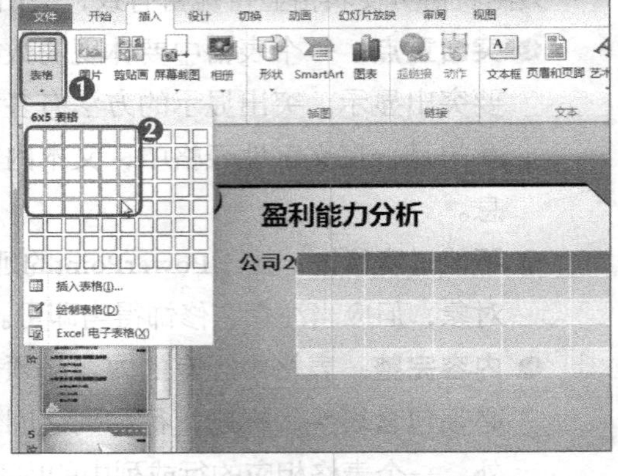

图4-5 直接选择行列数插入表格

2．绘制表格

在PowerPoint中还可通过手动绘制对表格进行更改。下面在表格中绘制斜线表头，其具体操作如下。（微课：光盘\微课视频\项目四\绘制表格.swf）

STEP 1 单击表格第2行第1列的单元格，定位光标插入点。

STEP 2 在【表格工具-设计】/【绘图边框】组中单击笔颜色按钮，在打开的列表中选择“白色，背景1”选项，如图4-6所示。

STEP 3 此时将自动激活“绘图边框”组中的“绘制表格”按钮，表示可开始绘制表格，如图4-7所示。

图4-6 设置笔颜色

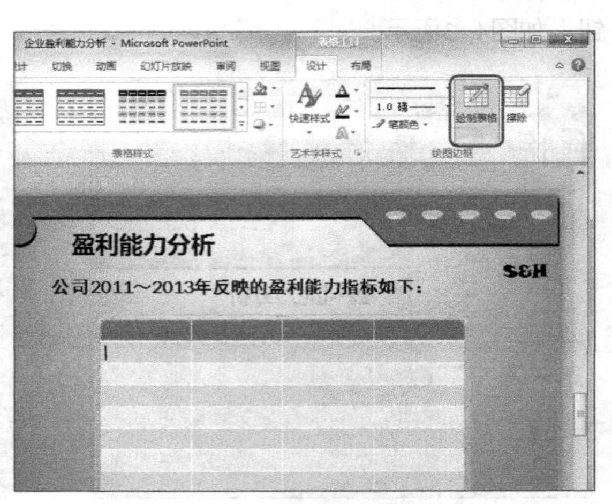

图4-7 激活“绘制表格”按钮

STEP 4 将鼠标指针移至幻灯片中，此时鼠标指针变为形状，在光标定位点所在的单元格中，单击鼠标左键不放从左上至右下进行绘制，如图4-8所示。

STEP 5 在【设计】/【绘图边框】组中单击“绘制表格”按钮，退出表格绘制状态，绘制的斜线表格如图4-9所示。

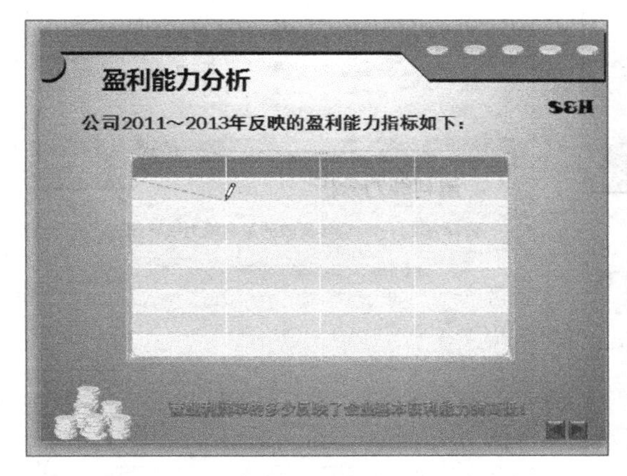

图4-8 绘制斜线

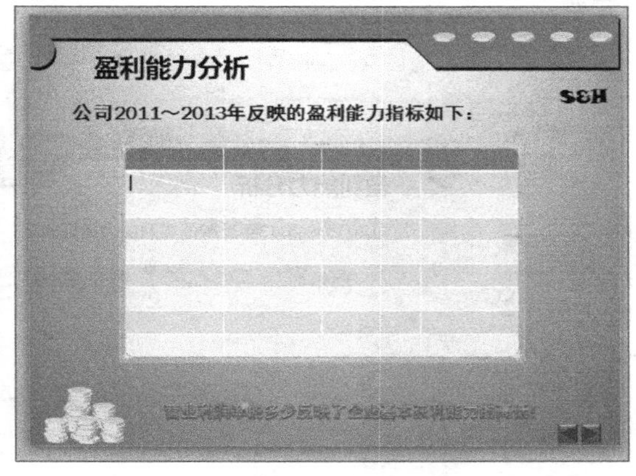

图4-9 绘制效果

知识提示

在【插入】/【表格】组中单击“表格”按钮，在打开的列表中选择“绘制表格”命令，然后再在幻灯片中绘制，可绘制一个表格框架，用户可调整表格框架的大小，然后继续在其中绘制表格线，对表格进行划分。

3．输入内容并调整表格

插入表格后，即可在其中输入内容，根据内容的多少，还可对表格进行调整，如合并和拆分单元格等，其具体操作如下。（**微课**：光盘\微课视频\项目四\输入内容并调整表格.swf）

STEP 1 将鼠标指针移至插入的表格第一行左侧，当鼠标指针变为➡形状时，单击即可选择该行，如图4-10所示。

STEP 2 在【布局】/【合并】组中单击“合并单元格”按钮，合并选中的单元格，如图4-11所示。

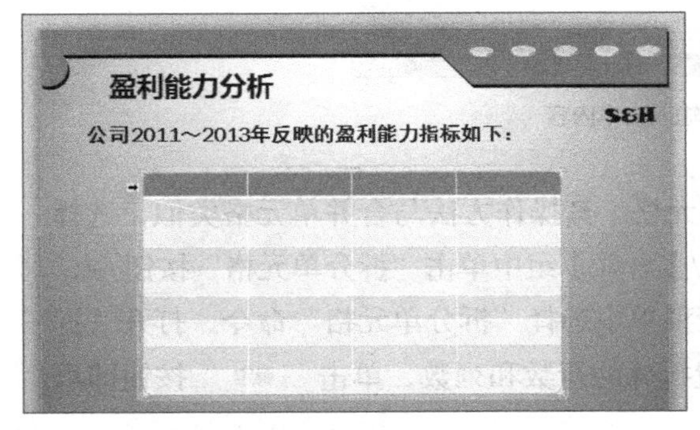

图4-10 选择整行单元格

图4-11 合并单元格

STEP 3 将鼠标指针定位到表格最后一行的任意单元格中，在“布局”选项卡中单击“行和列”组中的 在下方插入 按钮，如图4-12所示。

STEP 4 此时即可在表格下方插入新的一行表格，如图4-13所示。

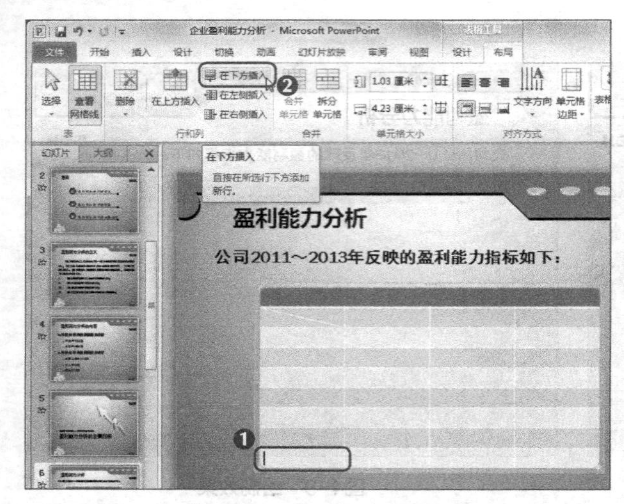

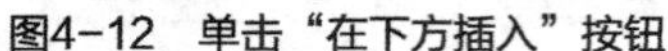
图4-12 单击“在下方插入”按钮

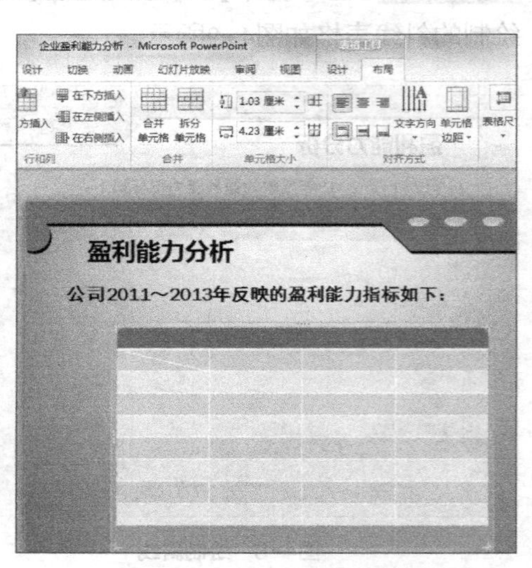

图4-13 插入新的一行

STEP 5 将光标插入点定位到第1行单元格中，输入“企业2011~2013盈利能力分析指标”，并使用同样的方法在表格的其他单元格中输入文本，其中，斜线表头中的文字可通过输入空格产生距离，如图4-14所示。

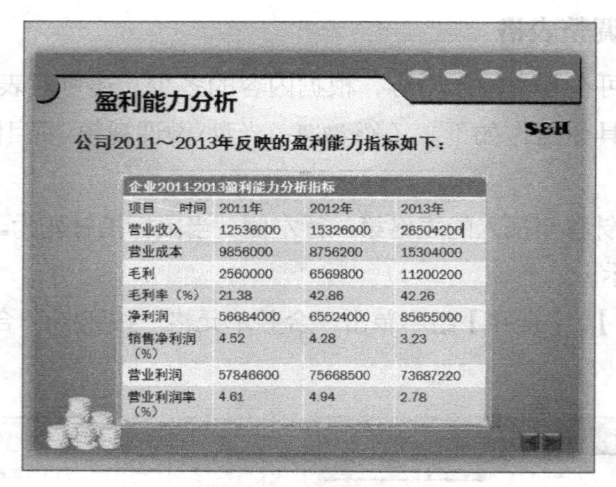

企业2011-2013盈利能力分析指标			
项目　时间	2011年	2012年	2013年
营业收入	12536000	15326000	26504200
营业成本	9856000	8756200	15304000
毛利	2560000	6569800	11200200
毛利率（%）	21.38	42.86	42.26
净利润	56684000	65524000	85655000
销售净利润（%）	4.52	4.28	3.23
营业利润	57846600	75668500	73687220
营业利润率（%）	4.61	4.94	2.78

图4-14 输入文本内容

多学一招

在PowerPoint中还可拆分单元格，其操作方法与合并单元格类似，选择需要拆分的单元格，在【布局】/【合并】组中单击“拆分单元格”按钮，或单击鼠标右键，在弹出的快捷菜单中选择“拆分单元格”命令，打开“拆分单元格”对话框，在其中设置拆分的行数和列数，单击 确定 按钮即可进行拆分。

4. 调整行高和列宽

输入文本后发现，在有些单元格中输入太多文本时，文本会自动换行，使得单元格的行高增大，影响美观。下面讲解如何调整表格的行高和列宽，其具体操作如下。（微课：光盘\微课视频\项目四\调整行高和列宽.swf）

STEP 1 将鼠标指针移至需要调整列宽的单元格列分隔线上，当鼠标指针变为+形状时，按住鼠标左键不放向左或右拖曳，如图4-15所示。

STEP 2 此时出现一条随着鼠标指针移动的垂直虚线，当将虚线移至合适位置时释放鼠标，即可调整列宽，如图4-16所示。

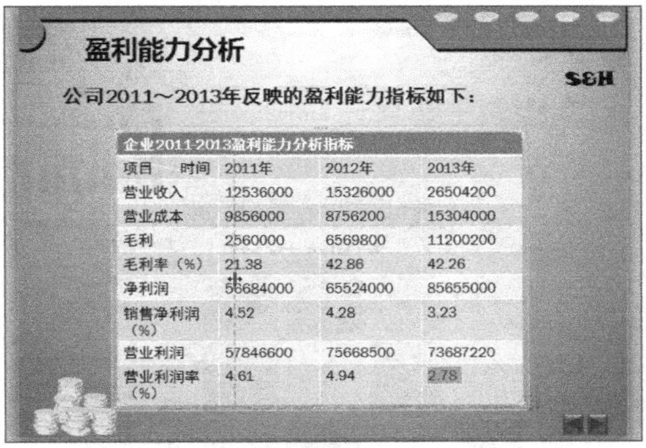

图4-15 手动调整列宽

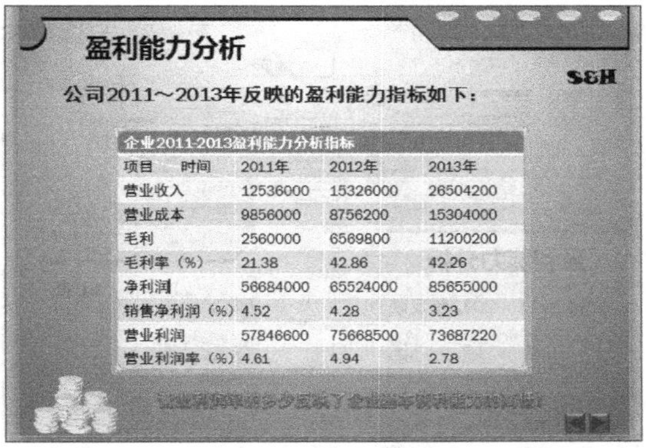

图4-16 调整列宽效果

STEP 3 将鼠标指针移至表格中需要调整行高的单元格行分割线上，当鼠标指针变为÷形状时，安住鼠标左键不放并向上或下拖曳，如图4-17所示。

STEP 4 此时出现一条随着鼠标指针移动的水平虚线，当将虚线移至合适位置时释放鼠标，即可调整行高，如图4-18所示。

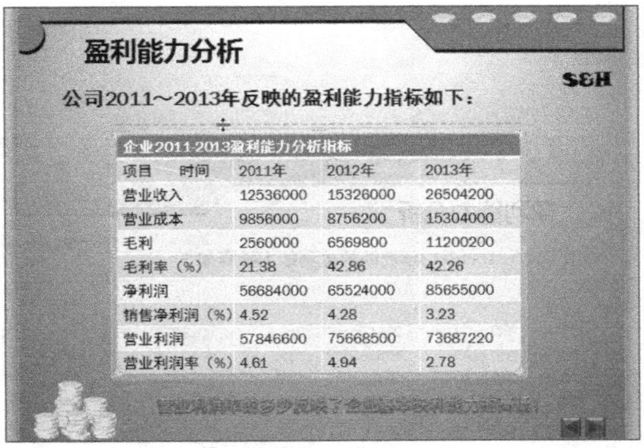

图4-17 手动调整行高

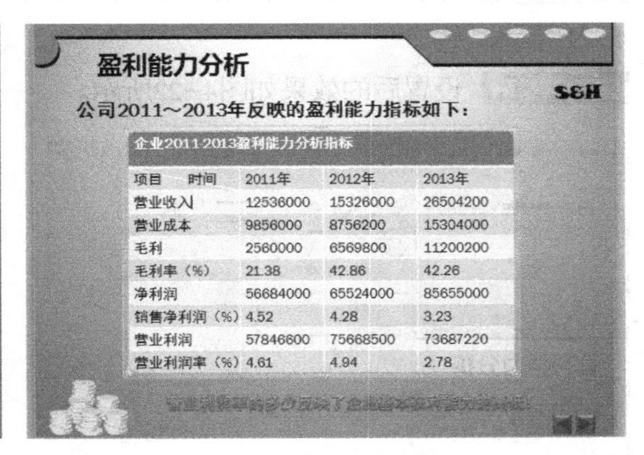

项目 时间	2011年	2012年	2013年
营业收入	12536000	15326000	26504200
营业成本	9856000	8756200	15304000
毛利	2560000	6569800	11200200
毛利率（%）	21.38	42.86	42.26
净利润	56684000	65524000	85655000
销售净利润（%）	4.52	4.28	3.23
营业利润	57846600	75668500	73687220
营业利润率（%）	4.61	4.94	2.78

图4-18 调整行高效果

知识提示

若单元格中的内容不多，并且允许每列的宽度一样时，可选择表格中的所有单元格，然后在【布局】/【单元格大小】组中单击“分布列”按钮或“分布行”按钮，即可平均分布列宽或行高。

5．美化表格

若默认插入的表格样式与演示文稿的主题不符，影响放映美观，用户还可对其进行美化更改，其具体操作如下。（微课：光盘\微课视频\项目四\美化表格.swf）

STEP 1 单击表格四周的半透明边框，选择整个表格，在【设计】/【表格样式】组中单击“边框”按钮右侧的下拉按钮，在打开的列表中选择“外侧框线”选项，如图4-19所示。

STEP 2 然后单击“底纹”按钮右侧的下拉按钮，在打开的列表中选择【纹理】/【信纸】选项，如图4-20所示。

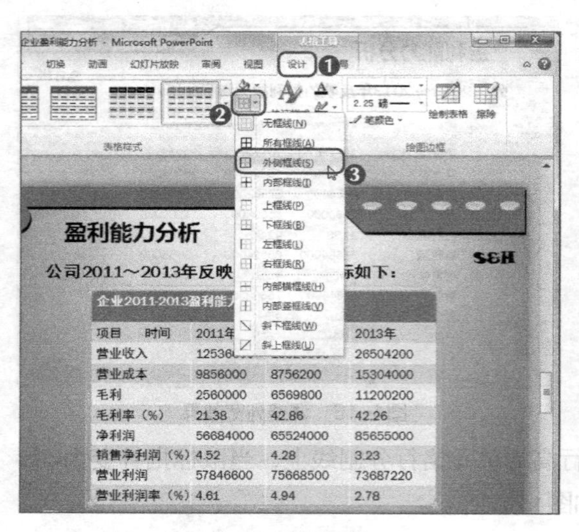

图4-19　设置框线

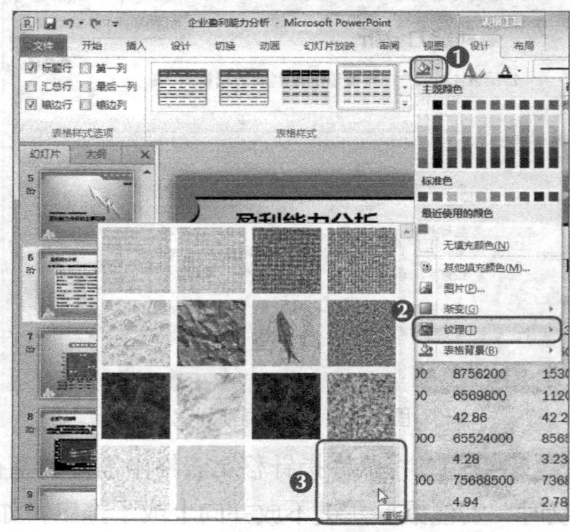

图4-20　设置底纹

STEP 3 单击“效果”按钮，在打开的列表中选择【阴影】/【向下偏移】选项，如图4-21所示。

STEP 4 设置后的效果如图4-22所示。

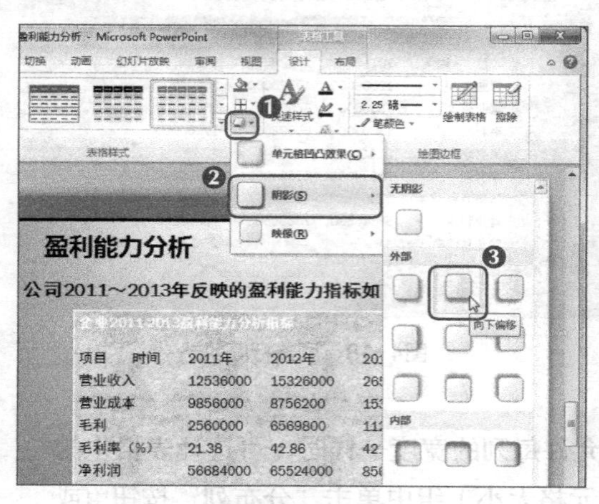

图4-21　设置阴影

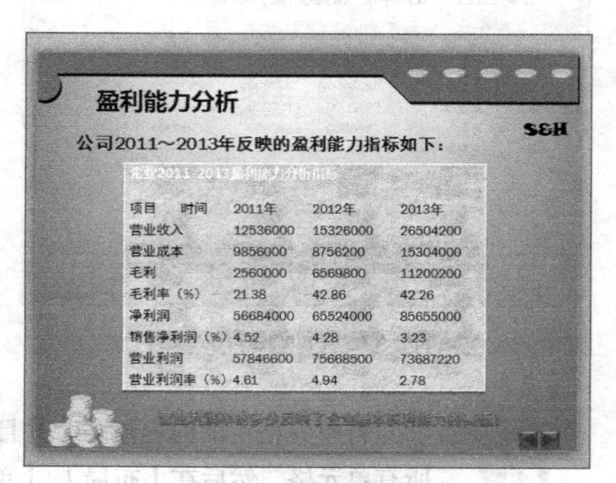

图4-22　设置阴影后的效果

多学一招

选择表格后，单击鼠标右键，在打开的快捷菜单中选择“设置形状格式”命令，可打开“设置形状格式”对话框，在其中同样可对表格的填充和阴影等属性进行设置。

6．设置表格中文本的格式

在PowerPoint中除了可更改表格的样式，还可更改表格中文本的格式，对表格实行进一步的美化，其具体操作如下。（微课：光盘\微课视频\项目四\设置表格中文本的格式.swf）

STEP 1 选择表格首行中的文字，在【开始】/【字体】组中设置其字体格式为“微软雅黑、24、橙色”，效果如图4-23所示。

STEP 2 将光标插入点定位到首行，在【布局】/【对齐方式】组中单击“垂直居中”按钮，如图4-24所示。

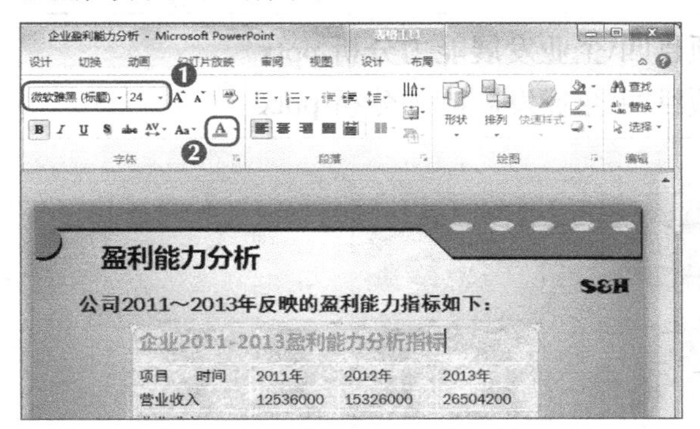

图4-23　设置表题文本格式

图4-24　垂直居中文本行

STEP 3 选择整个表格，在“对齐方式”组中单击“单元格边距”按钮，在打开的列表中选择“自定义边距”选项，如图4-25所示。

STEP 4 打开“单元格文字版式”对话框，在“内边距”栏中设置上下左右的边距，如图4-26所示，单击 确定 按钮，最后保存演示文稿即可。

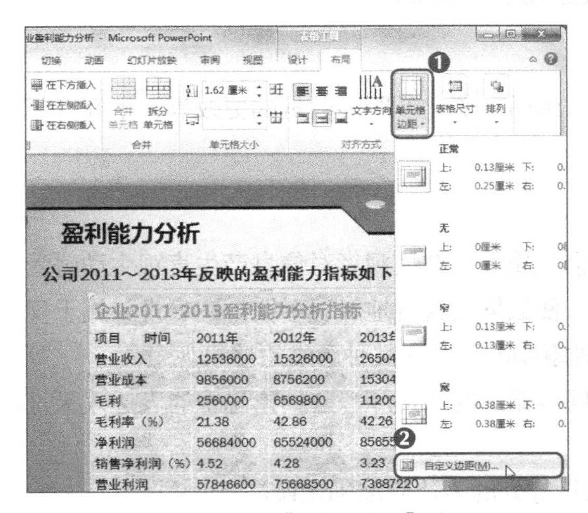

图4-25　选择“自定义边距”选项

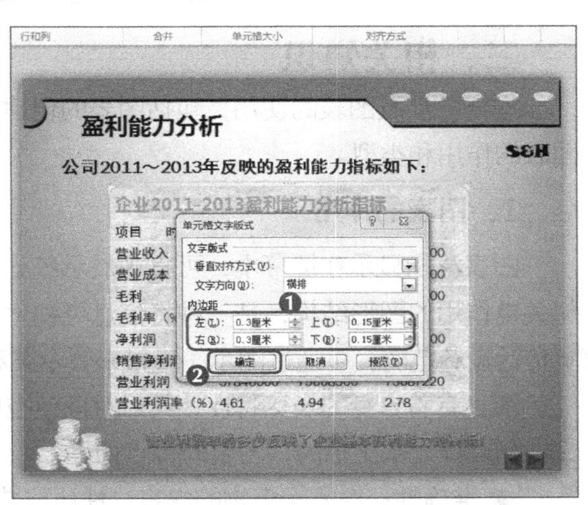

图4-26　设置边距

任务二 制作“企业发展能力分析”演示文稿

企业的发展能力是企业通过自身的生产经营活动，不断扩大积累而形成的发展潜能，也称企业的成长能力。企业能否健康发展取决于多种因素，包括外部经营环境，企业管理机制及各项资源条件等。分析企业的发展能力，有助于吸引投资，获得其产品受众的青睐。

一、任务目标

为企业的壮大和发展奠定基础，公司最近决定投资房地产，由于公司内、外部环境的不确定性，投资存在着一定的风险，因此，在投资之前，公司决定对被投资企业的发展能力进行分析。该任务由老张负责，并由小白制作相应的演示文稿。本任务完成后的最终效果如图4-27所示。

素材所在位置 光盘:\素材文件\项目四\企业发展能力分析.pptx
效果所在位置 光盘:\效果文件\项目四\企业发展能力分析.pptx

图4-27 “企业发展能力分析”最终效果

二、相关知识

本任务涉及图表的使用，包括图表的创建、编辑、美化及图表数据的更改等，下面介绍图表的作用和类型。

1．图表的作用

图表泛指显示在屏幕中，可直观展示统计信息属性，并使观者对信息产生直观生动感受起关键作用的图形结构，是一种将信息可视化，使数据更直观地表现手段。图表设计属于视觉传达设计范畴，可通过图示、表格来表示某种事物的现象或某种思维的抽象观念。

图表有着自身的表达特性，其对时间、空间等概念的表达和一些抽象思维的表达效果是文字和言辞无法比拟的，图表的特点如下。

- **准确性**：对所示事物的内容、性质或数量等处的表达应准确无误。

- **可读性：**在图表中使用的表述应该通俗易懂。
- **艺术性：**图表通过视觉的传递完成信息的传达，因此必须考虑人们的欣赏习惯和审美情趣。

2. 图表的类型

PowerPoint中集成了多种类型的图表，不同类型的图表可应用于不同的数据表达，每一种类型的图表都有其侧重的表达重点，如柱形图侧重于表现数据的多少，折线图侧重于表达各数据间的变化。下面介绍一些常用的图表。

- **柱形图：**用于显示或比较多个数据组，如图4-28所示。
- **折线图：**用一系列以折线相连的点表示数据，最适于表示大批分组的数据，如图4-29所示。

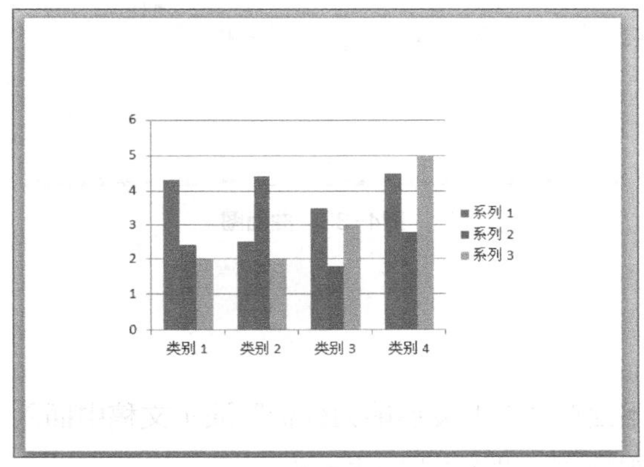

图4-28　柱形图

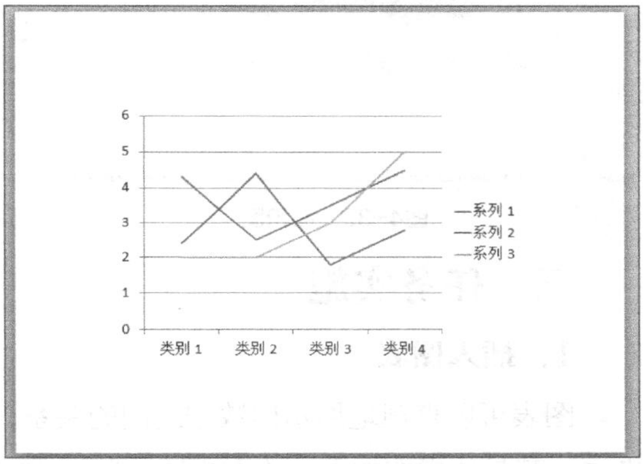

图4-29　折线图

- **饼图：**用分割并填充了颜色或图案的饼形来表示数据，常用于表示一组数据，如某一成分占总量的百分比，如图4-30所示。
- **条形图：**其作用也是用于显示或比较多个数据组，与柱形图不同的是，其表现方式为横向条形，如图4-31所示。

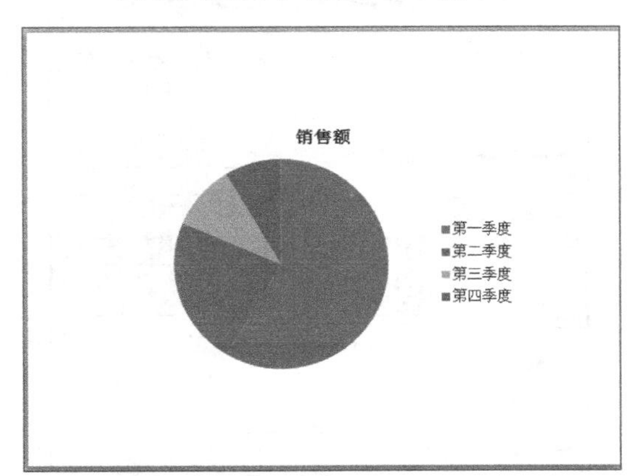

图4-30　饼图

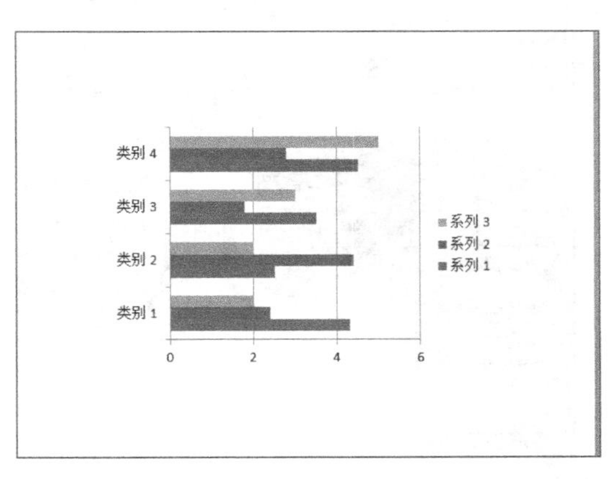

图4-31　条形图

● **面积图**：用填充了颜色或图案的面积来显示数据，最适于显示有限数量的若干组数据，如图4-32所示。

● **曲面图**：排列在工作表的列或行中的数据可以绘制到曲面图中，使用该图形可找到两组数据之间的最佳组合。其类似于地形图，颜色和图案表示具有相同数值范围的区域，如图4-33所示。

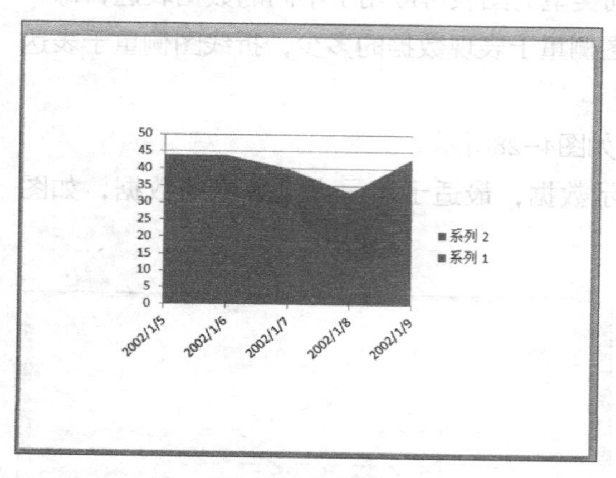

图4-32　面积图

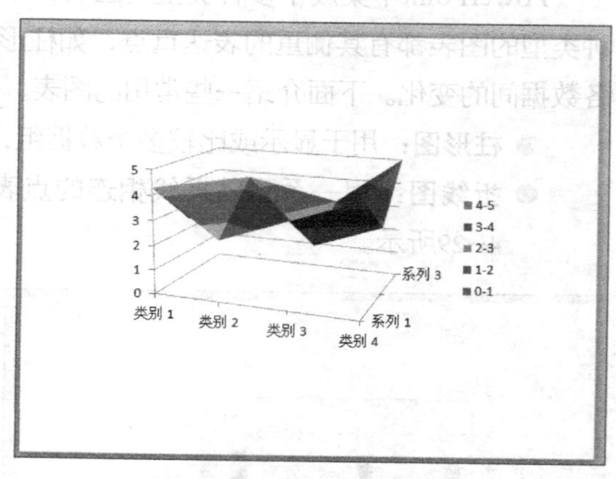

图4-33　曲面图

三、任务实施

1．插入图表

图表可以直观地展示出数据之间的关系，下面在“企业发展能力分析”演示文稿中插入图表，其具体操作如下。（微课：光盘\微课视频\项目四\插入图表.swf）

STEP 1　打开“企业投资环境分析”演示文稿，选择第6张幻灯片，在【插入】/【插图】组中单击图表按钮，如图4-34所示。

STEP 2　打开“插入图表”对话框，单击“柱形图”选项卡，在其右侧的列表框中选择“三维簇状柱形图”选项，单击确定按钮，如图4-35所示。

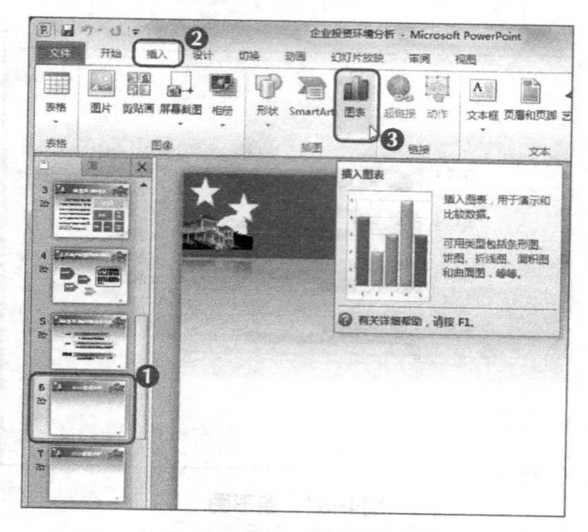

图4-34　单击“图表”按钮

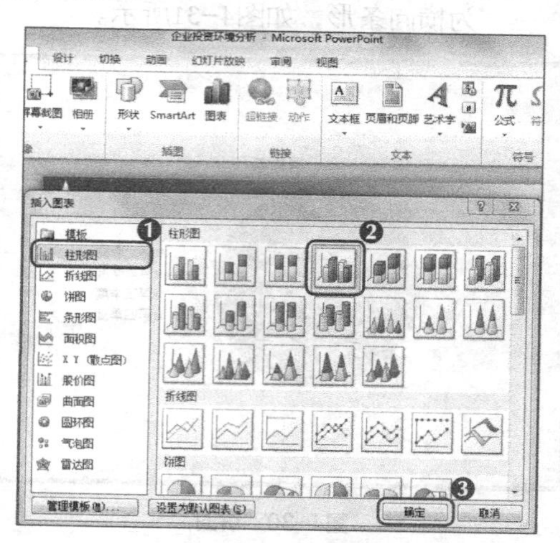

图4-35　插入柱形图

STEP 3 插入图表后将打开“Microsoft PowerPoint中的图表”窗口，其中的表格和Excel中的表格类似，在该数据表中输入图4-36中所示的数据，然后拖拽蓝色边框右下角，调整显示区域的大小。

STEP 4 在“Microsoft PowerPoint中的图表”窗口中输入数据时，PowerPoint中图表内的文本和数据会随着输入文本和数据的改变而改变，输入完毕后关闭“Microsoft PowerPoint中的图表”窗口，如图4-37所示为最终效果。

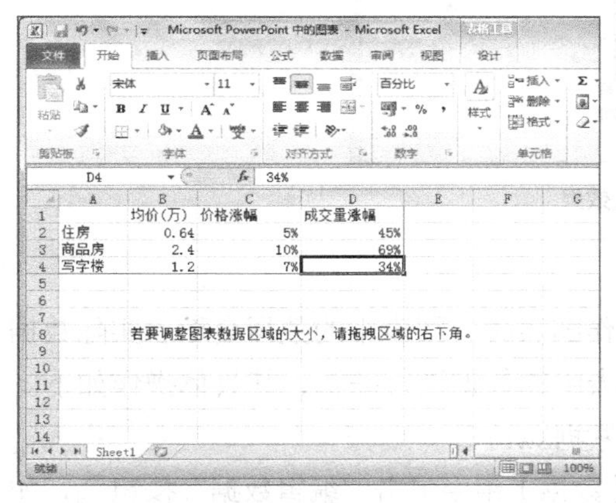

图4-36　输入表格数据

图4-37　最终效果

2．改变图表的大小和位置

直接插入的图表通常还需经过大小的调整以满足实际需要，使其更加美观，其具体操作如下。（**微课**：光盘\微课视频\项目四\改变图表的大小和位置.swf）

STEP 1 选择图表，将鼠标指针移到图表边框上，当鼠标光标变为↘形状时，按住鼠标左键不放并拖曳，这时图表上方将显示一个透明的框线跟随鼠标移动，当图表达到合适大小后，释放鼠标左键即可，如图4-38所示。

STEP 2 将鼠标指针移动到表格上，当鼠标变为✥形状时，按住鼠标左键不放并拖曳，这时图表上方也将显示一个透明的框线跟随鼠标移动，将图表移至合适位置后释放鼠标左键即可，如图4-39所示。

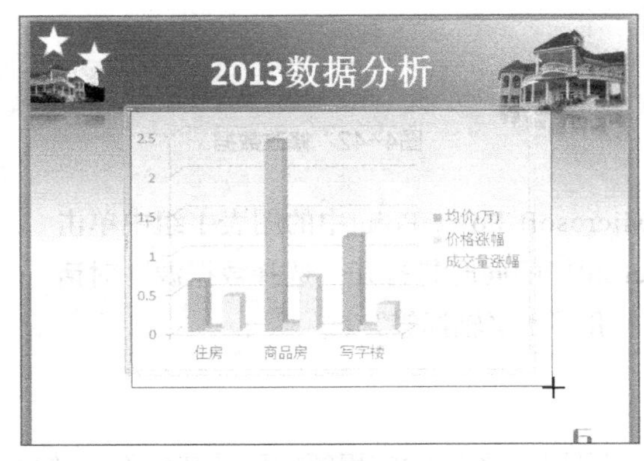

图4-38　改变图表大小

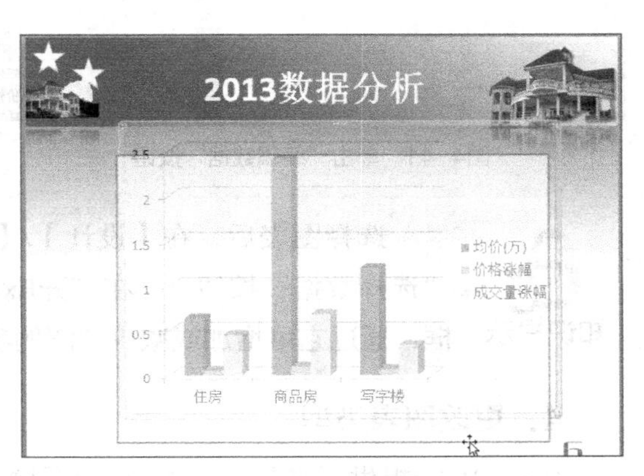

图4-39　更改图表位置

STEP 3 设置完成，效果如图4-40所示。

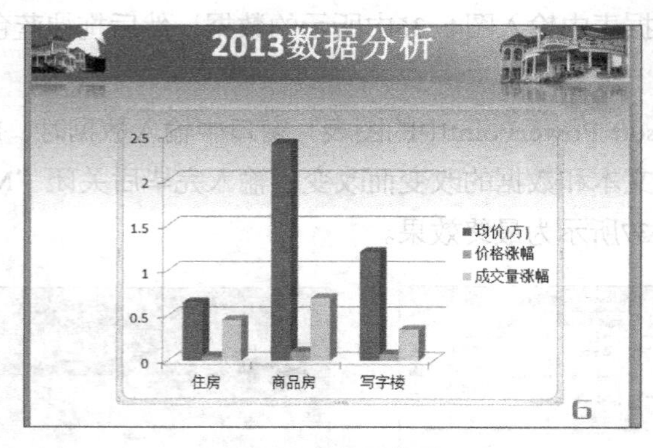

图4-40 设置效果

3．编辑和更改图表数据

图表中的数据来源于实际统计或调查，在制作图表时，图表中的数据会随着实际数据的改变而改变，在PowerPoint中可根据需要对图表中的数据进行编辑，其具体操作如下。（微课：光盘\微课视频\项目四\编辑和更改图表数据.swf）

STEP 1 选择幻灯片中的图表，在【设计】/【数据】组中单击“编辑数据”按钮，如图4-41所示。

STEP 2 打开“Microsoft PowerPoint中的图表”窗口，修改单元格中的数据，单击按钮关闭窗口，如图4-42所示。

图4-41 单击“编辑数据”按钮

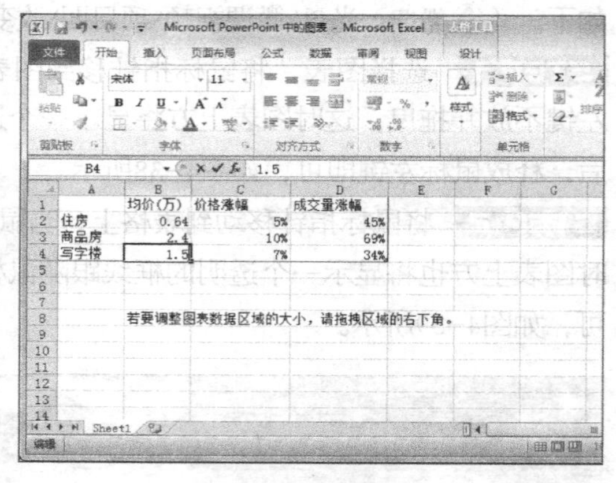

图4-42 修改数据

知识提示

选择图表后，在【设计】/【Microsoft PowerPoint中的图表】组中单击“选择数据”按钮，在打开Excel 2010的同时将打开“选择数据源”对话框，通过它可增加或减少“图例项”和“水平轴标签”。

4．更改图表类型

PowerPoint提供了多种图表类型，不同类型的图表在不同的应用领域可以产生不一样的效果，若在输入数据后发现使用的图表不能满足要求，用户可对已经插入的图表的类型进行更改，其具体操作如下。（**微课**：光盘\微课视频\项目四\更改图表类型.swf）

STEP 1 选择幻灯片中的图表，在【设计】/【类型】组中单击“更改图表类型”按钮，如图4-43所示。

STEP 2 打开“更改图表类型”对话框，在“柱形图”列表框中选择“簇状圆柱图”选项，单击确定按钮关闭“更改图表类型”对话框，如图4-44所示。

图4-43 单击“更改图表类型”按钮

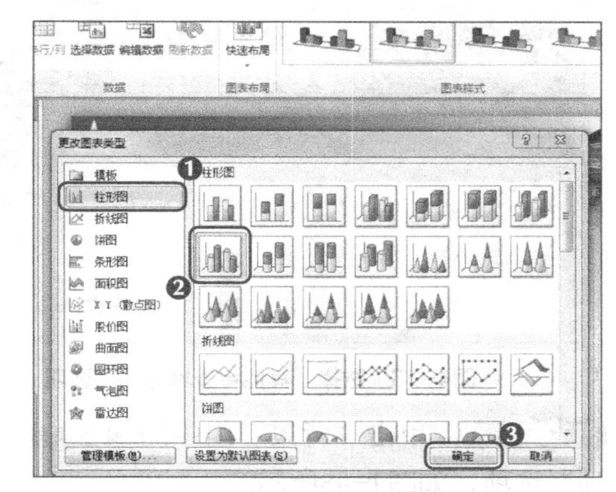

图4-44 选择要更改的图表类型

STEP 3 返回幻灯片中进行查看，效果如图4-45所示。

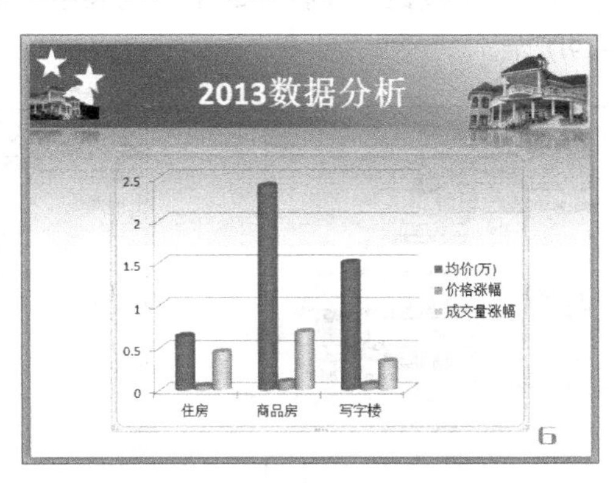

图4-45 更改图表类型效果

5. 设置图表格式

图表由图表区、数据系列、图例、网格线、坐标轴等组成，其中图表区指整个图表区域的背景部分；数据系列即显示在图表中的柱状形和饼形等图形；图例是图表中对数据系列的具体说明；网格线可以具体显示图表中数据系列的数值；坐标轴格式可以使图表看起来更加鲜明生动。在PowerPoint中还可对这些对象的格式进行设置，其具体操作如下。（**微课**：光盘\微课视频\项目四\设置图表格式.swf）

STEP 1 选择幻灯片中的图表，在【布局】/【背景】组中单击图表背景墙按钮，在打开的下拉列表中选择“其他背景墙选项”选项，如图4-46所示。

STEP 2 打开“设置背景墙格式”对话框，单击选中“填充”选项卡中的“渐变填充”单选项，单击“预设颜色”栏中的按钮，在打开的下拉列表中选择“羊皮纸”选项，然后单击 关闭 按钮，如图4-47所示。

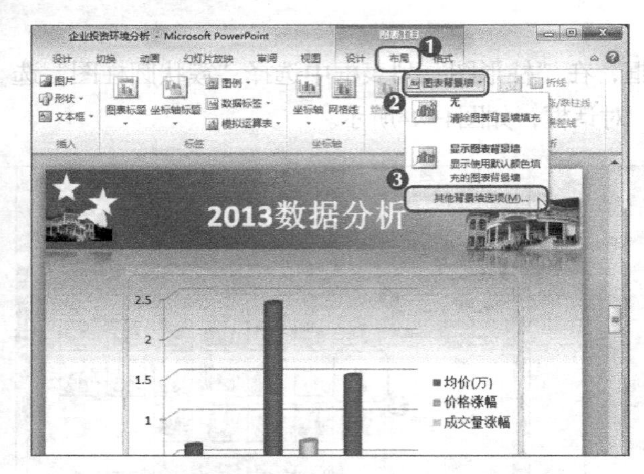

图4-46 选择“其他背景墙选项”选项

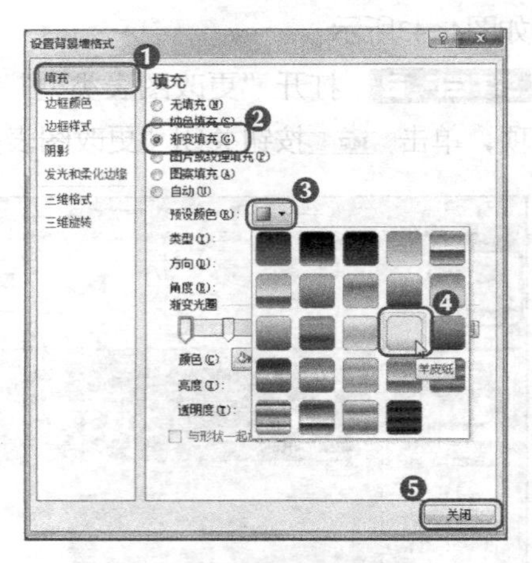

图4-47 设置背景颜色

STEP 3 单击“背景”组中的 图表基底 按钮，在打开的下拉列表中选择“其他基底选项”选项，如图4-48所示。

STEP 4 打开“设置基底格式”对话框，单击选中“填充”选项卡中的“渐变填充”单选项，单击“预设颜色”栏中的按钮，在打开的下拉列表中选择“心如止水”选项，单击 关闭 按钮，如图4-49所示。

图4-48 选择“其他基地选项”选项

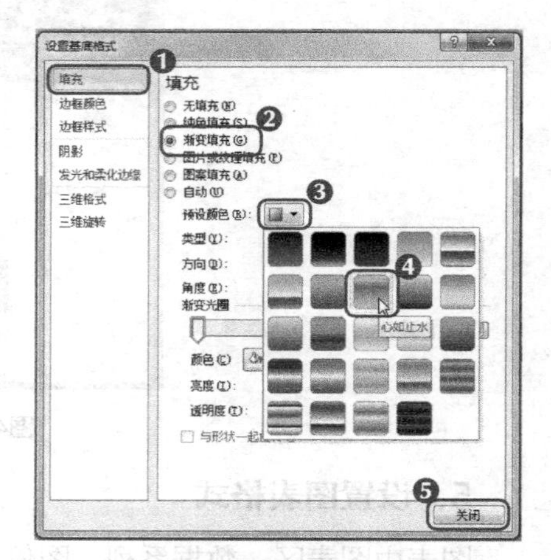

图4-49 设置基地颜色

STEP 5 选择图表中的深蓝色圆柱图形，单击鼠标右键，在弹出的快捷菜单中选择“设置数据系列格式”命令，如图4-50所示。

STEP 6 打开“设置数据系列格式”对话框，单击“形状”选项卡，在列表框中单击选中“方框”单选项，如图4-51所示。

STEP 7 单击“填充”选项卡，单击选中“渐变填充”单选项，单击“预设颜色”栏中的按钮，在打开的下拉列表中选择“碧海青天”选项，单击关闭按钮，如图4-52所示。

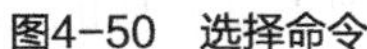

图4-50 选择命令

图4-51 设置图例形状

STEP 8 选择图表，在【布局】/【标签】组中单击图例按钮，在打开的下拉列表中选择“其他图例选项”选项，如图4-53所示。

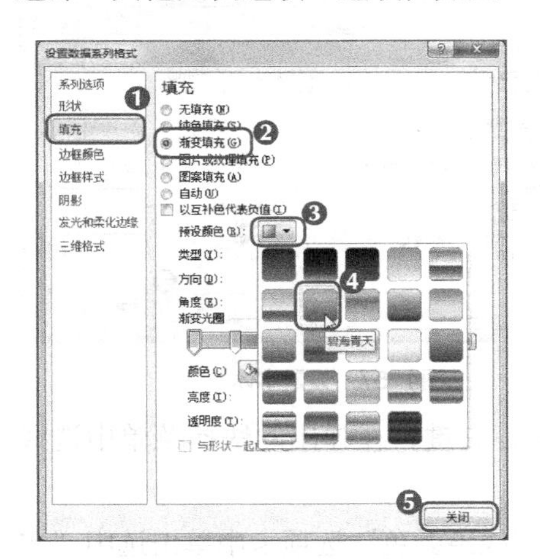

图4-52 选择填充颜色

图4-53 选择选项

在“设置数据系列格式”对话框中还可以设置阴影和边框等，但在图表中一般不宜对数据系列添加过多的设置，以免影响观看。

STEP 9 打开“设置图例格式”对话框，单击“图例选项”选项卡，在“图例位置”栏中选择“底部”单选项，如图4-54所示。

STEP 10 单击“填充”选项卡，选中“纯色填充”单选项，在“颜色”栏中单击按钮，在打开的下拉列表中选择“酸橙色，强调文字颜色 3”选项，单击关闭按钮，如图4-55所示。

STEP 11 选择图例，单击鼠标右键，在弹出的快捷菜单中选择“字体”命令，如图4-56所示。

图4-54　设置图例位置

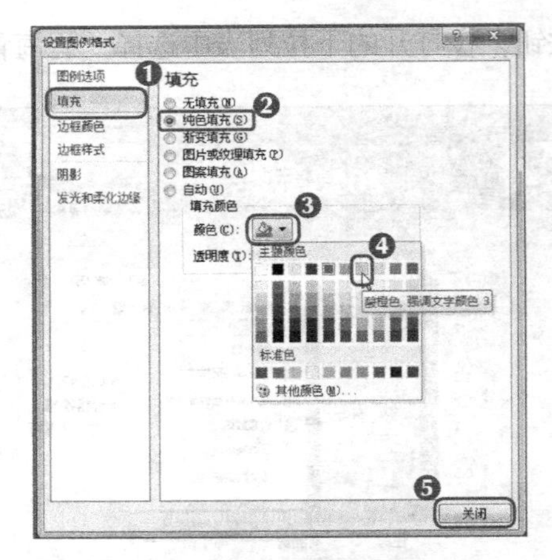

图4-55　设置背景颜色

STEP 12　打开“字体”对话框，单击“中文字体”下拉列表框右侧的▼按钮，在打开的下拉列表框中选择“方正大黑简体”，单击 确定 按钮，如图4-57所示。

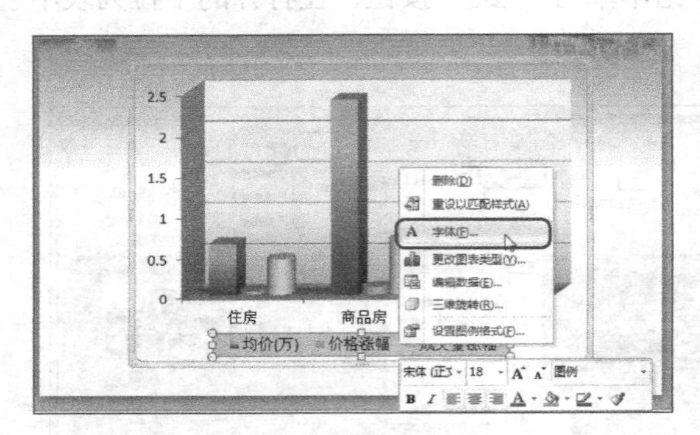

图4-56　选择“字体”命令

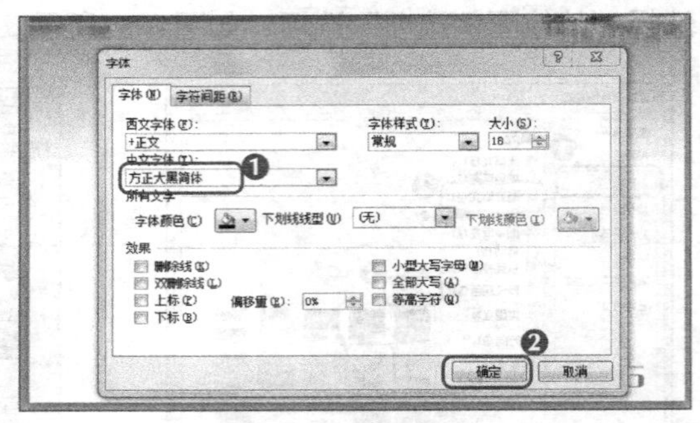

图4-57　设置字体

STEP 13　单击选择幻灯片中的图表网格线，单击鼠标右键，在弹出的快捷菜单中选择“设置网格线格式”命令，如图4-58所示。

STEP 14　打开“设置主要网格线格式”对话框，在“线条颜色”选项卡中单击选中“实线”单选项，颜色保持默认，如图4-59所示。

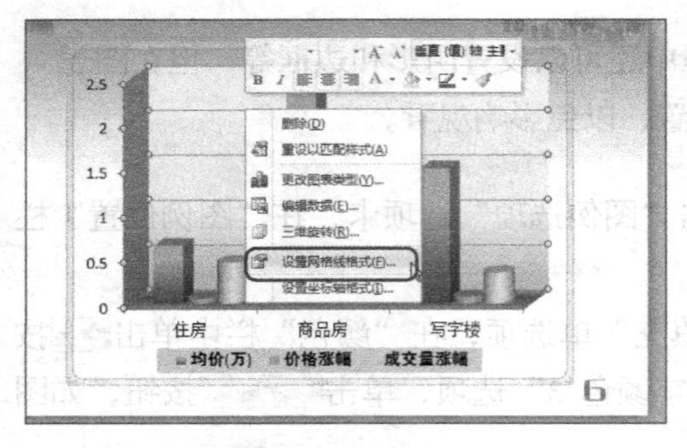

图4-58　选择命令

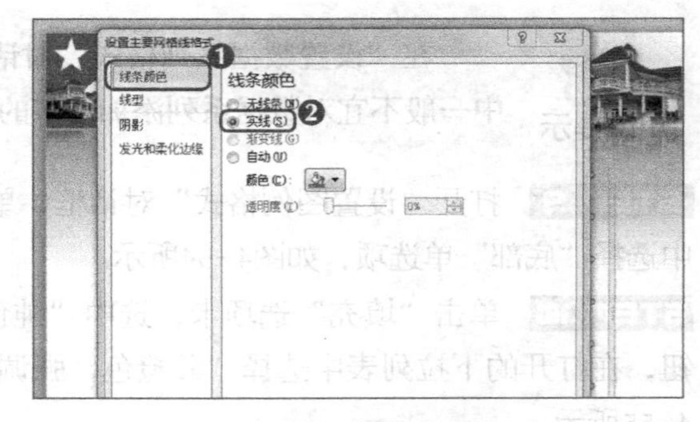

图4-59　选中“实线”单选项

STEP 15　单击“线型”选项卡，在“宽度”数值框中输入“1.5磅”，单击 关闭 按钮，如图4-60所示。

STEP 16 设置网格线效果如图4-61所示。

图4-60 设置线性宽度

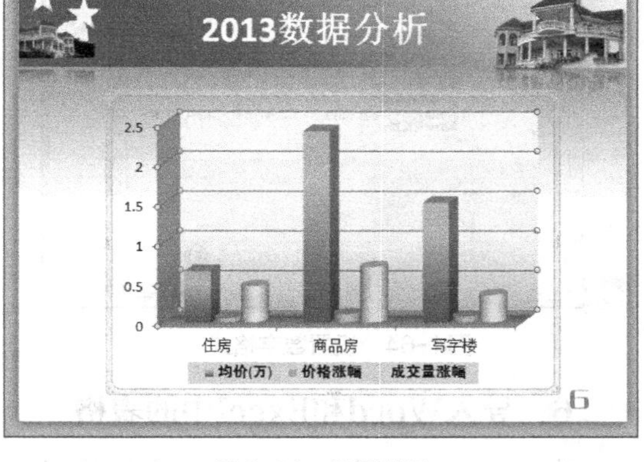

图4-61 设置效果

STEP 17 选择幻灯片中的纵坐标轴，单击鼠标右键，在弹出的快捷菜单中选择“设置坐标轴格式”命令，如图4-62所示。

STEP 18 打开“设置坐标轴格式”对话框，在“坐标轴选项”选项卡的“最小值”栏中选中“固定”单选项，如图4-63所示。

图4-62 选择命令

图4-63 选中“固定”单选项

STEP 19 单击“数字”选项卡，在“类别”列表框中选择“数字”选项，然后单击 关闭 按钮退出对话框，如图4-64所示。

STEP 20 设置完成最终效果如图4-65所示所示。

知识提示

在【格式】/【形状样式】组中也可对图表背景和网格线等进行设置，且设置方法与文本框的设置方法相同。由此可见，在学会操作一种对象之后，对其他对象的操作方法可触类旁通。

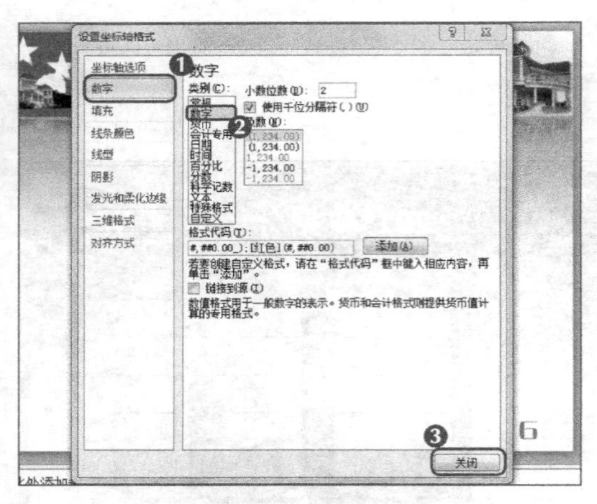

图4-64　设置数字格式

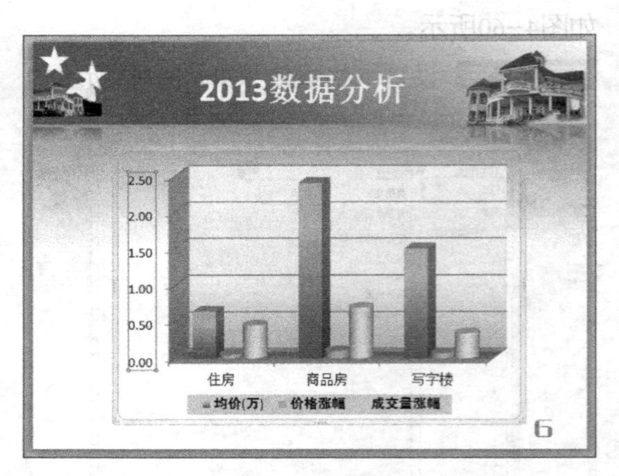

图4-65　设置效果

6．导入Word和Excel中的表格

在PowerPoint中插入表格的方法除了直接制作，还可以从Word或Excel中导入已经制作好的表格，其具体操作如下。（微课：光盘\微课视频\项目四\导入Word和Excel中的表格.swf）

STEP 1 选择第7张幻灯片，在【插入】/【文本】组中单击“插入对象”按钮，如图4-66所示。

STEP 2 打开“插入对象”对话框，选中“由文件创建”单选项，单击浏览(B)...按钮，如图4-67所示。

图4-66　单击“插入对象”按钮

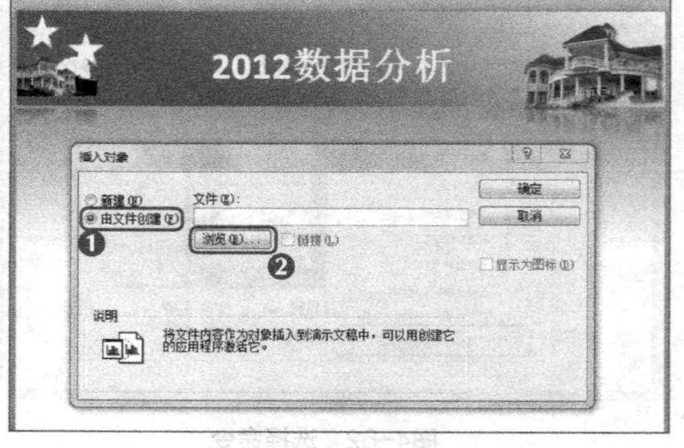

图4-67　单击“浏览”按钮

STEP 3 打开“浏览”对话框，在地址栏中选择文档位置，在列表中选择“2012数据分析”的Word文档，单击确定按钮，如图4-68所示，返回“插入对象”对话框。

STEP 4 单击确定按钮，即可查看导入Word表格后的效果，调整其大小和位置，如图4-69所示。

STEP 5 选择第8张幻灯片，在【插入】/【文本】组中单击“插入对象”按钮。

STEP 6 打开“插入对象”对话框，选择“由文件创建”单选项，单击浏览(B)...按钮。

STEP 7 打开“浏览”对话框，在地址栏中选择文档位置，在列表中选择“2011数据分析”Excel表格，单击[确定]按钮，如图4-70所示，返回“插入对象”对话框。

图4-68 选择Word文档

图4-69 查看效果

STEP 8 再次单击[确定]按钮即可查看导入Excel表格后的效果，调整其大小和位置，如图4-71所示。

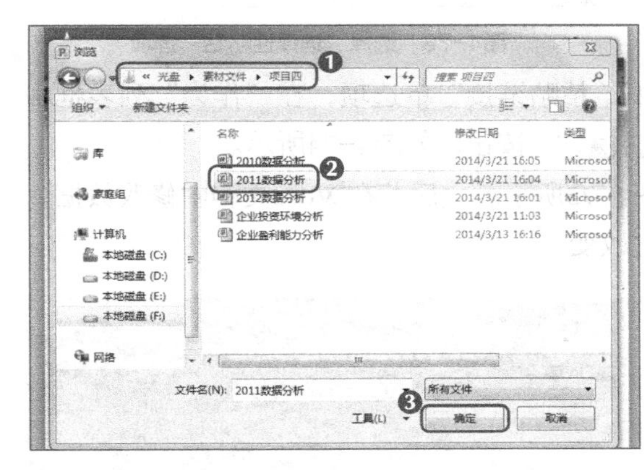

图4-70 选择Excel文档

图4-71 查看效果

在幻灯片中双击导入的表格，即可进入其编辑模式，对表格中的数据进行编辑，其编辑操作与一般的表格编辑操作类似，这里不再赘述。

7. 链接其他软件中的表格

在PowerPoint中直接导入其他软件中的表格后，如果其他软件中的表格内容被修改，PowerPoint中的表格不会随之变化，为了使PowerPoint中的数据与其他软件中的数据同步，可将导入PowerPoint中的表格与源表格链接起来，这样就可以使PowerPoint中表格的数据随源表格数据的改变而改变，同时节省在每个文档中修改数据的时间，其具体操作如下。

（微课：光盘\微课视频\项目四\链接其他软件中的表格.swf）

STEP 1 打开素材文件夹中的“2010数据分析”文档，选择其中的表格，按【Crtl+C】组合键复制表格，如图4-72所示。

STEP 2 在“企业投资环境分析”演示文稿中选择第9张幻灯片，在【开始】/【剪贴板】组中单击“粘贴”按钮下的下拉按钮，在打开的下拉列表中选择“选择性粘贴”选项，如图4-73所示。

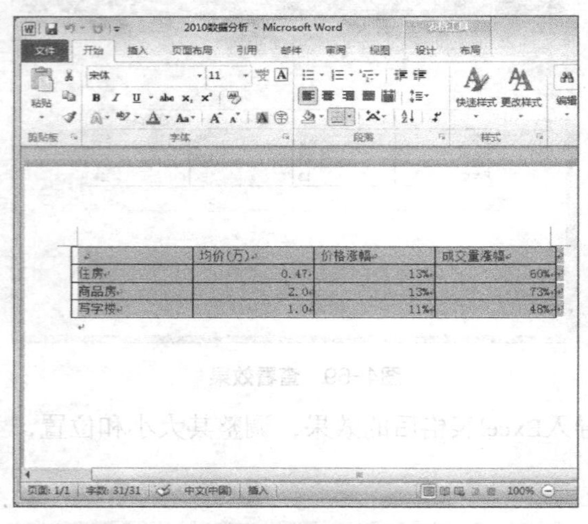

图4-72 复制表格

图4-73 选择“选择性粘贴”选项

STEP 3 打开“选择性粘贴”对话框，选中“粘贴链接”单选项，在“作为”列表框中选择“Microsoft Word 文档 对象”选项，单击确定按钮，如图4-74所示。

STEP 4 调整其大小和位置，完成效果如图4-75所示。之后若在Word文档中修改数据，那么PowerPoint中所插入的表格的数据也会随之改变。

图4-74 选择性粘贴表格

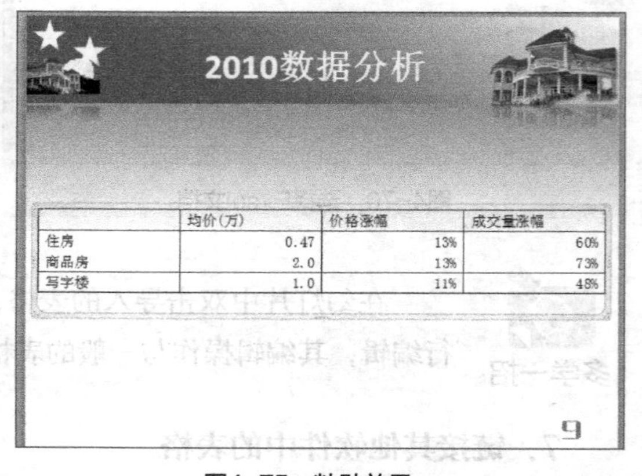

图4-75 粘贴效果

实训一 制作“企业偿债能力分析”演示文稿

【实训目标】

根据上月的统计发现，企业的短期偿债压力越来越大，已经开始影响企业的健康发展。为了避免出现财务问题，财务部门立刻召集人员对企业的短期偿债能力进行分析，并制作偿债能力分析演示文稿。

要完成本实训，需要熟练掌握插入、编辑、美化、更改图表数据的操作方法，本实训的最终效果如图4-76所示。

素材所在位置 **光盘:\素材文件\项目四\企业偿债能力分析.pptx**
效果所在位置 **光盘:\效果文件\项目四\企业偿债能力分析.pptx**

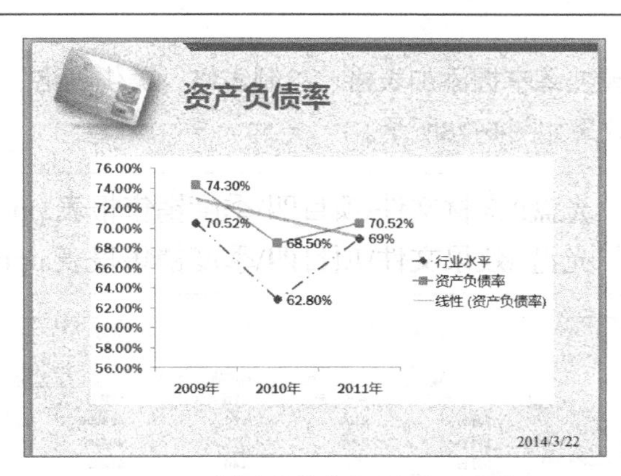

图4-76 “企业偿债能力分析”最终效果

【专业背景】

企业的偿债能力指企业用其资产偿还长期与短期债务的能力。企业能否使用现金支付和偿还债务的能力，是企业能否生存和健康发展的关键，这反映了企业的财务状况和经营能力，是企业能承受的债务的指标。

【实训思路】

完成本实训需要先创建图表，然后设置图表数据内容，最后美化和编辑图表格式，其操作思路如图4-77所示。

图4-77 制作“企业偿债能力分析”演示文稿的思路

【步骤提示】

STEP 1 打开素材文件，选择第5张幻灯片“资产负债表”。

STEP 2 在文本占位符中单击“插入图表”按钮，打开“插入图表”对话框，在“折线图”栏下选择“带数据标记的折线图”选项，插入折线图。

STEP 3 在打开的表格文件中输入图表数据的内容。

STEP 4 美化图表，更改纵坐标轴的数据类型，设置数据系列的标记格式。

实训二　制作“季度销售报表”演示文稿

【实训目标】

公司前两个季度的销售任务已完成，现需要制作相关的销售报表，统计销售数据，以便制定接下来的销售战略。

要完成本实训，需要熟练掌握添加表格、绘制表格、美化表格、设置表格文本格式的操作方法，本实训的最终效果如图4-78所示。

素材所在位置　光盘:\素材文件\项目四\季度销售报表.pptx
效果所在位置　光盘:\效果文件\项目四\季度销售报表.pptx

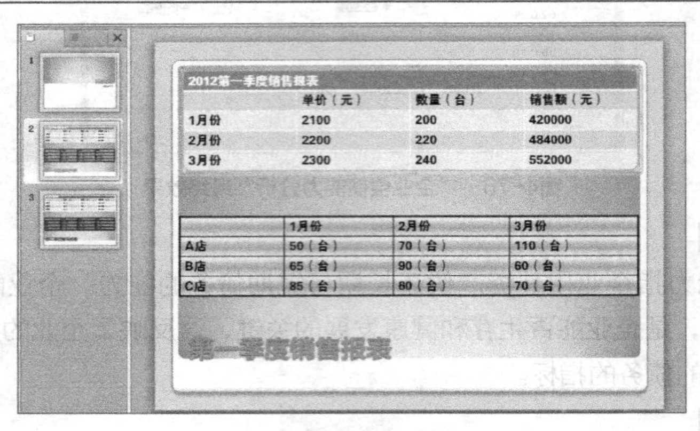

图4-78　“季度销售报表”最终效果

【专业背景】

报表就是用表格、图表等格式来动态显示数据，其报表数据和报表格式通常紧密结合在一起。报表中的数据能直观地反映企业在某一阶段的销售能力和运营能力，从而为企业制定下一阶段的战略目标奠定基础。

【实训思路】

完成本实训需要先创建表格，然后输入文本并设置文本格式，最后再在表格中设置表格格式，其操作思路如图4-79所示。

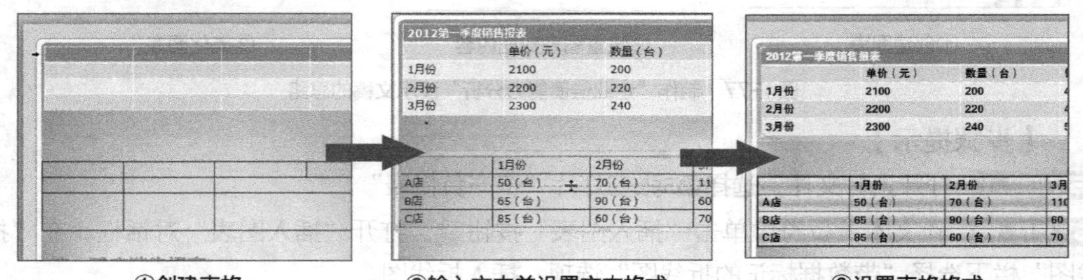

①创建表格　②输入文本并设置文本格式　③设置表格格式

图4-79　制作“季度销售报表”的思路

【步骤提示】

STEP 1 打开素材演示文稿，选择第2张幻灯片。

STEP 2 插入4×4的表格，再手动绘制一个表格框架。

STEP 3 在插入的表格中输入文本，并设置文本格式，然后在绘制的表格中输入文本，并通过合并或拆分单元格来调整表格框架。

STEP 4 调整表格行高和列宽，并为插入的表格和绘制的表格设置底纹，美化表格。

STEP 5 选择第3张幻灯片，利用上面所述的方法，输入第二季度的销售报表。

常见疑难解析

问：在表格中能否单独对单元格进行添加和删除操作？

答：不能，插入和删除单元格的操作针对的都是一整行或一整列，且在插入和删除操作前，用户可直接定位鼠标，然后执行插入和删除操作，而不用选择一整行或一整列，操作比较方便。

问：在PowerPoint中可不可以将一种图表设置为默认的图表？

答：可以，若在PowerPoint中经常使用同一种图表，这时即可将其设置为默认图表，其操作方法为打开“插入图表”对话框，在该对话框中选择常用的图表类型，然后单击 设置为默认图表(S) 按钮即可。此后再次打开“插入图表”对话框时，将自动选择设置的默认图表。

拓展知识

1. 将图表另存为模板

若需要创建一些结构类似的图表，那么可以选择其中的一个图表作为其他类似图表的模板，下次再创建同类型的图表时，可直接调用模板，并在其基础上进行修改即可。将图表另存为模板的操作为，在幻灯片中选择作为模板的图表，在【设计】/【类型】组中单击“另存为模板”按钮，打开“保存图表模板”对话框，在其中设置保存名称和位置，单击 保存(S) 按钮即可。

2. 使用图片填充数据系列

使用图片填充柱形图或条形图的数据系列，可使图表数据化。常见的图片填充图案一般比较小，可用于计数，如树叶、小汽车等，并且使用的填充图片最好为矢量图形。

使用图片填充数据系列的操作方法为，在数据系列上单击鼠标右键，在弹出的快捷菜单中选择“设置数据系列格式”命令，在打开的对话框中单击“填充”选项卡，在右侧的面板中单击选中“图片或纹理填充”单选项，单击 文件(F)... 按钮，在打开的对话框中即可选择需要填充的图片进行填充。

课后练习

素材所在位置 光盘:\素材文件\项目四\企业营运能力分析.pptx、年终报表.pptx

效果所在位置 光盘:\效果文件\项目四\企业营运能力分析.pptx、年终报表.pptx

（1）公司最近出现资金周转缓慢、账款无法顺利收回等问题，导致企业无法正常运作，为了找出问题所在，公司高层要求财务部立即制作“企业营运能力分析”演示文稿，进行分析，制作完成后的效果如图4-80所示。

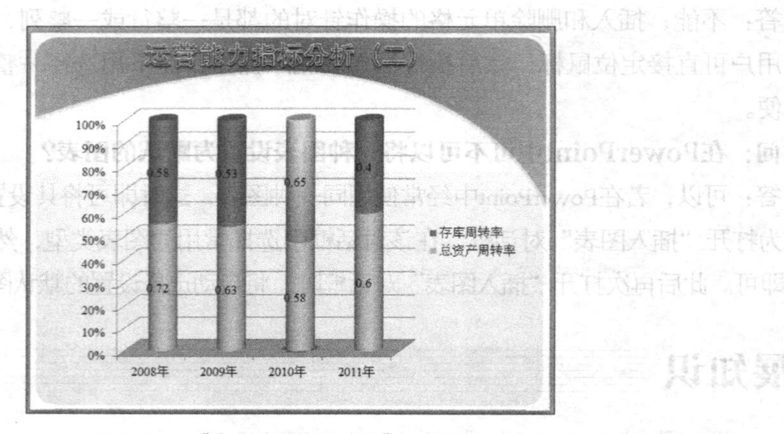

图4-80 “企业营运能力分析”最终效果

（2）年终报表可以反映企业在过去一年内的销售经营情况。请利用PowerPoint 2010制作“年终报表”演示文稿，要求数据真实、表格效果简洁、表格内容完整，具体表格效果如图4-81所示。

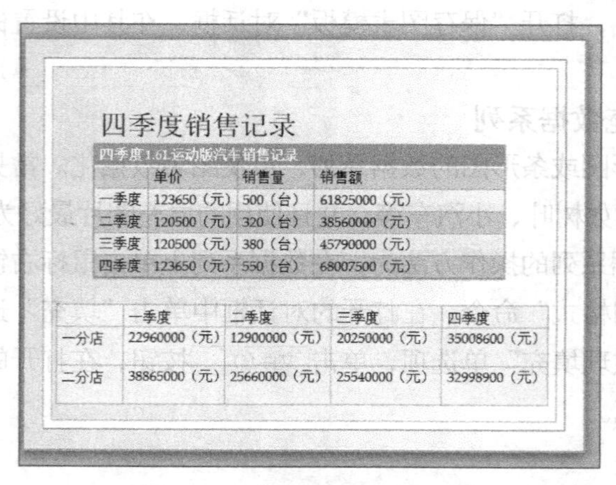

四季度销售记录

四季度1.6L运动版汽车销售记录			
	单价	销售量	销售额
一季度	123650（元）	500（台）	61825000（元）
二季度	120500（元）	320（台）	38560000（元）
三季度	120500（元）	380（台）	45790000（元）
四季度	123650（元）	550（台）	68007500（元）

	一季度	二季度	三季度	四季度
一分店	22960000（元）	12900000（元）	20250000（元）	35008600（元）
二分店	38865000（元）	25660000（元）	25540000（元）	32998900（元）

图4-81 “年终报表”最终效果

PART 5

项目五 总结报告

情景导入

公司每隔一段时间都会对各个项目进行总结，并以报告的形式在例会上向公司员工展示。小白这一段时间跟着老张学习了不少知识，老张让她也跟着学习如何总结学到的东西。

知识技能目标

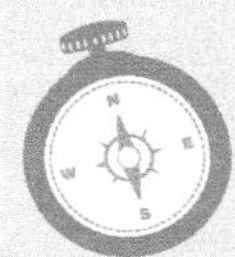

- 熟练掌握选择、应用模板和设置配色的操作方法。
- 熟练掌握选择主题、设置和编辑母版的操作方法。
- 熟练掌握设置讲义母版和备注母版的操作方法。

- 了解物流采购的基本流程和采购管理的常用表格。
- 掌握“年终总结报告”“竞聘报告”“市场调查报告”等演示文稿的制作方法。

课堂案例展示

“年终总结报告”演示文稿效果

“竞聘报告”演示文稿效果

任务一 制作“年终总结报告”演示文稿

总结报告是对一定时期内的工作加以总结、分析和研究，从而得出经验教训，对工作实践有一个理性的认识。年终总结报告是对相关部门当年的工作做一个总结，分析在过去的一年里收获了什么，有什么感触，同时谈谈对未来的展望。通过总结报告可以全面、系统地了解之前的工作情况，正确认识工作中的优点和缺点。因此，总结报告是不断提高思想和业务水平的一项切实的事情。

一、任务目标

小白所在部门这周一的例会中需要做一个年终总结，老张将制作年终总结报告演示文稿的工作交给了小白，并让她以以前的年终报告演示文稿为模板进行制作，以节省制作时间。本任务完成后的最终效果如图5-1所示。

素材所在位置 光盘:\素材文件\项目五\年终总结报告.pptx
效果所在位置 光盘:\效果文件\项目五\年终总结报告.pptx

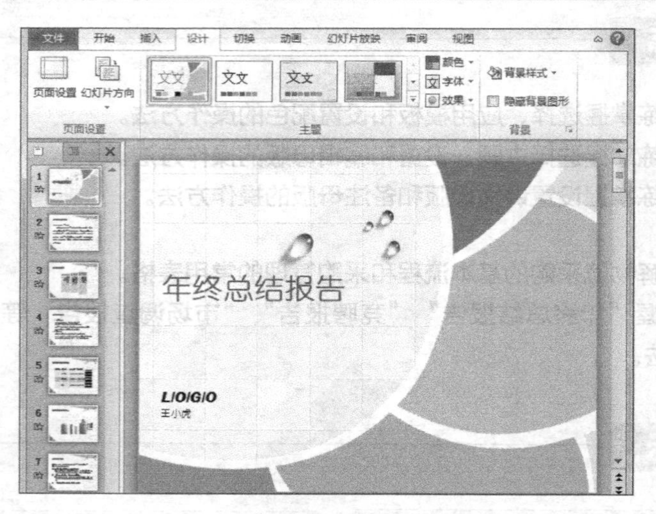

图5-1 “年终总结报告”最终效果

职业素养

总结报告能帮助部门或个人正确地认识自我，从而发现缺点并改正，发现优点并扬长。因此，在制作总结报告时，一定要客观真实。

二、相关知识

本任务涉及模板的选择和应用操作，并需要使用系统的配色方案，在此之前，我们可先了解模板的构成和设计经验等知识。

1．模板的构成

模板由首页、概述页、内容页、过渡页、结束页这几个页面构成，在选择模板时应注意这几个页面的布局特征。

- **首页**：在首页中除了大标题和副标题外，还应该有幻灯片编辑者的姓名及项目工作团队的名称。
- **概述页和过渡页**：合理利用概述页和过渡页可以让演示文稿的结构变得更加灵活。
- **内容页**：首页、概述页和过渡页构成了演示文稿的框架，而内容页就负责往这些框架里面填入有声有色的内容，制作内容页的关键是合理布局，主要包括章节标志和本页观点、备注、核心内容、页码。
- **结束页**：结束页主要是用来感谢观看者或项目同仁，该页虽然位于最后，但是同样很重要，选择模板时一定要注意。

2．模板版式设计经验总结

实践出真知，只有在实践中才能磨练能力，提升效率。做PPT也一样，使用模板可快速便捷地帮助演讲者制作出风格统一、赏心悦目的演示文稿。下面讲解一些模板版式设计的经验总结。

首页应表现出个人风格和内涵，大标题要抓住观众眼球，副标题应说明具体内容，一系列署名可彰显团队精神，添加公司标志可表达对公司和听众的尊重，添加保密级别保护商业机密；在概述页和过渡页中需要用简练的话概括页面内容，合理分配内容和讲述时间；具体的内容页中的内容应尽量以图片代表主标题，不应在其中添加大量文字，观点要单一，明确阐述一个观点，语言风格和幻灯片中各元素的风格要统一；结束页要表达感恩之心，虽然在演讲结束时，没有太多人去关心结束页，但若没有结束页却是不行的。

3．PPT配色的确定

颜色没有好坏之分，不同的颜色能给人不同的感受，但在设计中通常不会使用单一的颜色，一般会将2~5种颜色配合使用，各种颜色在配色中所占比例的不同，也会影响颜色的使用效果。配色需要锻炼，在日常生活中，可通过观察传单、杂志、书报或行人的穿衣配色来分析颜色怎样搭配才会好看。在分析配色时，应先确定使用面积最大的颜色，即主色调，然后再分析其他颜色在整体颜色中所占的比重和形状、位置，总结其能达到的效果，然后摸索出属于自己的一套配色方式。

三、任务实施

1．应用模板

不同类型的演示文稿需应用不同主题的PowerPoint模板，模板的主题与演示文稿的内容相契合才能为演示文稿加分。下面讲解如何应用模板，其具体操作如下。（**微课**：光盘\微课视频\项目五\应用模板.swf）

STEP 1 打开“年终总结报告”的素材演示文稿，在【设计】/【主题】组中单击按钮，在打开的列表中选择“顶峰”选项，如图5-2所示。

STEP 2 在“主题”组中单击字体按钮，在打开的列表中选择“暗香扑面”选项，如

图5-3所示。

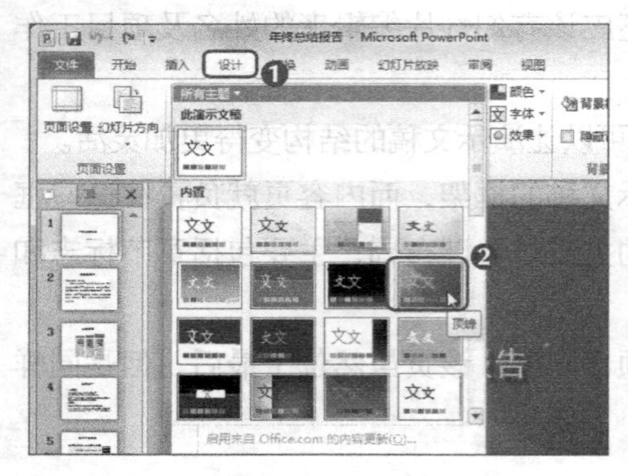

图5-2　选择主题

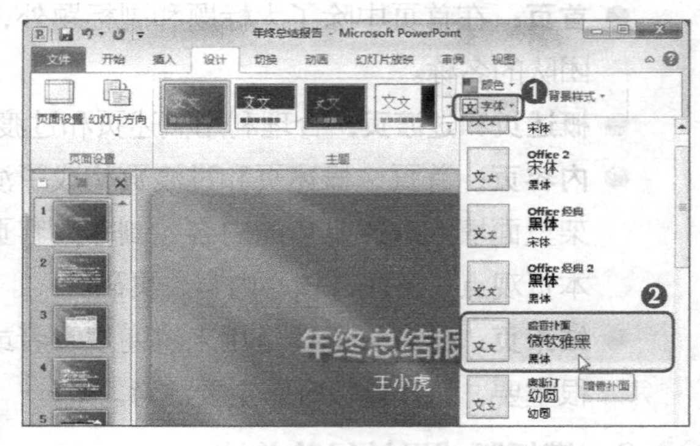

图5-3　选择字体

STEP 3　应用模板并对字体进行修改后的效果如图5-4所示。

图5-4　应用主题和字体的效果

2．应用系统配色方案

应用PowerPoint 2010中的系统模板之后，还可利用系统配色对模版的颜色进行更改，其具体操作如下。（微课：光盘\微课视频\项目五\应用系统配色方案.swf）

STEP 1　在【设计】/【主题】组中单击颜色按钮，在打开的列表中选择“Office”选项，如图5-5所示。

STEP 2　单击背景样式按钮，在打开的列表中选择“样式6”选项，如图5-6所示。

图5-5　更改主题配色

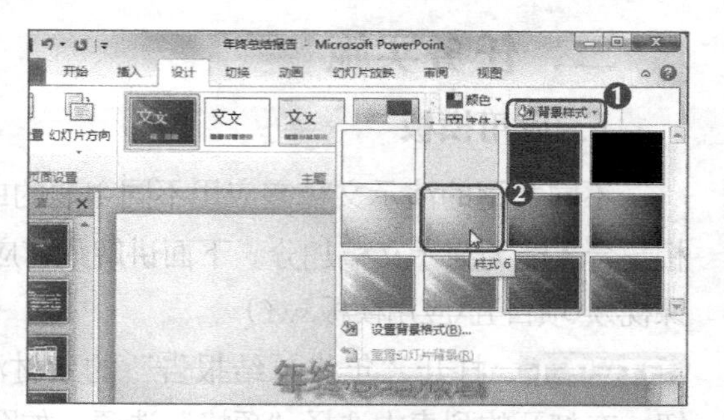

图5-6　更改背景样式

STEP 3　选择第6张幻灯片，单击效果按钮，在打开的列表中选择“暗香扑面”选项，如图5-7所示。

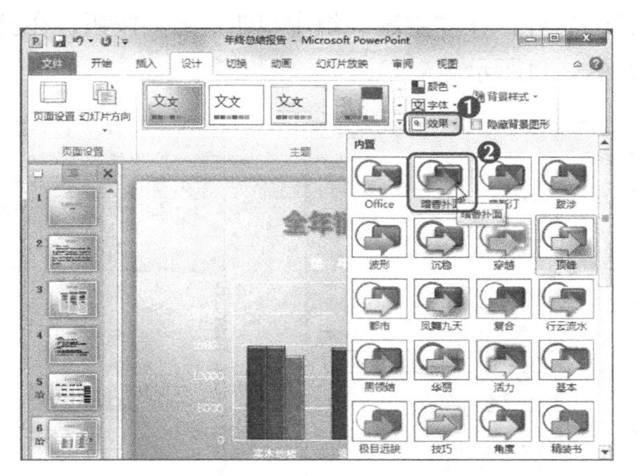

图5-7　设置图表幻灯片效果

3．导入外部模板

若PowerPoint中自带的模板不能满足用户的要求，用户还可在网上下载模板应用于演示文稿中，其具体操作如下。（微课：光盘\微课视频\项目五\导入外部模板.swf）

STEP 1　在【设计】/【主题】组中单击按钮，在打开的列表中选择“浏览主题”选项，如图5-8所示。

STEP 2　打开“选择主题或主题文档”对话框，在地址栏中选择模板所在位置，在文件列表框中选择所需的模板，单击应用(P)按钮，如图5-9所示。

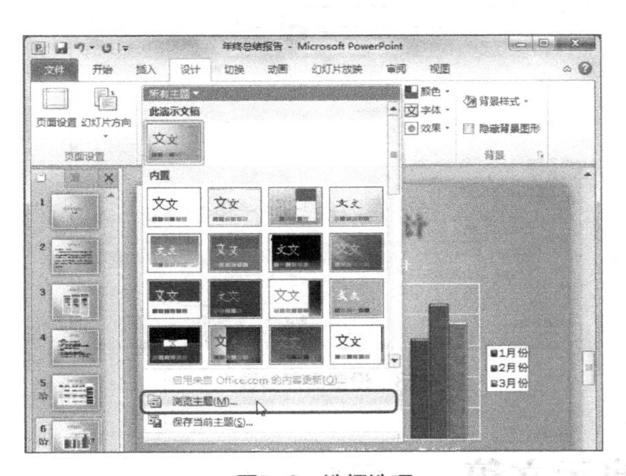

图5-8　选择选项

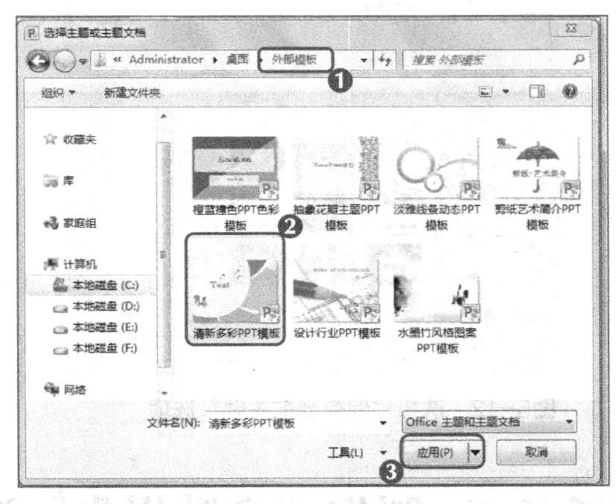

图5-9　选择模板

知识提示

在Internet上有许多提供模板下载的网站，如扑奔PPT（http://www.pooban.com/）、无忧PPT（http://www.51ppt.com.cn/）、Chinaz.com(http://sc.chinaz.com/)等，用户也可使用搜索引擎进行搜索。

STEP 3　选择第6张幻灯片，在“主题”组中单击颜色按钮，在打开的下拉列表中选择

"跋涉"选项，如图5-10所示。

STEP 4 选择第1张幻灯片，在"主题"组中单击文字体·按钮，在打开的下拉列表框中选择"奥斯汀"选项，如图5-11所示。

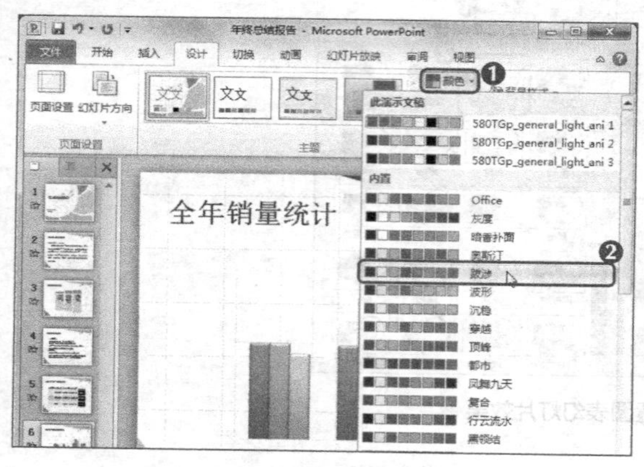

图5-10 设置第6张幻灯片颜色

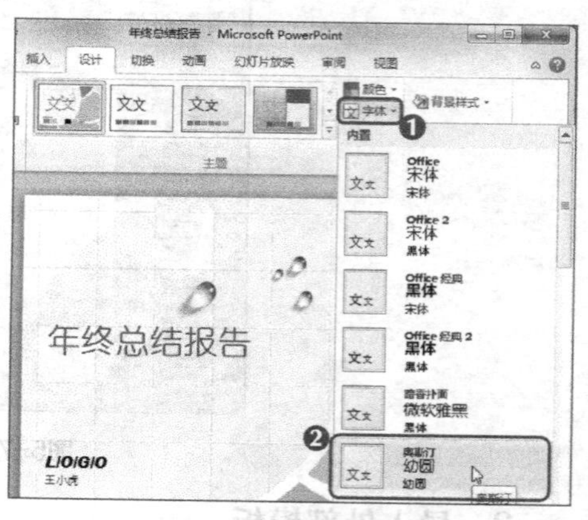

图5-11 设置主题字体

STEP 5 在"主题"组中单击按钮，在打开的下拉列表中选择"保存当前主题"选项，对设置的模板进行保存，如图5-12所示。

STEP 6 打开"保存当前主题"对话框，在地址栏中选择保存位置，在"文件名"文本框中输入文件名称，最后单击保存(S)按钮，如图5-13所示。

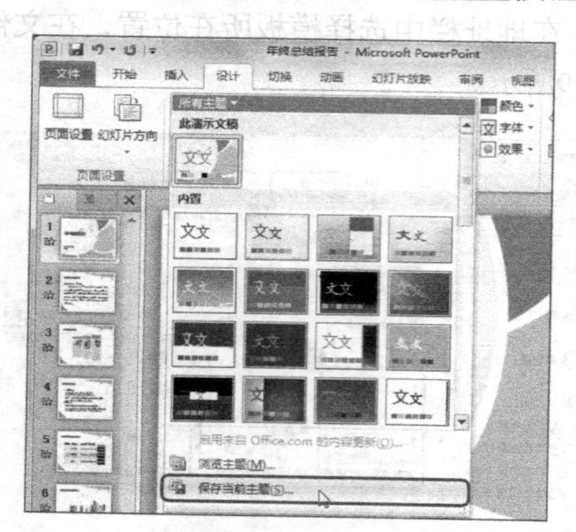

图5-12 选择"保存当前主题"选项

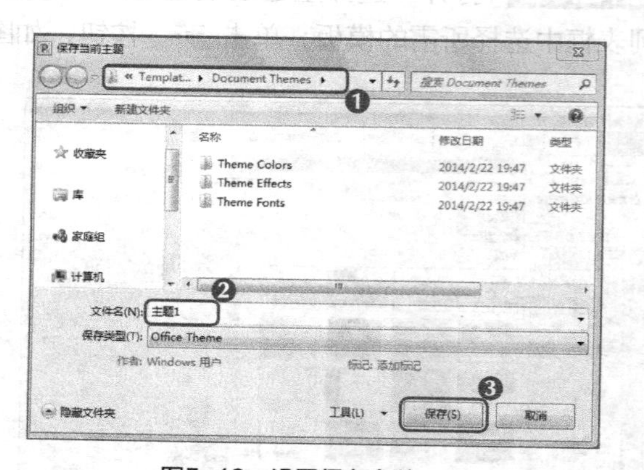

图5-13 设置保存参数

任务二 制作"竞聘报告"演示文稿

竞聘报告是竞聘者在竞聘会议上向与会者阐述自己竞聘条件、竞聘优势、对竞聘职务的认识、被聘任后的工作设想和打算等的工作文书，其具有竞争性、目的性、生动性、自评性等特点，并且可按竞聘职位的不同进行分类。

一、任务目标

为适应公司管理模式的转换要求、盘活人才储备量、增强员工队伍的危机感、责任意识，公司准备进行一次有针对性的竞聘大会。虽然小白到公司的时间不长，但老张仍然建议小白去参加竞聘大会，这是一次绝佳的机会。本任务涉及母版的设置，完成后的最终效果如图5-14所示。

素材所在位置 光盘:\素材文件\项目五\竞聘报告.pptx
效果所在位置 光盘:\效果文件\项目五\竞聘报告.pptx

图5-14 “竞聘报告”最终效果

职业素养

竞聘者对自己竞聘的岗位要有一个全面深刻的理解与认识，要围绕着竞聘岗位写文章，写作重点是竞聘者的优势和今后工作思路这两个方面，且在个人评价方面应真实客观。

二、相关知识

通过在母版中设置幻灯片的版式，可以统一幻灯片的样式，使幻灯片风格协调，提高幻灯片的观赏性，下面对母版和版式进行介绍。

1．什么是母版

母版中包含可出现在每一张幻灯片上的元素，如文本占位符、图片、项目符号等，幻灯片母版上的对象将出现在每张幻灯片的相同位置上，使用母版可以方便地统一幻灯片的风格。在【视图】/【母版视图】组中单击 幻灯片母版 按钮，即可进入幻灯片母版视图，如图5-15所示。

图5-15 幻灯片母版

2．什么是版式

版式指的是幻灯片中具体对象的格式，包括文本内容的字体和字号等格式的设置，各对象如注释、页眉页脚的位置等。版式设计是指在既定大小的基础上，对整个界面的体例、结构、标题的层次和图表、注释等进行艺术的科学设计。

三、任务实施

1．设置背景

背景包括单纯的颜色背景和插入的图片背景，为幻灯片添加背景都需要在"设置背景格式"对话框中进行设置，其具体操作如下。（微课：光盘\微课视频\项目五\设置背景.swf）

STEP 1 打开"竞聘报告"素材演示文稿，选择任意一张幻灯片，在【设计】/【背景】组中单击背景样式按钮，在打开的列表中选择"设置背景格式"选项，如图5-16所示。

STEP 2 打开"设置背景格式"对话框，单击选中"渐变填充"单选项，在"预设颜色"栏中单击按钮，在打开的列表中选择"羊皮纸"选项，如图5-17所示。

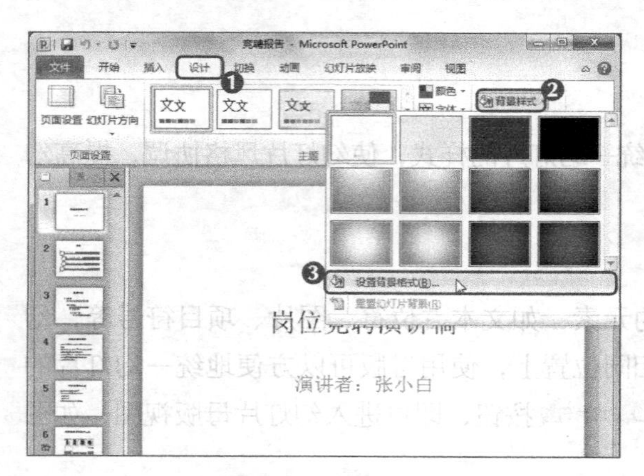

图5-16 选择选项

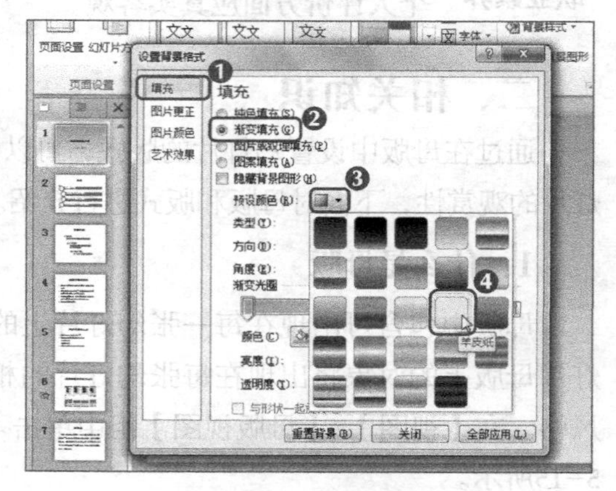

图5-17 选择预设颜色

STEP 3 在“渐变光圈”栏中选择第3个滑块，在“颜色”栏后单击按钮，在打开的列表中选择“茶色，背景 2，深色 25%”选项，单击全部应用(L)按钮，将该背景应用于所有幻灯片中，如图5-18所示。

STEP 4 单击关闭按钮退出“设置背景格式”对话框。设置统一背景后效果如图5-19所示。

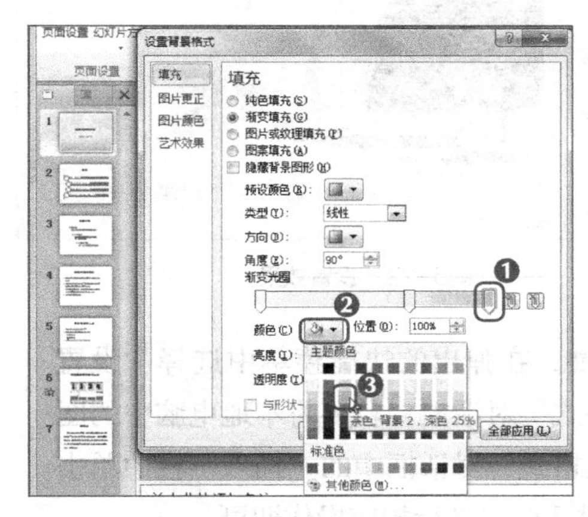

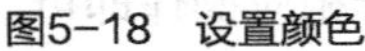

图5-18 设置颜色

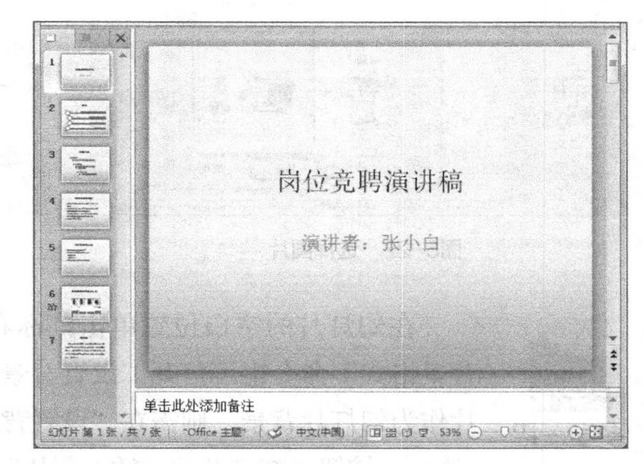

图5-19 设置背景效果

STEP 5 选择第1张幻灯片，在【设计】/【背景】组中单击“对话框启动器”按钮，打开“设置背景格式”对话框，单击选中“图片或纹理填充”单选项，在“插入自”栏中单击剪贴画(R)...按钮，如图5-20所示。

STEP 6 打开“选择图片”对话框，在“搜索文字”文本框中输入“工作”，单击搜索(G)按钮，如图5-21所示。

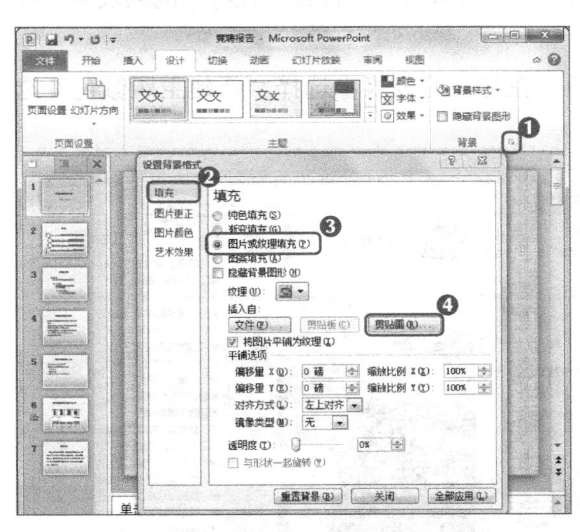

图5-20 “设置背景格式”对话框

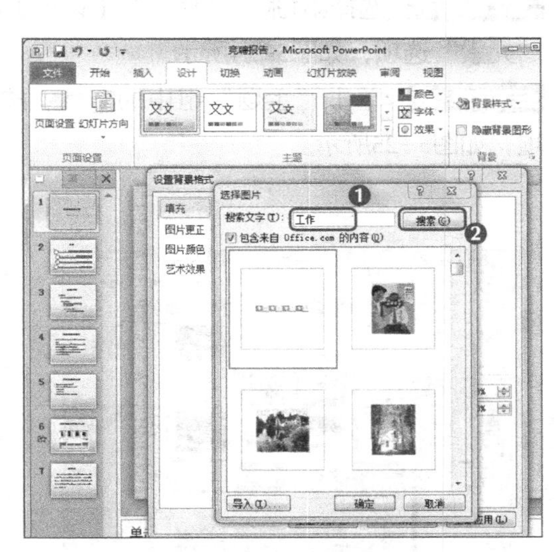

图5-21 搜索图片

STEP 7 在图片列表框中拖动垂直滚动条选择“电脑前工作的搭档”，单击确定按钮，如图5-22所示，返回“设置背景格式”对话框，单击关闭按钮。

STEP 8 第1页幻灯片设置效果如图5-23所示。

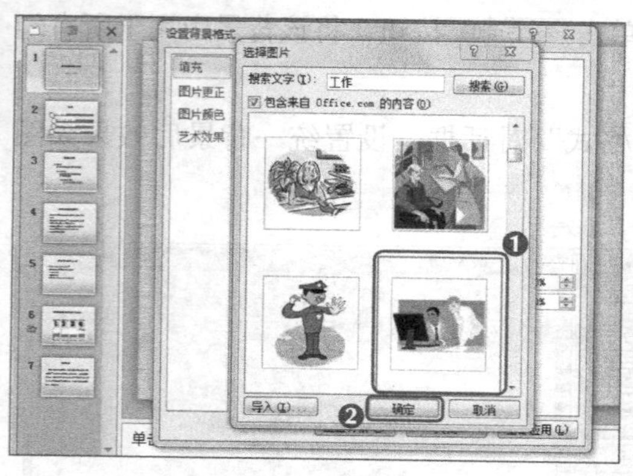

图5-22 选择图片

图5-23 设置效果

多学一招

在幻灯片的空白位置单击鼠标右键，在弹出的快捷菜单中选择“设置背景格式”命令也可打开“设置背景格式”对话框。若要将本地电脑中的图片作为幻灯片背景，则需在“设置背景格式”对话框中的“插入”栏中单击 文件(F)... 按钮，在打开的“插入图片”对话框中进行相应操作即可。

2. 选择主题

使用PowerPoint 2010自带的主题可以快速地为演示文稿设置背景、颜色和字体等，用户还可根据需要对内容进行修改，其具体操作如下。（微课：光盘\微课视频\项目五\选择主题.swf）

STEP 1 选择第1张幻灯片，在【设计】/【主题】组中单击按钮，在打开的列表中选择“元素”选项，如图5-24所示。

STEP 2 单击“主题”组中的颜色按钮，在打开的列表中选择“新建主题颜色”选项，如图5-25所示。

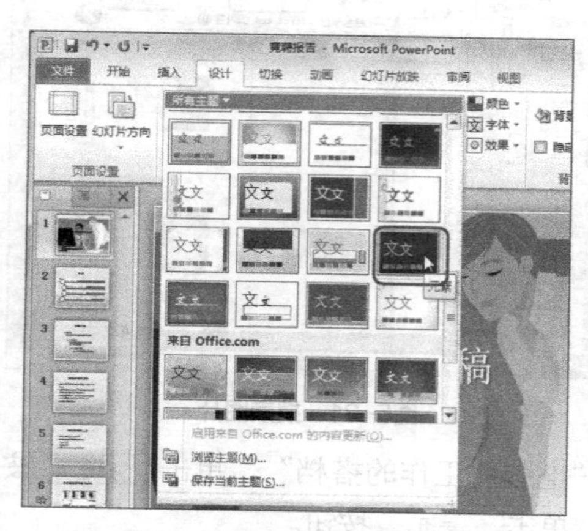

图5-24 选择“元素”选项

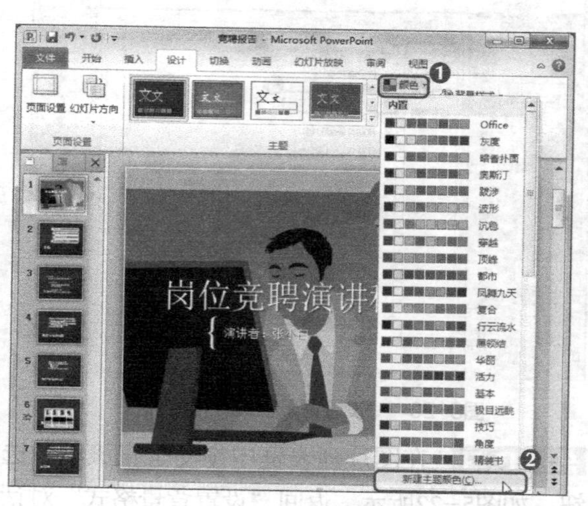

图5-25 选择“新建主题颜色”选项

STEP 3 打开“新建主题色”对话框，单击“文字/背景-深色2（D）”右侧的按钮，在弹出的下拉列表中选择“蓝色，强调文字颜色1，深色50%”选项，然后单击保存(S)按钮，如图5-26所示。

STEP 4 单击“主题”组中的字体按钮，在打开的列表中选择“新建主题字体”选项，如图5-27所示。

图5-26 更改主题颜色

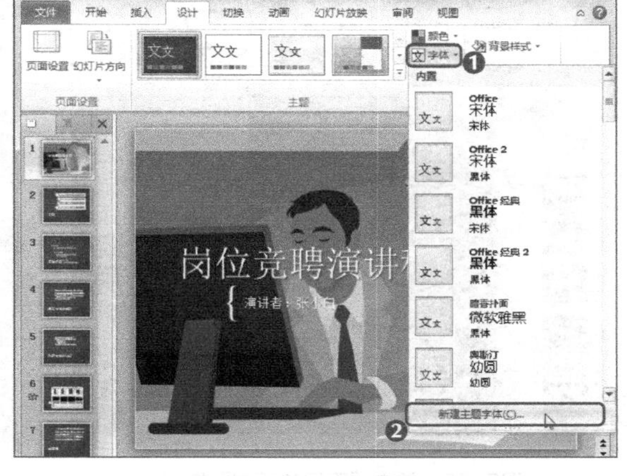

图5-27 选择选项

STEP 5 打开“新建主题字体”对话框，设置“西文”栏的标题字体和正文字体为“Times New Roman”，在“中文”栏中设置“标题字体”和“正文字体”分别为“黑体”和“宋体”，在“名称”文本框中输入名称“岗位竞聘演讲”，单击保存(S)按钮，如图5-28所示。

STEP 6 新建的颜色和字体主题即可应用于演示文稿中，其结果如图5-29所示。

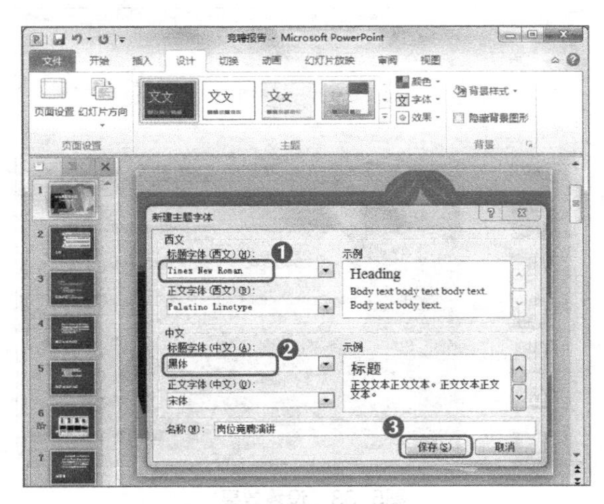

图5-28 新建主题字体

图5-29 主题设置效果

3．添加页眉页脚

页眉页脚是指显示于每张幻灯片顶端和底部的幻灯片编号、日期、演示文稿名称、公司名称、Logo等，用户可根据需要添加页眉和页脚并将其赋予每一张幻灯片，其具体操作

如下。（微课：光盘\微课视频\项目五\添加页眉页脚.swf）

STEP 1 在演示文稿中选择任意一张幻灯片，在【插入】/【文本】组中单击“页眉和页脚”按钮，如图5-30所示。

STEP 2 打开“页眉和页脚”对话框，在“幻灯片”选项卡中单击选中“日期和时间”复选框，单击选中“自动更新”单选项，如图5-31所示。

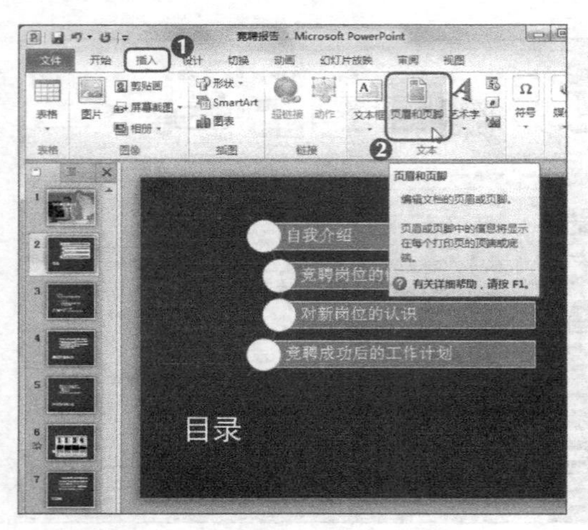

图5-30 单击“页眉和页脚”按钮

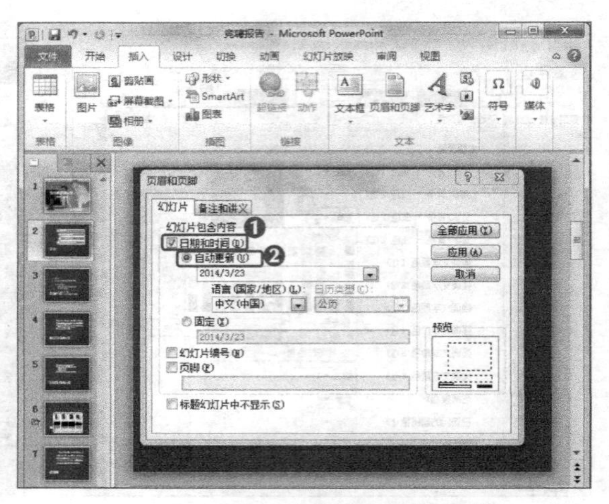

图5-31 选中相应的复选框和单选项

STEP 3 选中“幻灯片编号”和“页脚”复选框，在“页脚”复选框下的文本框中输入文本“竞聘演讲稿”，单击全部应用按钮将其应用于所有幻灯片，如图5-32所示。

STEP 4 返回幻灯片编辑窗格，可发现所有幻灯片都添加了幻灯片编号、日期和“竞聘演讲稿”文本信息，如图5-33所示。

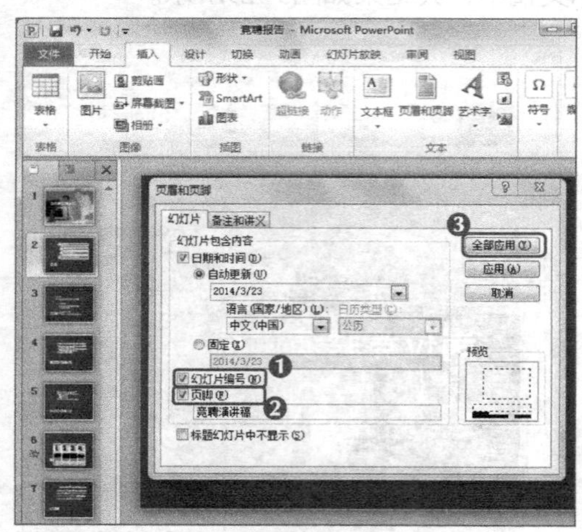

图5-32 输入文本

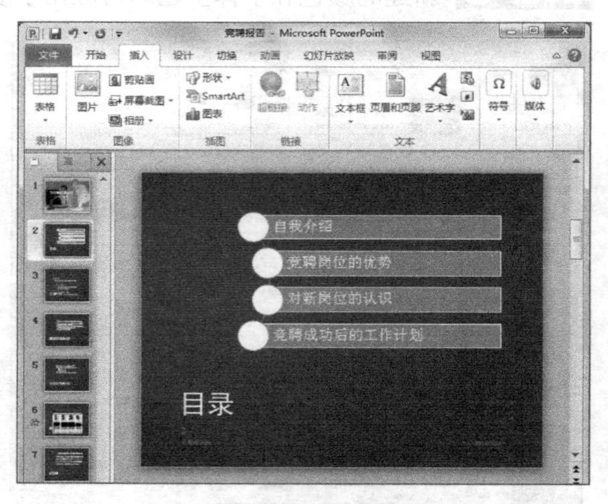

图5-33 设置效果

多学一招

页眉和页脚中文本的字体、颜色、字号都可以在“开始”选项卡的“字体”组中进行设置。在“页眉和页脚”对话框中选中“自动更新”单选项后，演示文稿中的日期和事件会随着电脑系统的日期和时间改变。

4. 进入幻灯片母版

用户通过设置幻灯片母版可快速设置统一的幻灯片主题，特别是需要在演示文稿中的每一页幻灯片中的同一个位置添加同一个对象时，使用母版省去了重复编辑的麻烦，其具体操作如下。（微课：光盘\微课视频\项目五\进入幻灯片母板.swf）

STEP 1 在【视图】/【母版视图】组中单击 幻灯片母版 按钮，如图5-34所示。

STEP 2 进入幻灯片母版视图，左侧为“幻灯片版式选择”窗格，右侧为“幻灯片母版编辑”窗格，如图5-35所示。

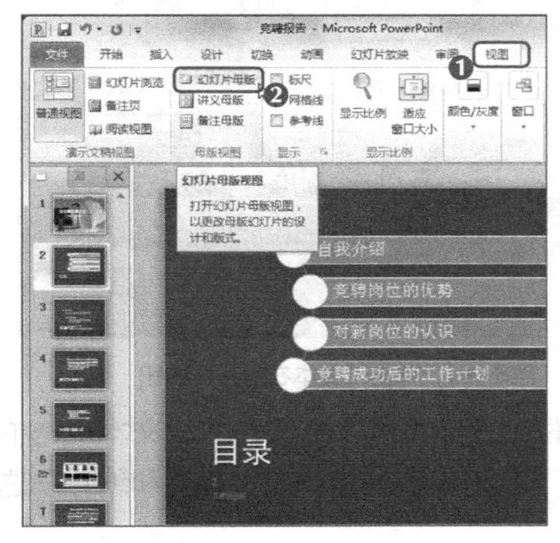

图5-34 单击“幻灯片母版”按钮

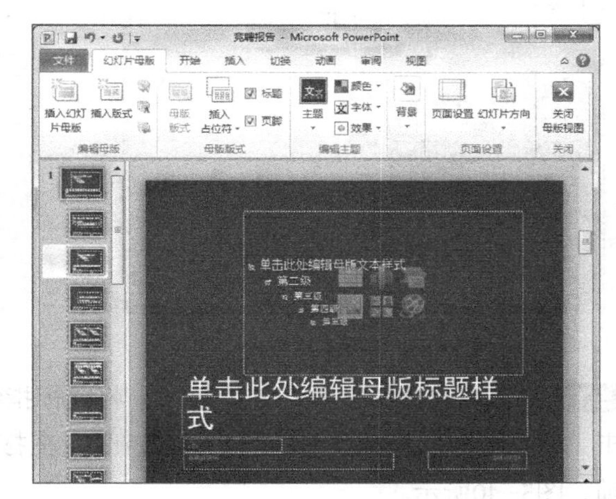

图5-35 幻灯片母版视图

5. 设置母版

幻灯片母版的设置方法与设置普通幻灯片类似，主要包括背景样式、文字字体、图片等对象的设置，其具体操作如下。（微课：光盘\微课视频\项目五\设置母版.swf）

STEP 1 进入幻灯片母版编辑状态，在“幻灯片版式选择”窗格中选择第一种幻灯片，单击【幻灯片母版】/【背景】组中的“背景样式”按钮，在打开的列表中选择“样式6”选项，如图5-36所示。

STEP 2 在“幻灯片版式选择”窗格中选择第二种幻灯片版式，选择母版副标题前的半括号所在的占位符，按【Delete】键将其删除，如图5-37所示。

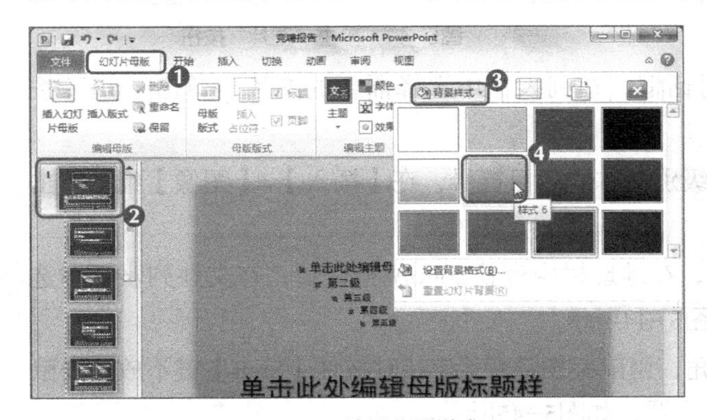

图5-36 选择背景样式

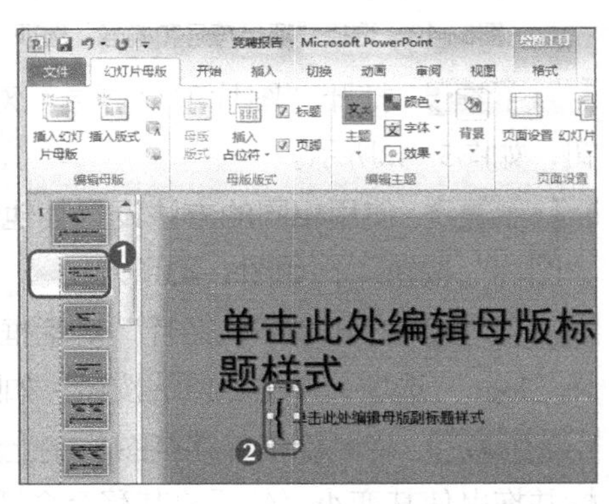

图5-37 删除占位符

STEP 3 选择母版标题占位符中的文本，在【格式】/【艺术字样式】组中单击“快速样式”按钮，在打开的列表中选择“渐变填充-蓝-灰，强调文字颜色4，映像”选项，如图5-38所示。

STEP 4 选择副标题占位符，在【开始】/【段落】组中单击“文本右对齐”按钮，如图5-39所示。

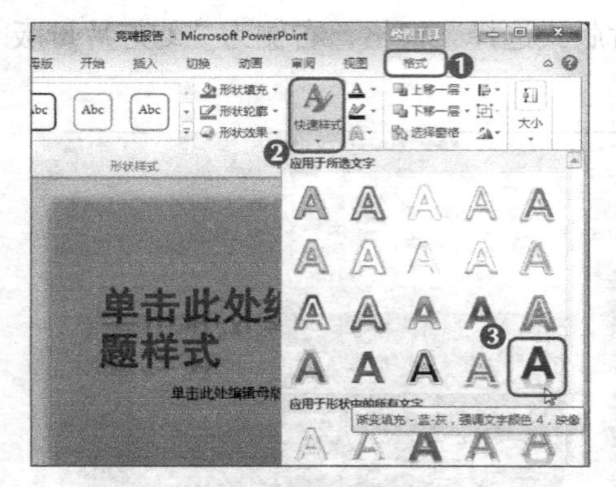

图5-38 设置文本样式

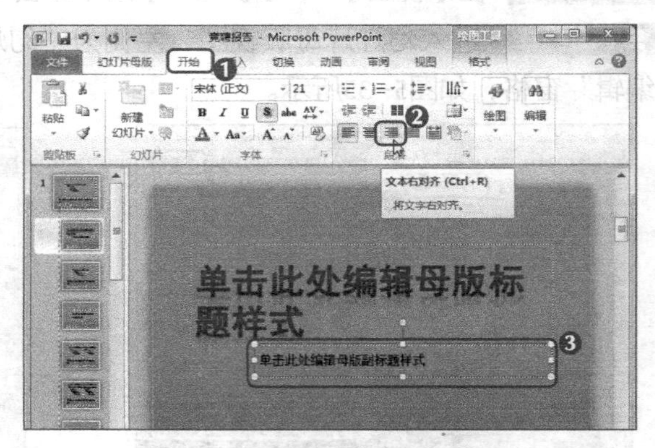

图5-39 单击“文本右对齐”按钮

STEP 5 选择第一种幻灯片版式，将鼠标指针定位到普通文本占位符的一级文本中，单击“项目符号”按钮右侧的下拉按钮，在打开的下拉列表中选择“项目符号和编号”选项，图5-40所示。

STEP 6 在“项目符号和编号”对话框中单击 图片(P)... 按钮，如图5-41所示。

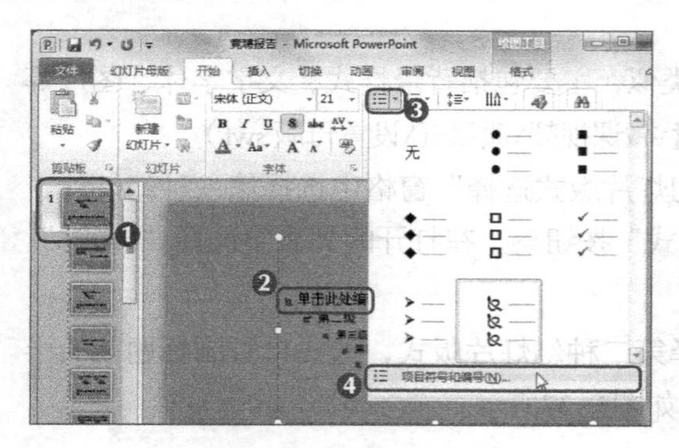

图5-40 选择“项目符号和编号”选项

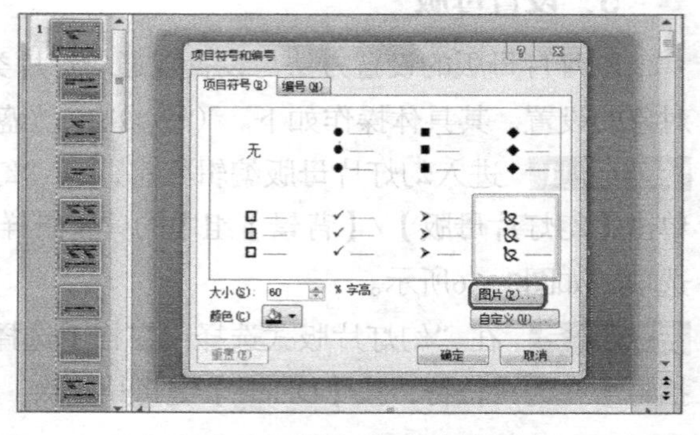

图5-41 单击“图片”按钮

STEP 7 打开“图片项目符号”对话框，在列表框中选择需要的图片，单击 确定 按钮，如图5-42所示。

STEP 8 使用相同的方法设置其他级别文本的项目符号，在【插入】/【图像】组中单击“图片”按钮，如图5-43所示。

STEP 9 打开“插入图片”对话框，在地址栏中查找Logo所在位置，在文件列表框中选择“logo”选项，单击 插入(S) 按钮，如图5-44所示。

STEP 10 将鼠标指针移至图片左上角，当鼠标指针变为状时按住【Shift】键不放单击鼠标并拖曳使其变小，然后将其移至合适位置，如图5-45所示。

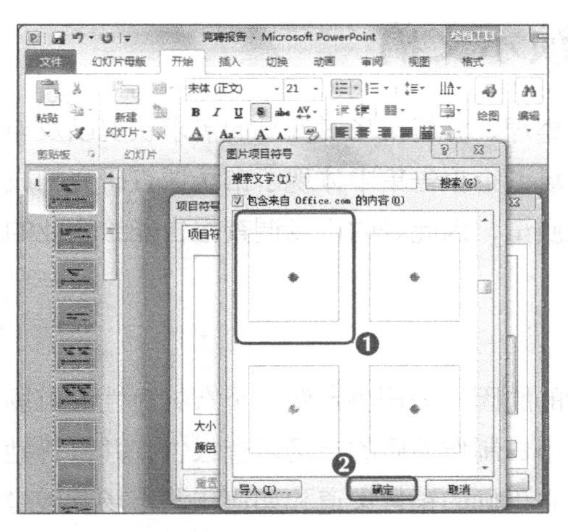

图5-42 选择项目符号

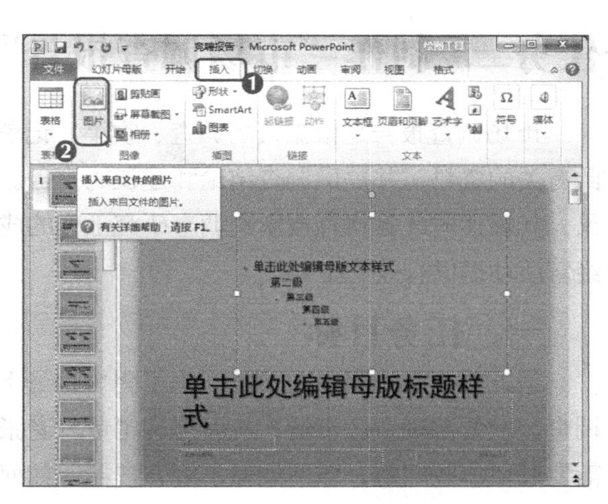

图5-43 单击“图片”按钮

图5-44 选择Logo

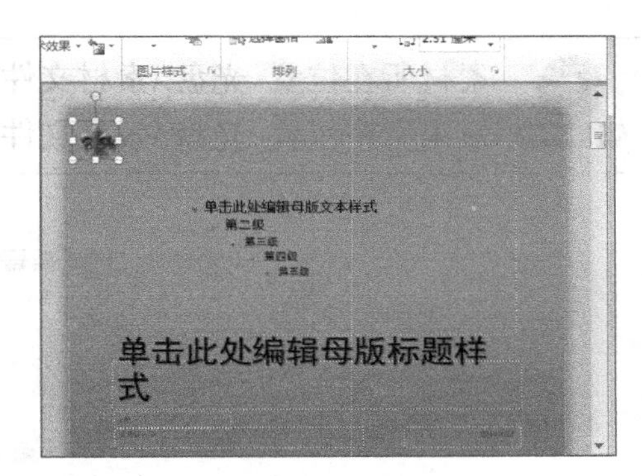

图5-45 调整插入的图片

6. 退出母版

设置完成幻灯片母版后，要退出其编辑状态回到幻灯片编辑窗口中，这样才能将幻灯片母版中的设置内容应用于演示文稿中，其具体操作如下。（**微课**：光盘\微课视频\项目五\退出母版.swf）

STEP 1 在【幻灯片母版】/【选项卡】，单击“关闭”组中的“关闭母版视图”按钮，如图5-46所示。

STEP 2 母版设置效果将应用到各幻灯片中，如图5-47所示，调整其中各内容移至合适位置即可。

图5-46 单击“关闭母版视图”按钮

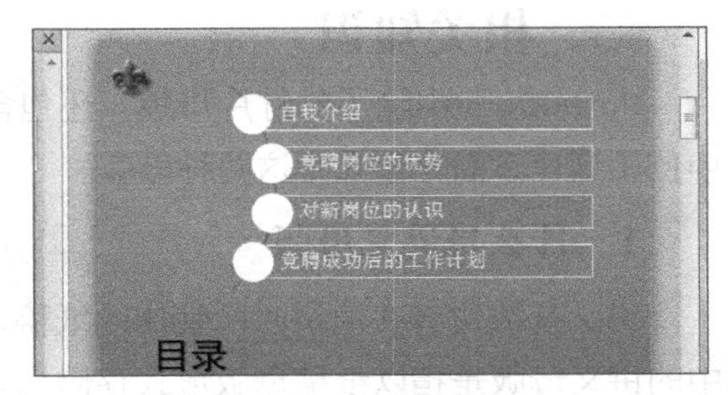

图5-47 设置效果

任务三　制作“市场调查报告”演示文稿

市场调查报告是根据市场调查、收集、记录、整理、分析市场对商品的需求状况以及与此有关的资料，并提供调查结论和建议的报告。市场调查报告集中体现了市场调查研究的成果，其表述的优劣将直接影响调查研究工作的成果质量，因此好的市场调查报告能给企业的经营活动提供有效的指导。

一、任务目标

最近某产品的销量在下滑，为了明白销量下滑的原因，公司决定做一个有针对性的市场调查，以便准确定位市场，从而提高销量。老张让小白制作最后的市场调查报告，并告诉她需要展现哪些问题，包括如何了解客户群、如何建立正确的销售渠道和如何预测市场发展趋势等。本任务完成后的最终效果如图5-48所示。

素材所在位置　光盘:\素材文件\项目五\市场调查报告.pptx
效果所在位置　光盘:\效果文件\项目五\市场调查报告.pptx

图5-48　“市场调查报告”最终效果

二、相关知识

PowerPoint中除了幻灯片母版，还包含讲义母版和备注母版，这两种母版也常常在演讲中使用到，下面分别介绍这两种母版。

1. 什么是讲义母版

讲义是演讲者在演讲时所使用的纸稿，纸稿中记录了所要讲述的内容、要点等。幻灯片中的讲义母版是指以纸稿母版形式存储每张幻灯片大致内容、要点的讲义，在讲义母版中每一页都包含多张幻灯片，并留出注释空间。在会议中经常使用讲义母版，同时方便以讲义的格式打印成手稿发放给观众。在【视图】/【母版视图】组中单击讲义母版按钮，即可进入讲义母版，如图5-49所示。

2．什么是备注母版

备注是指演讲者可在幻灯片下方的备注文本框中输入备注内容，并可根据需要将这些备注内容打印出来供演讲者使用。在【视图】/【母版视图】组中单击备注母版按钮，即可进入备注母版视图，如图5-50所示。

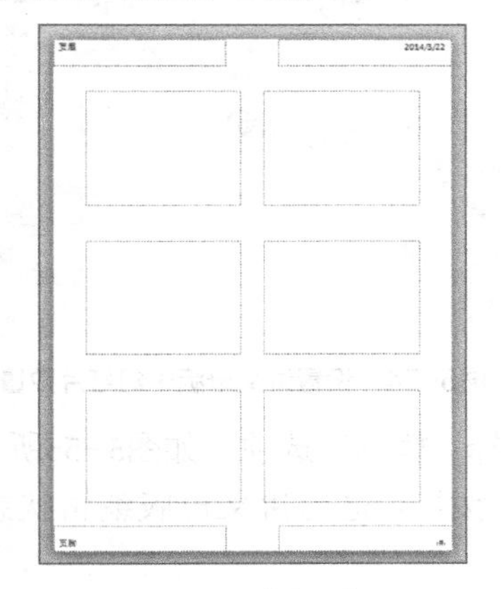

图5-49 讲义母版

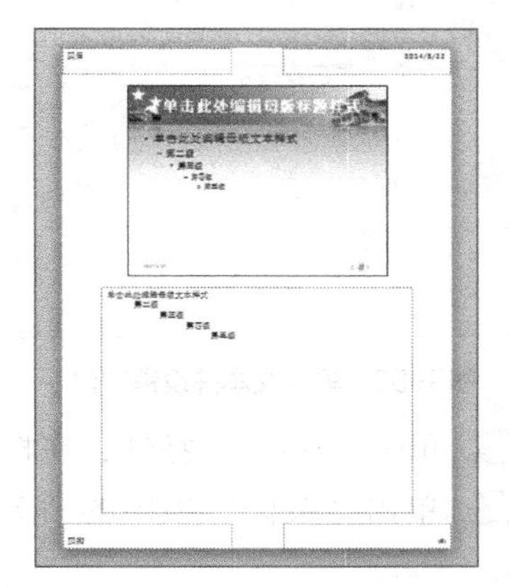

图5-50 备注母版

三、任务实施

1．设置讲义母版

在讲义母版中每一页都能包含多张幻灯片，并留出注释空间，设置讲义母版的具体操作如下。（微课：光盘\微课视频\项目五\设置讲义母版.swf）

STEP 1 打开“市场调查报告”素材演示文稿，在【视图】/【母版视图】组中单击讲义母版按钮，如图5-51所示。

STEP 2 取消选中“占位符”组的“日期”、“页脚”、“页码”复选框，拖动页眉文本框，使其居中，如图5-52所示。

图5-51 单击“讲义母版”按钮

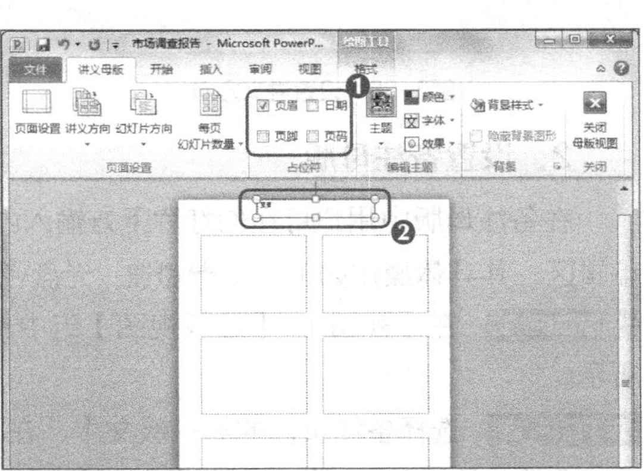

图5-52 设置对象内容

STEP 3 在页眉文本框中输入演示文稿的名称，并将其选择，在【开始】/【字体】组中设置页眉文本字体为“方正粗活意简体”、字号为“20”、颜色为“蓝色”并“居中对齐”，如图5-53所示。

STEP 4 在【讲义母版】/【页面设置】组中单击 每页幻灯片数量 按钮，在打开的列表中选择“4张幻灯片”选项，如图5-54所示。

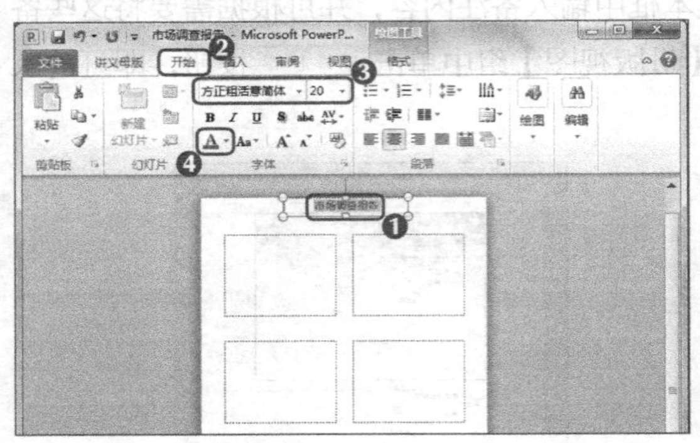

图5-53　输入文本并设置字体

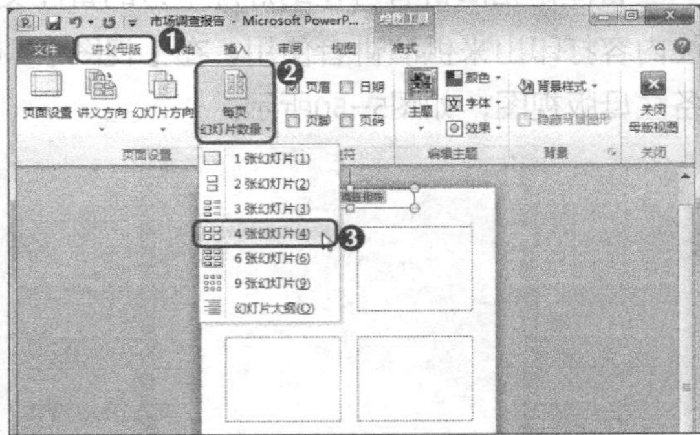

图5-54　设置讲义母版中幻灯片数量

STEP 5 单击 讲义方向 按钮，在打开的列表中选择“横向”选项，如图5-55所示。

STEP 6 单击“关闭”组中的“关闭母版视图”按钮退出讲义母版编辑状态，如图5-56所示。

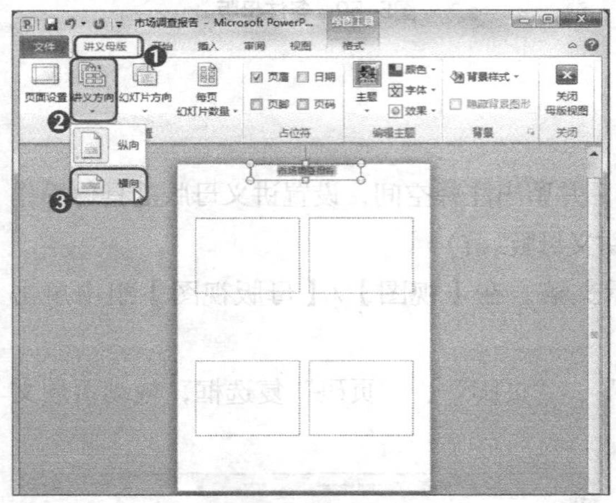

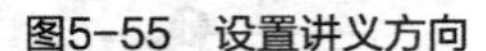
图5-55　设置讲义方向

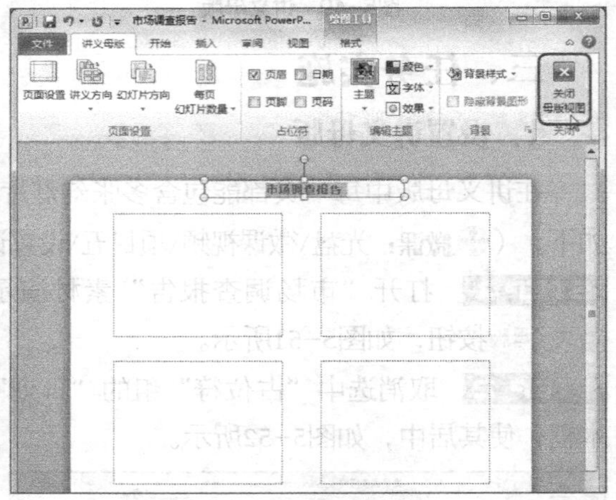

图5-56　退出讲义母版

2. 设置备注母版

在备注母版中用户可在幻灯片下方输入内容，备注母版包括幻灯片的缩略图和备注文本编辑区，其具体操作如下。（微课：光盘\微课视频\项目五\设置备注母版.swf）

STEP 1 在【视图】/【母版视图】组中单击 备注母版 按钮，进入备注母版，如图5-57所示。

STEP 2 选择备注页面的第一级文本，在【开始】/【字体】组选项卡中将其设置为“方正综艺简体”、“12号”、“红色”，如图5-58所示。

图5-57 进入备注母版

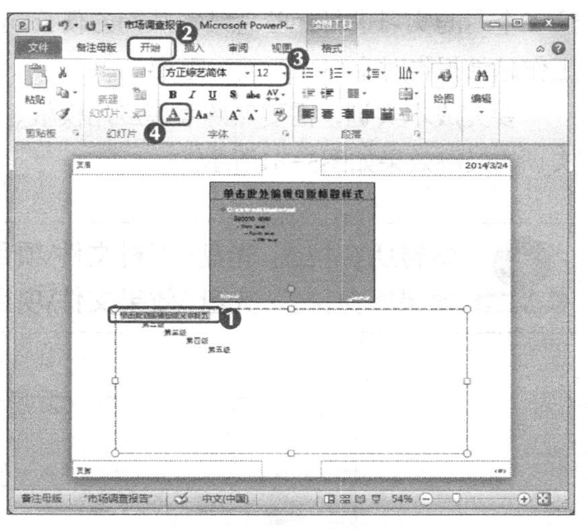
图5-58 设置第一级文本的格式

STEP 3 单击“备注母版”选项卡，单击“关闭母版视图”按钮，如图5-59所示。

STEP 4 在【视图】/【演示文稿视图】组中单击 备注页 按钮，如图5-60所示。

STEP 5 这时即可在备注页视图中输入备注内容。

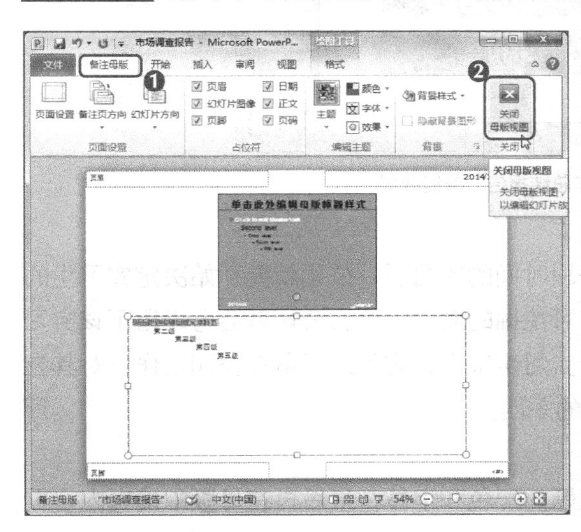
图5-59 退出备注母版视图

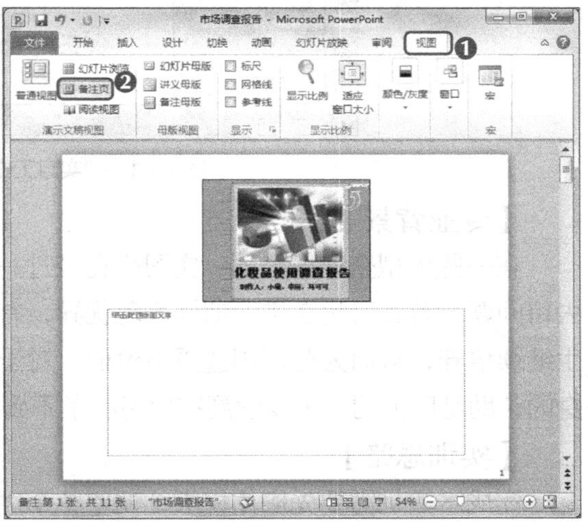
图5-60 进入备注页

知识提示

讲义母版和备注母版的设置效果只有在打印时才能表现出来。

实训一 制作“实习工作总结报告”演示文稿

【实训目标】

小白已经实习了三个月，最后一个月月末将召开实习总结大会，要求全公司的实习生对这三个月的实习进行经验总结，从而方便公司选拔优秀的人才继续为企业服务。因此，实习工作总结报告对小白来说尤为重要。

要完成本实训，需要熟练掌握应用模板、调整模板配色、编辑母版内容的操作方法，本实训的最终效果如图5-61所示。

素材所在位置 光盘:\素材文件\项目五\实习工作总结报告.pptx
效果所在位置 光盘:\效果文件\项目五\实习工作总结报告.pptx

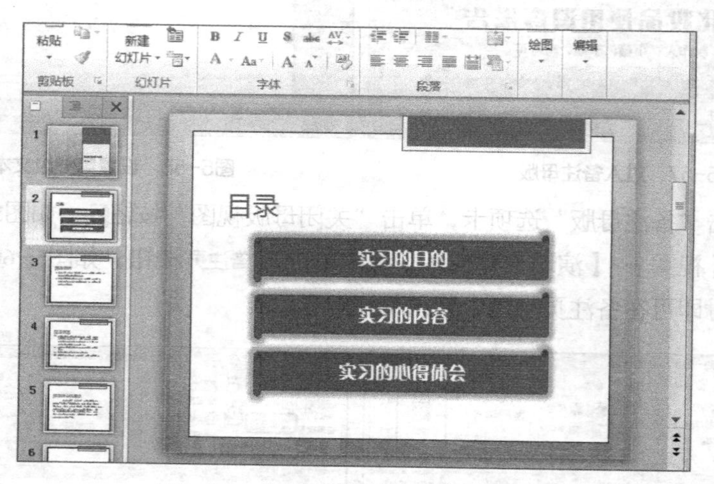

图5-61 “实习工作总结报告”最终效果

【专业背景】

在一些大型企业或公司，实习生在经过一段时间的实习后，公司就要开始决定实习生的去留问题。若实习生在实习期间表现优异，有可挖掘的潜力，那么公司就会考虑留下该实习生继续培养，从而为公司创造更多价值。对于实习生来说，实习之后留在公司工作，对其自身的帮助是巨大的，可以学到在实习时学不到的东西。

【实训思路】

完成本实训需要先应用模板，调整整个主题的配色和字体，最后再在母版中编辑内容页中对象的格式，其操作思路如图5-62所示。

图5-62 制作“实习工作总结报告”的思路

【步骤提示】

STEP 1 打开素材文件，在【设计】/【主题】组中为其应用“奥斯汀”内置模板样式。

STEP 2 在“主题”组中，将“颜色”更改为“华丽”，将“字体”更改为暗香扑面。

STEP 3 在【视图】/【母版视图】组中单击 幻灯片母版 按钮，进入母版视图。

STEP 4 选择“标题和内容 版式”幻灯片，在其中设置内容的格式。

实训二 制作“员工满意度调查报告”演示文稿

【实训目标】

公司最近出现了一小部分员工消极怠工的现象，影响了公司工作的运作，因此上级部门要求尽快对员工共工作的满意度进行调研。老张马上着手办理员工满意度调查事项，并将调查结果告诉小白，让她完成相关演示文稿的制作。

要完成本实训，需要熟练掌握设置模板、更改模板字体和颜色、设置讲义母版、备注母版的操作方法，本实训的最终效果如图5-63所示。

素材所在位置 **光盘:\素材文件\项目五\员工满意度调查报告.pptx**

效果所在位置 **光盘:\效果文件\项目五\员工满意度调查报告.pptx**

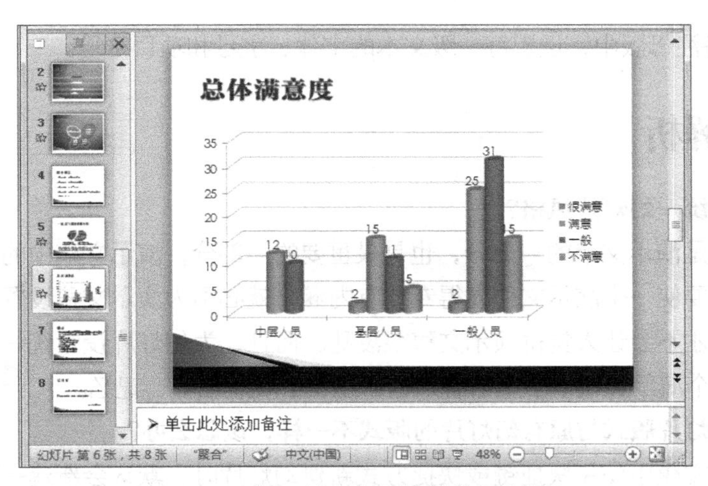

图5-63 “员工满意度调查报告”最终效果

【专业背景】

员工满意度调查常以调查问卷等形式，收集员工对企业各个方面的满意程度，是一种科学的管理工具。通过对员工满意度的调查，企业可搭建一个新的沟通平台，为更多真实的信息铺设一个反馈的渠道，同时系统地、有重点地了解员工对企业各个方面的满意程度和意见，明确企业最需要解决的相关问题即管理的重点，检测员工对企业重要管理举措的反映，并且可向员工表示对其的重视。

【实训思路】

完成本实训需要先更改原有的幻灯片模板，然后编辑其中的字体和颜色，最后设置讲义母版和备注母版的格式，其操作思路如图5-64所示。

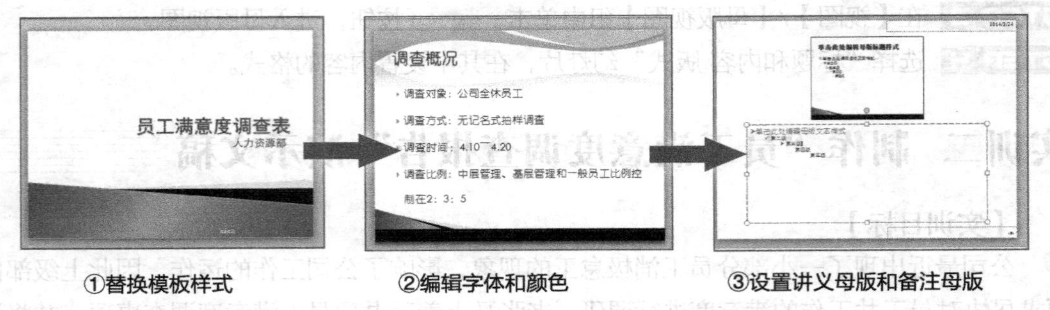

图5-64 制作“员工满意度调查报告”的思路

【步骤提示】

STEP 1 打开素材文件，在【设计】/【主题】组中将为幻灯片应用“聚合”主题模板。

STEP 2 更改“颜色”为“极目远眺”，“字体”为“奥斯汀”。

STEP 3 进入幻灯片母版视图，选择“标题和内容 版式”的幻灯片，将标题的字体更改为“方正特雅宋”，并设置文本占位符中每一级文本的项目符号。

STEP 4 在讲义母版视图中，将每页的幻灯片数量设置为“4”，将讲义的方向设置为“横向”。

STEP 5 在备注母版中，设置每一级文本的字体、字号和项目符号。

常见疑难解析

问：为何要统一幻灯片风格？

答：幻灯片是演示文稿的一部分，也是最重要的一部分，演示文稿中的内容基本上都放置在幻灯片内。要使一个演示文稿显得专业有内涵，就必须为演示文稿设置一个统一的幻灯片风格，这样，才不会让人觉得演示文稿很凌乱。而且，为幻灯片设置统一的风格不仅可以突出主题，使整个演示文稿干净整洁有条理，还便于观众理解、记忆。

问：新建幻灯片版式与原有幻灯片的版式不一样，该怎么办？

答：在演示文稿中使用快捷键或快捷方式新建幻灯片时，默认会新建一张母版中已设置好的“标题与内容”页幻灯片。若未对母版进行设置，则新建的“标题与内容”页中除了标题和内容的文本占位符外，一般不存在其他任何对象。因此，在对幻灯片进行设计时，最好在母版中设计其内容和格式，这样，在新建幻灯片时，才能保持风格和版式的统一。

问：在幻灯片中需要适当留白，留白部分必须是白色吗？

答：无论何种设计，都需要留有一定的留白部分，若让整个界面都充满内容和文字，会让人觉得很杂乱，分不清主次。因此，留白部分可突显主题，帮助观众分清主次。但留白部分不一定是纯白色的，也可以是色块、线条、网格或虚化的图片背景等能突出主题的对象，这样才不会让留白部分显得太空旷。

拓展知识

1. 均衡PPT中的对象内容

在演示文稿中并不是内容越多效果越好，也并不是只要将内容放进相应的文本占位符中就表示制作完毕。在制作演示文稿时，要使幻灯片页面保持均衡感，不能头重脚轻，分布不均，这样做出来的演示文稿才更具吸引力。下面介绍几点常见的平衡内容技巧。

- **黄金分割点**：万能的黄金分割点可使不懂页面设计的人做出来的页面显得更专业。
- **分清主次**：制作PPT时应以主画面为中心，次画面点缀为原则，使制作出的演示文稿条理分明，节奏张弛有度。
- **胸有成竹**：在制作演示文稿前，应先根据演示文稿的内容和主题，在心里形成一个大概的轮廓，然后设想其结构样式，使其统一美观。

2. 如何统一幻灯片风格

在演示文稿中，统一的幻灯片风格会让人潜意识里感受到幻灯片内在的联系性，下面讲解统一幻灯片风格的方法，主要有以下几种。

- **设置统一背景**：背景是显示在幻灯片内容后，用来美化装饰幻灯片的颜色组合或图片，一个演示文稿一般会具有一个统一的背景，从而使演示文稿风格统一。
- **设置统一主题**：主题指PowerPoint中能让观众感受到内在联系的颜色、字体和效果搭配，选择一种固定的主题效果，可使演示文稿中各幻灯片的相应内容也拥有相同的效果，从而达到风格统一的目的。
- **使用幻灯片母版**：使用本章介绍的幻灯片母版，也是自定义幻灯片风格最常用的方法之一。只要在母版中设置字体、颜色和图片后，演示文稿中的幻灯片就将拥有同样的效果，优点是设置简单，效果明显。
- **添加固定的页眉和页脚**：在幻灯片固定的位置添加格式相同的页眉和页脚，如公司名称、Logo、编号、日期等，都可统一幻灯片风格。

课后练习

素材所在位置　光盘:\素材文件\项目五\大学生消费观调查报告.pptx、工资申请报告.pptx

效果所在位置　光盘:\效果文件\项目五\大学生消费观调查报告.pptx、工资申请报告.pptx、

（1）随着社会的不断发展，大学生的能力在增加，其经济实力也在增强，现已发展为

社会主流消费群体之一。为了进一步了解大学生的消费心理和行为，公司要求小白展开街头问卷调查，并制作相应的演示文稿，制作完成后的效果如图5-65所示。

图5-65 “大学生消费观调查报告”最终效果

（2）经过几年的努力，公司已经由刚刚起步的小企业成为了如今具有一定规模的大企业，但是员工工资却仍停留在原地，为了平复员工的不满情绪，部门经理准备向上级递交一份工资申请报告，制作完成后效果如图5-66所示。

图5-66 “工资申请报告”最终效果

PART 6

项目六 电子宣传

情景导入

小白在公司的实习过程中，参与了一些产品的宣传工作，特别是一些需要使用PowerPoint制作并在现场演示的宣传文件，让她获益匪浅。老张让她总结制作这些文件的收获和不足。

知识技能目标

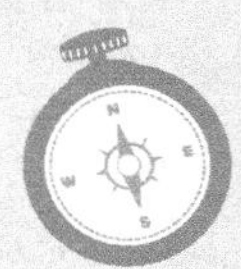

- 熟练掌握添加、编辑动画和制作路径动画的操作方法。
- 熟练掌握设置循环播放和更改动画播放顺序的操作方法。
- 熟练掌握设置和编辑幻灯片切换动画的操作方法。

- 了解企业宣传的常用方法和利用电子宣传的注意事项。
- 掌握“企业形象宣传”、“产品宣传画册”、“招聘宣传”等演示文稿的制作方法。

课堂案例展示

“产品宣传画册”演示文稿最终效果

“招聘宣传”演示文稿最终效果

任务一 制作“企业形象宣传”演示文稿

企业形象宣传指企业向公众展示企业实力、社会责任感、使命感，通过同消费者和宣传受众进行深层的交流，增强企业的知名度和美誉度，使受众产生对企业及其产品的亲切感和信赖感。企业形象宣传可提升企业形象、信誉，促进产品销售，吸引社会各界投资，广泛吸引聚集人才，从而帮助企业优化生存发展环境。

一、任务目标

根据公司的发展要求，需要定期对企业形象进行宣传，更新企业取得的成就。小白接下了制作“企业形象宣传”演示文稿的工作，老张告诉小白，可在原有演示文稿的基础上，对其进行美化并添加新内容，最重要的是，该类演示文稿需要制作一些动画，使其吸引受众的注意力。本任务完成后的最终效果如图6-1所示。

素材所在位置 **光盘:\素材文件\项目六\企业形象宣传.pptx**
效果所在位置 **光盘:\效果文件\项目六\企业形象宣传.pptx**

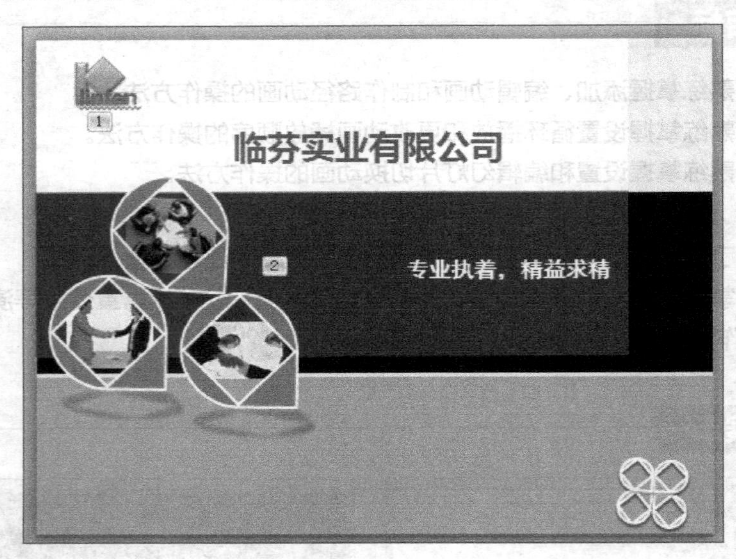

图6-1 “企业形象宣传”最终效果

二、相关知识

使用动画可以使生硬的幻灯片展示变得生动，并且能吸引观众的注意。下面对PPT中动画的类型和动画的创意进行介绍。

1. PPT中动画的类型

动画也包含多种类型，而PowerPoint 2010为用户提供了进入、强调、退出、动作路径等4种动画效果，下面分别对其进行介绍。

- **进入动画：**进入动画指幻灯片中对象通过飞入、旋转、展开等动态方式，进入幻灯片并最终显示在相应位置的动画。

- **强调动画**：强调动画指在放映过程中为引起观众注意，对某一对象进行强调，吸引观众视线的一类动画。一般情况下，强调动画的赋予对象一直都存在于幻灯片中，且一般会通过颜色改变，字号大小改变等方式进行强调。
- **退出动画**：退出动画指放映动画时动画对象已存在于幻灯片中，然后该对象以指定的方式从幻灯片中消失。这类动画一般使用最少，但可使画面之间过度连贯。
- **动作路径**：动作路径动画指放映对象沿指定的路径进入到幻灯片中，并停止在相应的位置。这类动画可使幻灯片的画面千变万化，更加炫目。

2．PPT动画创意

简单地为幻灯片中的对象添加动画，并不能保证使幻灯片出彩。动画的设置也需要进行思考和设计，下面讲解如何使PPT动画具有创意。

- **抓住中心**：每一页幻灯片中都应该有一个中心内容，在为该页幻灯片添加动画时，应借助动画使该中心突出，帮助观众抓住重点。
- **遵循自然**：好的动画应当遵循一定的自然规律，这样动画看起来才真实。
- **懂得借鉴**：创意需要积累，并非一朝一夕，需要在实践总结的过程中摸索一条属于自己的创意，因此，在日常生活中，可以通过借鉴一些高质量的动画PPT来搜寻更好的创意。

三、任务实施

1．添加动画

在为演示文稿设置动画时，首先应该为幻灯片中的对象添加动画，其具体操作如下。（微课：光盘\微课视频\项目六\添加动画.swf）

STEP 1 打开“企业形象宣传”素材演示文稿，在第1张幻灯片中选择“临芬实业有限公司”文本框，在【动画】/【动画】组中单击“动画样式”按钮★，在打开的下拉列表中选择“进入”栏中的“浮入”选项，如图6-2所示。

STEP 2 选中“专业执着，精益求精”的文本框，单击“动画样式”按钮★，在打开的下拉列表中选择“形状”选项，如图6-3所示。

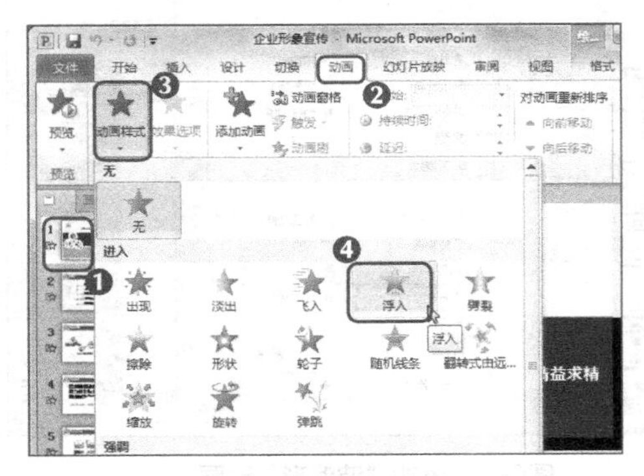

图6-2 添加“浮入”动画

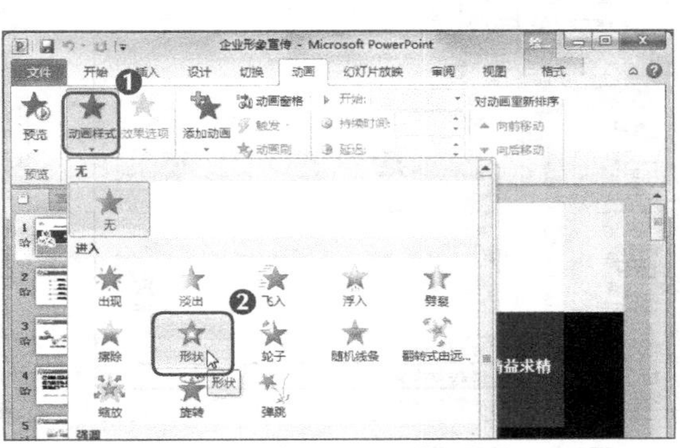

图6-3 添加“形状”动画

STEP 3 为幻灯片中的对象添加动画效果后，在添加动画效果的对象旁会出现数字标识，代表添加动画的先后顺序，也代表播放动画的顺序。

STEP 4 选择第2张幻灯片，选择“目录”文本框，在“高级动画”组中单击“添加动画”按钮，在打开的下拉列表中选择“更多进入效果”选项，如图6-4所示。

STEP 5 打开“添加进入效果”对话框，在“基本型”栏中选择“轮子”选项，单击 确定 按钮即可添加效果，如图6-5所示。

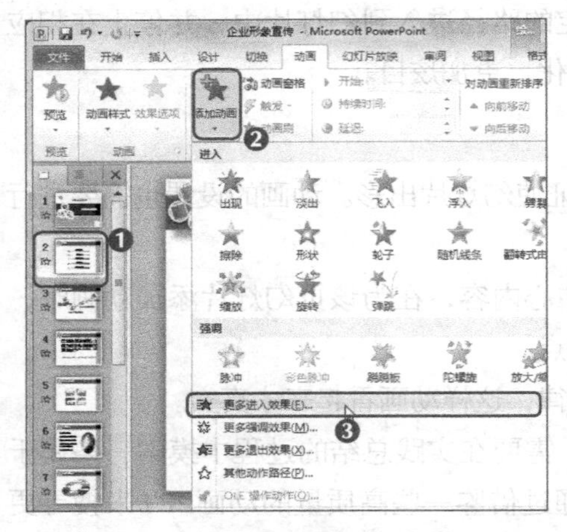

图6-4 选择“更多进入效果”选项

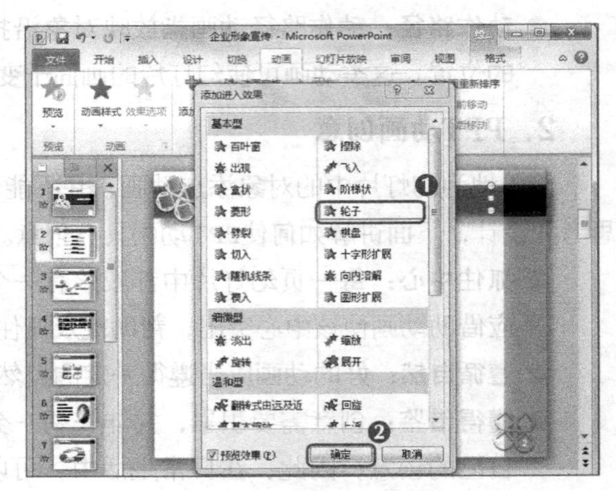

图6-5 添加“轮子”动画

为对象添加效果时，系统将自动在幻灯片编辑窗口中对设置了动画效果的对象进行放映，从而方便用户预览并决定是否选择该动画效果。

STEP 6 保持“目录”文本框的选择状态，在【动画】/【高级动画】组中单击“添加动画”按钮，在打开的列表中选择“更多强调效果”选项，如图6-6所示。

STEP 7 打开“添加强调效果”对话框，在“华丽型”栏中选择“波浪形”选项，单击 确定 按钮即可添加强调效果，如图6-7所示。

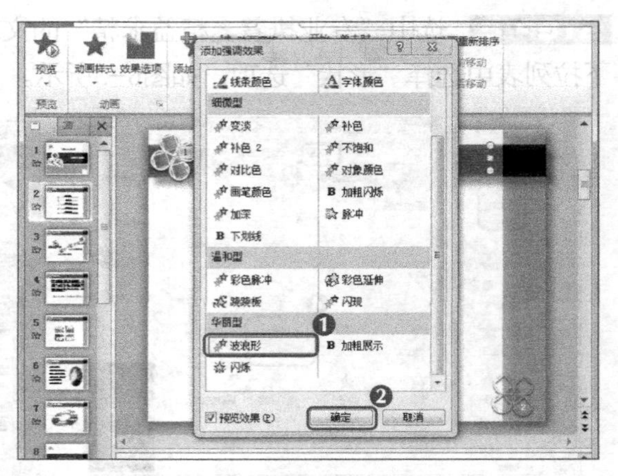

图6-7 添加“波浪形”动画

图6-6 选择“更多强调效果”选项

选择动画效果后，系统将自动把经常使用的动画效果置于“添加动画”列表的“进入”栏下，以供用户快速选择。

STEP 8 按【Shift】键同时选中第2张幻灯片中的列表内容，单击“高级动画”组中的★按钮，在打开的下拉列表中选择“更多退出效果”选项，如图6-8所示。

STEP 9 打开“添加退出效果”对话框，在“基本型”栏中选择“向外溶解”选项，单击 确定 按钮即可添加退出效果，如图6-9所示。

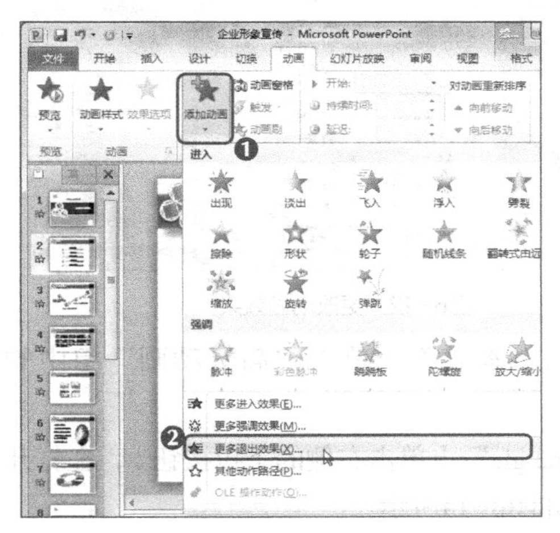

图6-8 选择“更多退出效果”选项

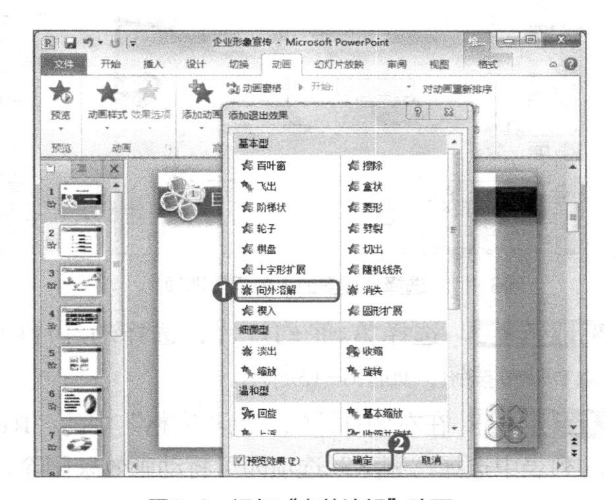

图6-9 添加“向外溶解”动画

STEP 10 设置了多种动画效果的对象，设置效果的编号将并行排列，同时设置的动画效果其编号一致，如图6-10所示，出现红色和绿色三角形表明添加了强调动画。

图6-10 添加了动画效果的编号

2．编辑动画效果

为对象添加动画效果后，还可以对已经添加的动画效果进行编辑调整，使这些动画效果在播放的时候更具条理性，动画效果的编辑主要包括更改动画类别、删除动画、修改动画播放效果等，其具体操作如下。（**微课**：光盘\微课视频\项目六\编辑动画效果.swf）

STEP 1 选择第3张幻灯片，选择“企业发展史”文本框，在“动画”组中单击“动画样式”按钮★，在打开的列表中选择“更多进入效果”选项，如图6-11所示。

STEP 2 打开“更多进入效果”对话框，选择“温和型”栏中的“翻转式由远及近”选项，单击 确定 按钮，即可更改进入效果，如图6-12所示。

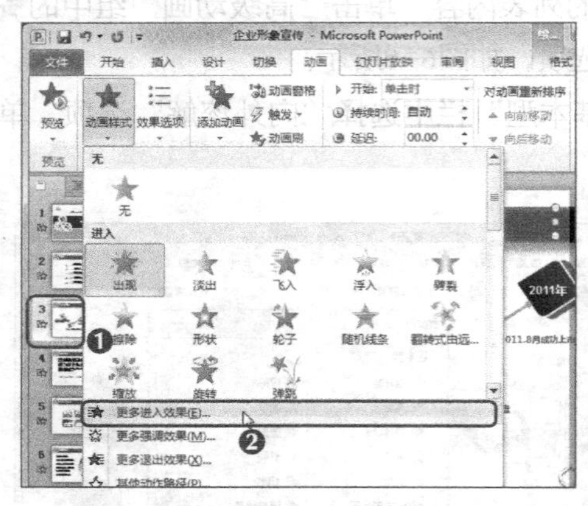

图6-11 选择“更多进入效果”选项

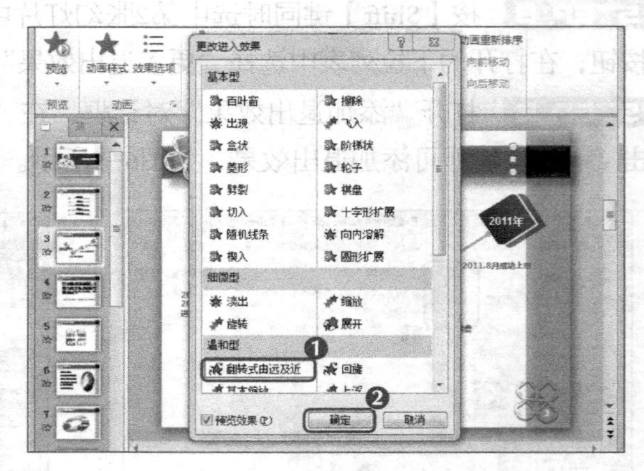

图6-12 更改动画效果

STEP 3 选择第4张幻灯片，选择幻灯片中的文本对象，单击“高级动画”组中的 动画窗格 按钮，如图6-13所示。

STEP 4 在右侧打开的“动画窗格”中的“Rectangle”上单击右侧的下拉按钮，在打开的列表中选择“删除”选项即可将动画效果删除，如图6-14所示。

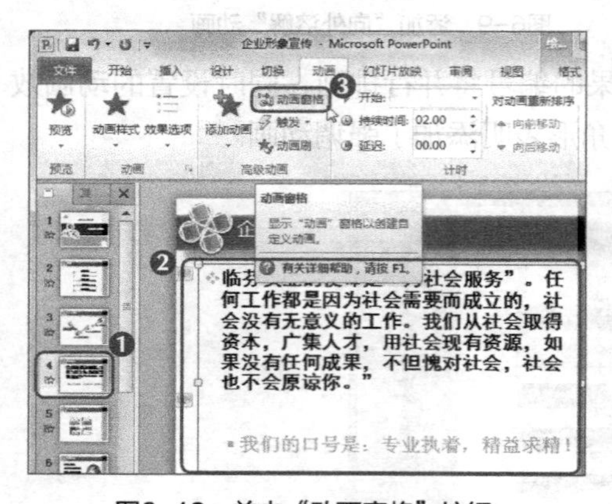

图6-13 单击“动画窗格”按钮

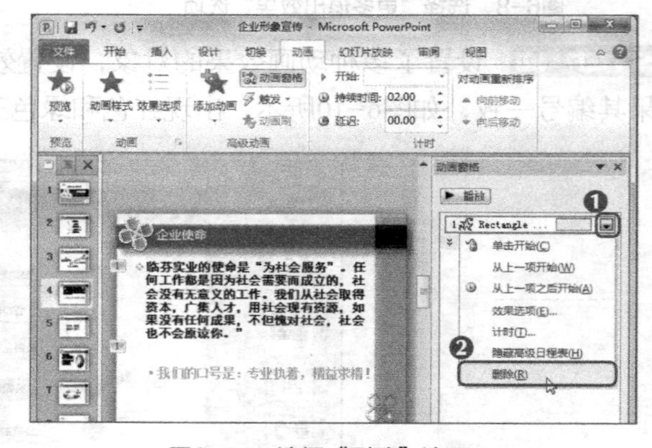

图6-14 选择“删除”选项

STEP 5 选择第2张幻灯片，在“动画窗格”中的“Group 46”上单击右侧的下拉按钮，在打开的列表中选择“计时”选项，如图6-15所示。

STEP 6 打开“向外溶解”对话框，在“计时”选项卡中的“延迟”数值框中输入“0.5”，单击 确定 按钮，如图6-16所示。

STEP 7 在“Group 46”下的“Group 51”选项上单击右侧的下拉按钮，在打开的列表中选择“计时”选项，如图6-17所示。

STEP 8 打开“向外溶解”对话框，在“计时”选项卡中的“延迟”数值框中输入

"1"，单击[确定]按钮，如图6-18所示。

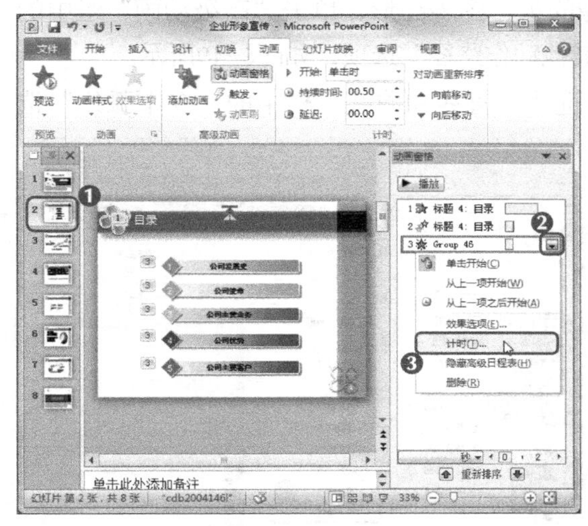

图6-15　选择"计时"命令

图6-16　将播放时间延迟0.5秒

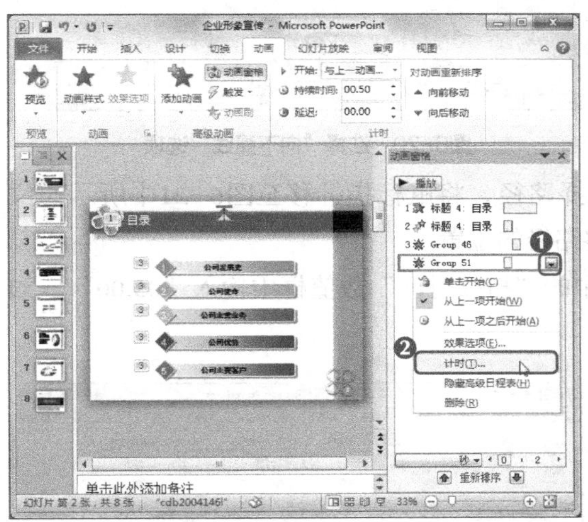

图6-17　选择"计时"选项

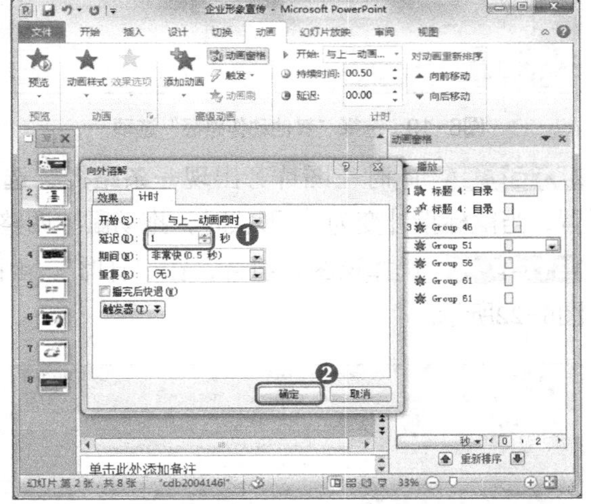

图6-18　将播放时间延迟1秒

STEP 9　使用同样的方法设置"Group 46"下剩余3个内容的延迟时间，分别为1.5秒、2秒、2.5秒，完成动画的编辑操作。

知识提示

对动画效果设置延迟时间是指相对上一动画效果的延迟，比如步骤2和步骤3对动画窗格中的第3个选项中的第1个动画设置延迟了0.5秒，那么在1~2项动画效果播放完毕后，第3项中的第1个动画效果将会延迟0.5秒再播放。

3．添加动作路径

添加动作路径是指为对象添加一条路径使该对象沿着这条路径运动，这属于较高级的PowerPoint动画，能使幻灯片的播放产生千变万化的效果，但同时对制作者的要求也相对较

高，其具体操作如下。（微课：光盘\微课视频\项目六\添加动作路径.swf）

STEP 1 选择第5张幻灯片，选择幻灯片旁的组合图表图形，单击“高级动画”组中的“添加动画”按钮，在打开的列表中选择“其他动作路径”选项，如图6-19所示。

STEP 2 打开“添加动作路径”对话框，选择“直线和曲线”栏中的“向下弧线”选项，单击 确定 按钮，如图6-20所示。

图6-19 选择“其他动作路径”选项

图6-20 选择“向下弧线”选项

STEP 3 此时在图片旁出现一条路径，选择路径，将鼠标指针移至图6-21中所示的位置，当鼠标指针变为⇔形状时，拖动鼠标调整路径的位置。

STEP 4 选择该图表组合，在“计时”组中的“持续时间”数值框中输入“05.00”，如图6-22所示。

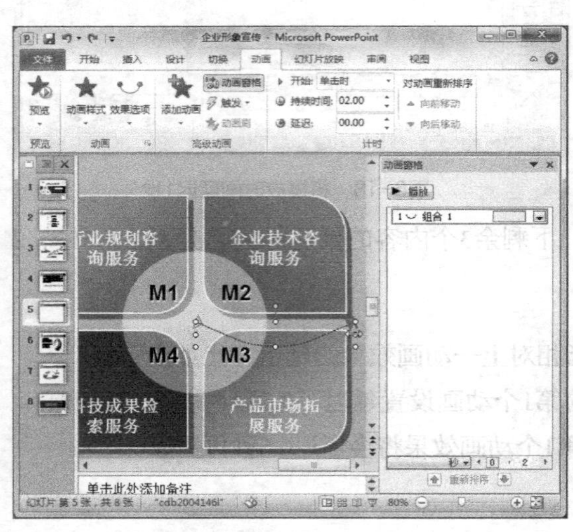

图6-21 调整路径位置

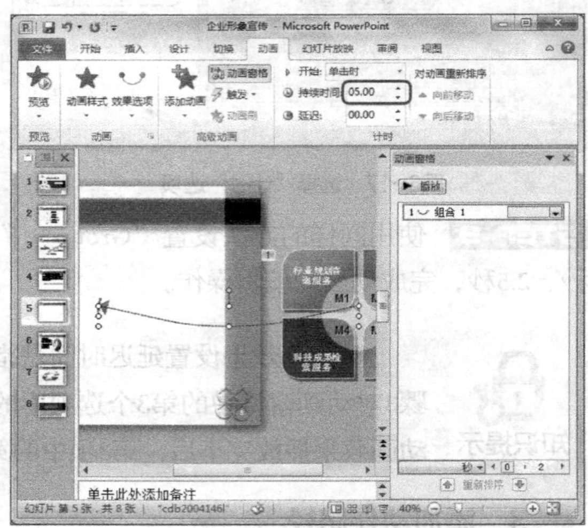

图6-22 设置动画持续时间

STEP 5 将鼠标指针移至路径中间的控制点上，当鼠标指针变为形状时，按住鼠标左键不放并拖曳，调整路径弧度，如图6-23所示。

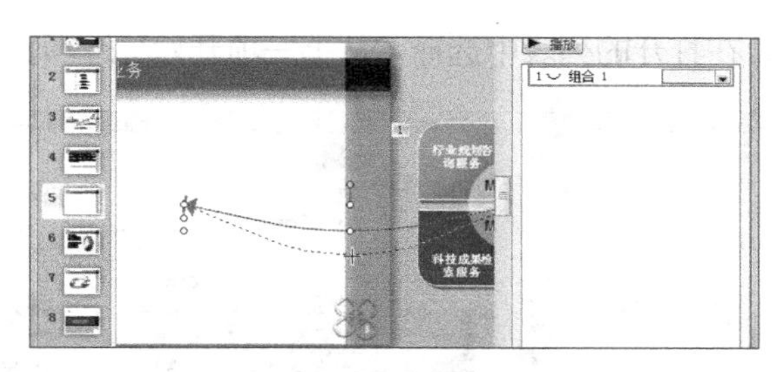

图6-23 调整动画路径弧度

4．设置组合动画

动画需要整个画面中的元素相互衬托，单一的动画有时会使整个画面显得有些单调。一般来讲，动画组合变化多样，可随意组合，其具体操作如下。（微课：光盘\微课视频\项目六\设置组合动画.swf）

STEP 1 关闭动画窗格，选择第3张幻灯片，选择幻灯片中标有“2000年”的图形，如图6-24所示。

STEP 2 单击“高级动画”组中的“添加动画”按钮，在打开的列表中选择“进入”栏中的“浮入”选项，如图6-25所示。

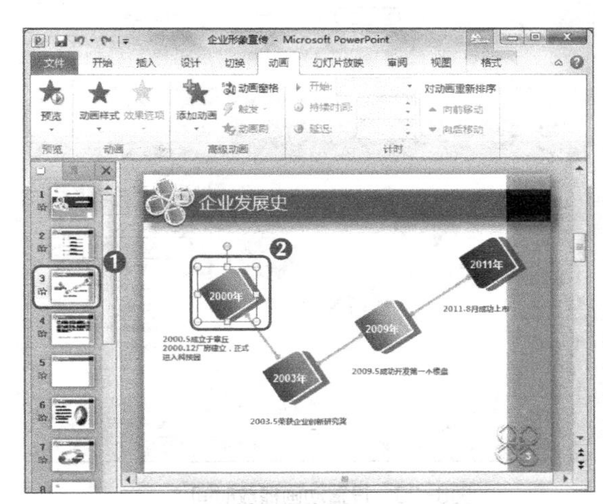

图6-24 选择图形对象

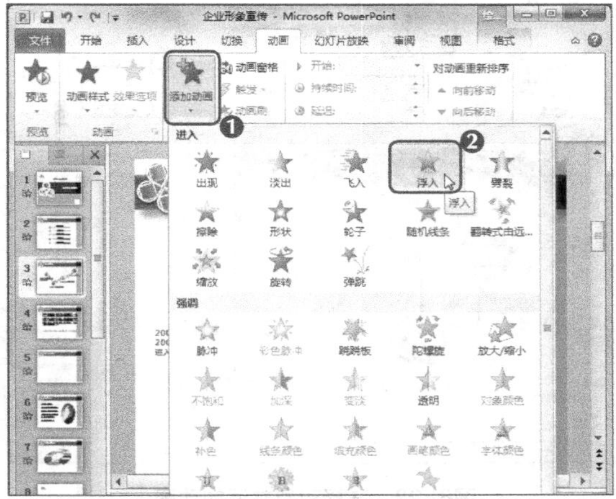

图6-25 添加“浮入”动画

STEP 3 选择其左下侧的文字，单击“高级动画”组中的“添加动画”按钮，在打开的下拉列表中选择“更多进入效果”选择，如图6-26所示。

STEP 4 打开“添加进入效果”对话框，选择“基本型”栏下的“向内溶解”选项，单击 确定 按钮，如图6-27所示。

STEP 5 选择其下方的线条，在“高级动画”组中单击“添加动画”按钮，在打开的列表中选择“进入”栏中的“劈裂”选项，如图6-28所示。

STEP 6 单击第一个图形前的 2 按钮，在“计时”组的“持续时间”数值框中输入“03.00”。

STEP 7 在“高级动画”窗格中单击 动画窗格 按钮，在打开的“动画窗格”中单击第4个选项右侧的下拉按钮▾，在打开的列表中选择“从上一项开始”选项，如图6-29所示。

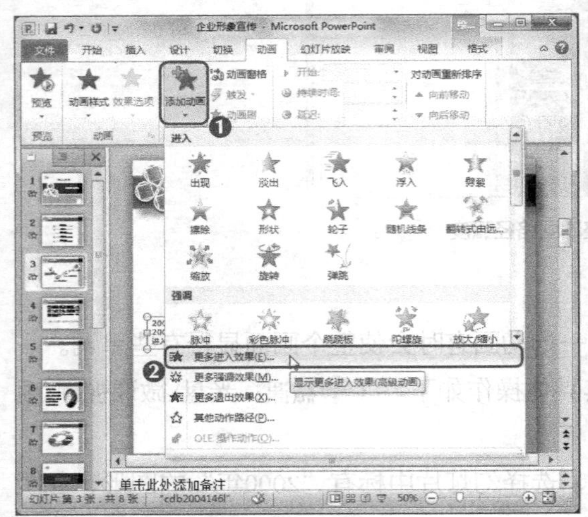

图6-26 选择“更多进入效果”选项

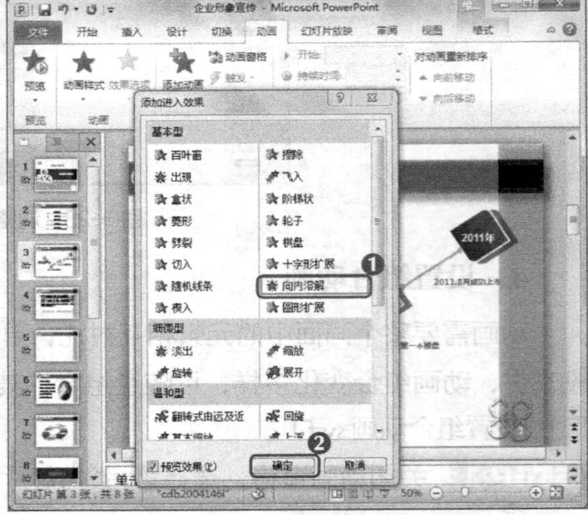

图6-27 添加“向内溶解”动画

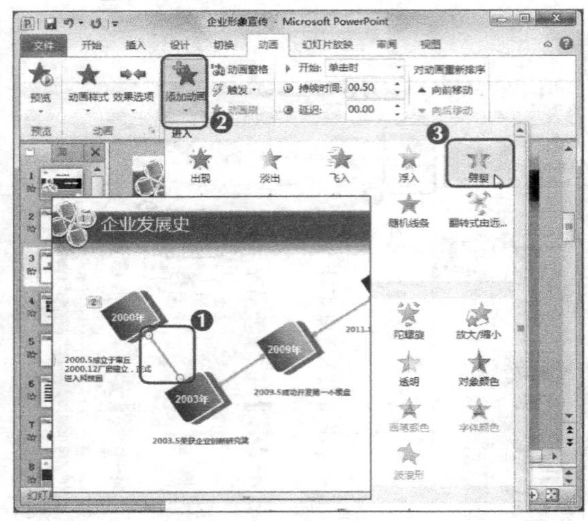

图6-28 选择对象并添加动画

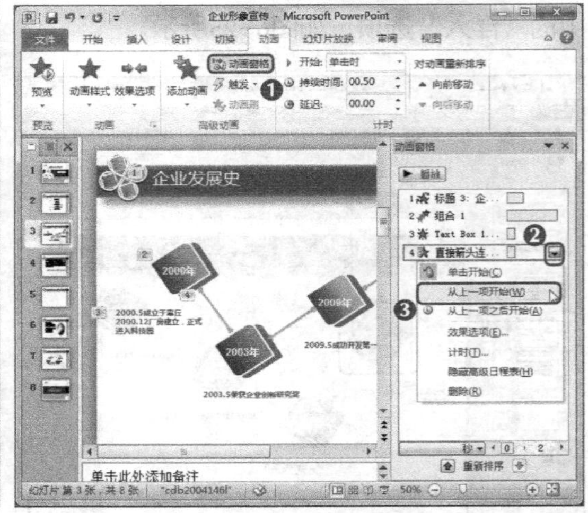

图6-29 设置动画播放时间

在动画窗格中选择“从上一项开始”选项与在“计时”组中的“开始”下拉列表中选择“与上一动画同时”选项效果一致。设置同时播放的动画效果其编号将重复。

STEP 8 单击“动画”组中的“效果选项”按钮，在打开的列表中选择“中央向上下展开”选项，如图6-30所示。

STEP 9 按照同样的思路依次设置其他对象的动画效果，设置完成后如图6-31所示，其中图形均为“浮入”效果，文字均为“向内溶解”效果，过渡线均为“劈裂”效果，制作完成后放映预览动画效果即可。

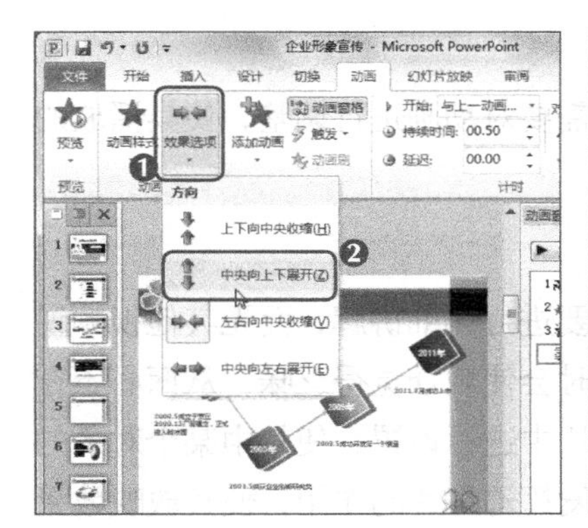

图6-30 设置动画效果

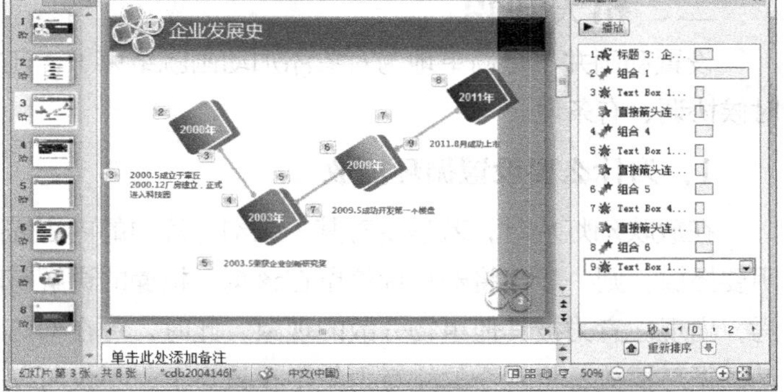

图6-31 设置其他对象的动画

任务二 制作“产品宣传画册”演示文稿

产品宣传是企业自主投资制作，主观介绍自有企业主营产品的专题对象，其宣传平台多种多样，可为广播、电视、报纸、网络等，主要展现产品主要功能、设计理念、操作便捷性等方面。产品宣传画册主要以画册为宣传平台，分发给目标群体，使其了解产品的相关属性，同时便于传阅。

一、任务目标

西部的糖酒会召开在即，公司要携带新产品参与此次盛会，因此让小白在两个星期内制作出相关产品的宣传画册。老张告诉小白，这个宣传画册同样可以用PowerPoint来进行制作，并且可制作动画，这样不仅可以打印，还可在展会现场放映，一举两得。本任务完成后的最终效果如图6-32所示。

素材所在位置 光盘:\素材文件\项目六\产品宣传画册.pptx
效果所在位置 光盘:\效果文件\项目六\产品宣传画册.pptx

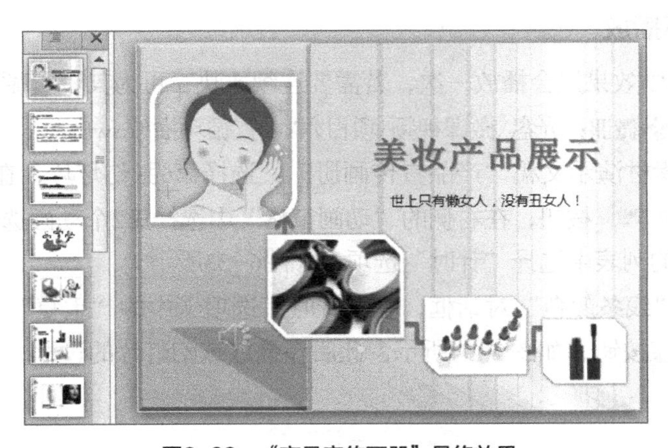

图6-32 “产品宣传画册”最终效果

二、相关知识

设置动画并不是简单地为对象添加动画就结束了，还需要对动画进行调整，使其播放的时候协调、有条理。

1．为什么要设置循环播放

在放映幻灯片时，若需要对某一张幻灯片中的内容需要进行详细讲解，而无其他视频说明要播放，则一般会将幻灯片停留在该页。枯燥的讲解有时会使观众觉得乏味，从而心不在焉，出现注意力被其他事物分散的现象，此时，可在幻灯片中进行设置，使其中某个对象的动画循环播放，将观众的注意力集中在该点上，不仅可以发挥幻灯片的作用，使其放映效果更佳，还可让观众专心倾听演讲者的演讲。

2．动画的制作特点

在制作动画的过程中，掌握一些制作特点，可帮助用户更好地把握幻灯片动画的制作，从而制作出专业的PPT。下面介绍PPT动画的制作特点。

- **生动**：PPT动画不是简单地让画面动起来，而是需要通过这些运动的对象，吸引观众注意，将主要内容和信息传递给观众。
- **自然**：在制作PPT动画时，需要遵循一定的自然规律，使动画看起来真实，符合实际生活中的逻辑，因此在为幻灯片添加完动画后，需要反复播放修改，直至合适为止。
- **先后**：幻灯片中各对象的动画若同时播放，只会让画面显得杂乱不堪，因此，需要设置动画的先后播放顺序，使动画井井有条。
- **层次**：单一的动画有时候反而会扩大幻灯片的单调感，因此，在制作幻灯片中各内容的动画时，不妨添加一些层次在里面，丰富动画效果。
- **适当**：在幻灯片中制作的动画，并不是越多越好，要知道，画龙点睛比画蛇添足强过千万倍，因此在制作动画时，适当即可。

三、任务实施

1．设置循环播放

一般设置的动画效果只会播放一次，若需要连续放映，可为其设置循环播放的效果，其具体操作如下。（微课：光盘\微课视频\项目六\设置循环播放.swf）

STEP 1 打开素材演示文稿“产品宣传画册”，选择第6张幻灯片，在【动画】/【高级动画】组中单击“动画窗格”按钮，在右侧的“动画窗格”中选择第2个动画选项，单击右侧的下拉按钮，在打开的列表中选择“计时”选项，如图6-33所示。

STEP 2 打开“线条颜色”对话框，在“计时”选项卡中的“重复”下拉列表框中选择“3”，单击“确定”按钮，如图6-34所示，此后在播放该幻灯片的过程，该动画效果会重复3次。

图6-33 选择“计时”命令

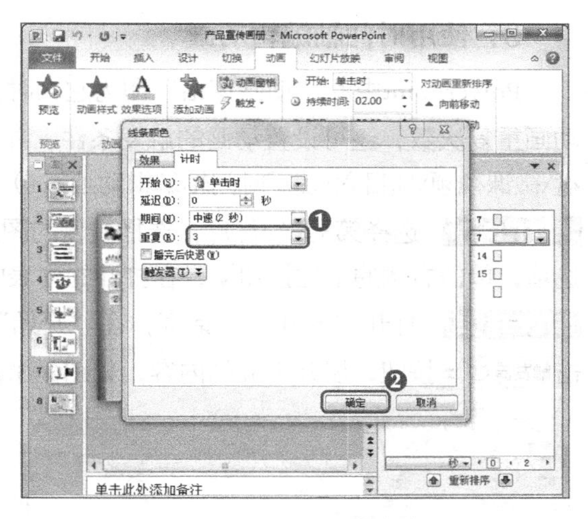
图6-34 设置重复次数

2．更改动画播放顺序

高质量的PowerPoint动画效果与动画的播放顺序息息相关，各个动画衔接是否合理是影响幻灯片动画效果的关键，在“动画窗格”的动画效果列表中各动画的排列顺序也是动画的播放顺序。在“动画窗格”中可更改动画的播放顺序，其具体操作如下。（**微课：**光盘\微课视频\项目六\更改动画播放顺序.swf）

STEP 1 选择第3张幻灯片，在右侧的“动画窗格”中选择第3个动画。

STEP 2 单击“动画窗格”下方“重新排序”栏中的按钮，将第3个动画的播放顺序上移一位，如图6-35所示。

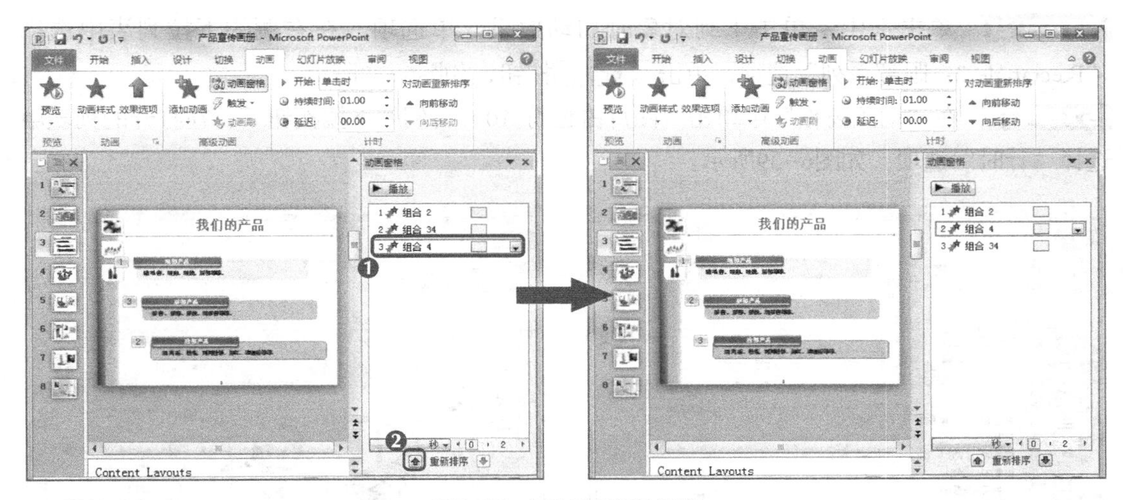
图6-35 更改动画播放顺序

知识提示

在“动画窗格”中选择要调整的动画选项，按住鼠标左键不放并拖曳，此时有一条黑色的横线随之移动，当横线移动到需要的目标位置后释放鼠标也可调整动画的播放顺序。

3. 使用时间轴编辑动画

PowerPoint中的“动画窗格”即为它的时间轴，在其中不仅可更改动画播放顺序，设置动画重复次数，还可设置动画的触发条件、并可复制动画，其具体操作如下。（微课：光盘\微课视频\项目六\使用时间轴编辑动画.swf）

STEP 1 选择第5张幻灯片，选择左侧的图片，在“动画窗格”中选择“图片占位符 9”选项，单击右侧的下拉按钮，在打开的列表中选择“计时”选项，如图6-36所示。

STEP 2 打开“展开”对话框，在“开始”下拉列表框中选择“单击时”选项，然后单击触发器(T)按钮，展开下面的内容，如图6-37所示。

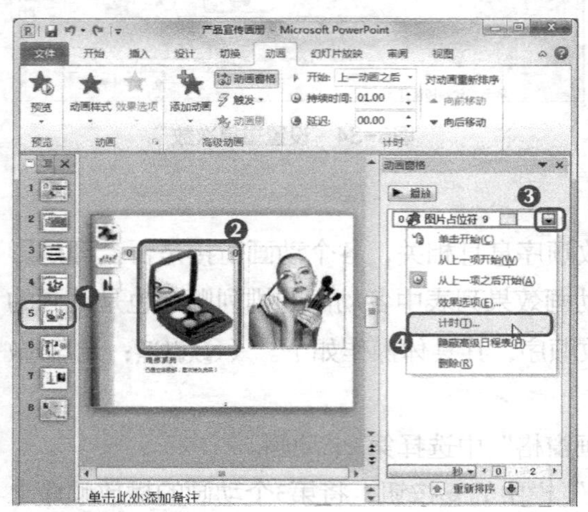

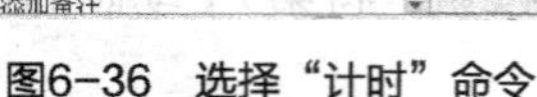

图6-36 选择“计时”命令

图6-37 选择“单击时”选项

STEP 3 单击选中“单击下列对象时启动效果”单选项，在右侧的下拉列表中选择“Rectangle 2：眼部系列”选项，单击确定按钮，如图6-38所示。

STEP 4 在“动画窗格”中单击“图片占位符 10”右侧的下拉按钮，在打开的列表中选择“计时”选项，如图6-39所示。

图6-38 选择触发器对象

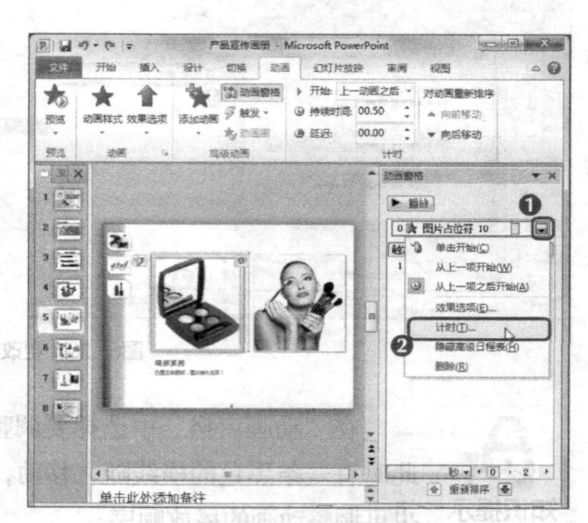

图6-39 选择“计时”选项

STEP 5 打开“擦除”对话框，在“开始”下拉列表框中选择“单击时”选项，单击触发器(T) 按钮，单击选中“单击下列对象时启动效果”单选项，在右侧的下拉列表中选择“图片占位符 9”选项，单击 确定 按钮，如图6-40所示。

STEP 6 完成触发动画的设置，在放映到该页幻灯片时，单击其中的“眼部系列”文本，即可播放“图片占位符 9”的动画，再单击“图片占位符 9”，即可播放“图片占位符 10”的动画。

STEP 7 再选择左侧的图片，在【动画】/【高级动画】组中单击 动画刷 按钮，如图6-41所示。

图6-40 设置“图片占位符 10”的触发器

图6-41 选择图片

STEP 8 选择第7张幻灯片，此时鼠标指针变为形状，在该幻灯片左侧的图片上单击，即可将第5张幻灯片中“图片占位符 9”的动画应用到该图片上，如图6-42所示。

STEP 9 使用同样的方法，将“图片占位符 10”中的动画应用到第7张幻灯片中右侧的图片上即可，如图6-43所示。

图6-42 复制动画

图6-43 动画复制结果

多学一招

在【动画】/【计时】组中同样可对动画的持续时间、延迟、动画的播放顺序等进行设置。

任务三 制作“招聘宣传”演示文稿

招聘宣传指企业在发展壮大的过程中，根据人力资源部门对各部门所需人才空缺的了解而制定的面向社会或学校的人才招聘。在正式招聘人才之前，需要对招聘进行宣传，告诉社会和学校，本公司的岗位需求和人才需求，避免条件不符的人前来应聘，造成大家时间和精力的浪费。

一、任务目标

公司人力资源部已经整合完毕各部门的招聘需求，现需要面向社会开始招聘，在招聘之前有一个星期的宣传期，老张将制作招聘宣传的任务交给了小白，让她根据人力资源部的招聘要求制作一个招聘宣传演示文稿。本任务完成后的最终效果如图6-44所示。

素材所在位置 光盘:\素材文件\项目六\招聘宣传.pptx
效果所在位置 光盘:\效果文件\项目六\招聘宣传.pptx

图6-44 “招聘宣传”最终效果

二、相关知识

在演示文稿中，除了可对幻灯片中的对象设置动画，还可对幻灯片间的切换效果设置动画，使幻灯片在切换的过程中，过渡效果自然流畅。

1. 幻灯片切换类型

幻灯片的切换类型主要有3种，即细微型、华丽型和动态内容型，各类型介绍如下。

- **细微型**：顾名思义，细微型即指过渡效果很细微，没有大幅炫目动画的幻灯片切换效果。在一些比较知性或不需要调动观众情绪的演讲中，可以使用该种幻灯片切换效果。
- **华丽型**：华丽型的幻灯片切换效果可帮助演讲者快速抓住观众眼球，在需要调动观众积极性时较常使用。
- **动态内容型**：该类型的幻灯片切换效果不仅可以为整个幻灯片设置切换效果，还可为其中的对象设置动画效果。

2. 切换声音和速度对幻灯片放映的影响

电影、电视、动画、音乐等多媒体在播放时，节奏有快有慢，有急有缓，能张弛有度地带领人们进入导演设置好的情境中，从而感染人们。在幻灯片中设置动画的切换声音和速度也会影响观众的观看情绪，杂乱无章的声音和不知何意的速度切换，只会让观众越发难以理解演讲者想表达的内容。

在设置动画的切换声音和速度时，应根据演讲者想要表达的内容，想要带动的情绪去制定，这些细节的东西很容易被忽略，但也最容易影响观众的情绪。

三、任务实施

1. 应用切换效果

PowerPoint 2010中提供了许多幻灯片切换预设方案，添加了页面切换的幻灯片会更加生动，其具体操作如下。（微课：光盘\微课视频\项目六\应用切换效果.swf）

STEP 1 打开“招聘宣传”素材演示文稿，选择第1张幻灯片，在【切换】/【切换到此幻灯片】组中单击“切换方案”按钮，在打开的列表中选择“细微型”栏下的“擦除”选项，如图6-45所示。

STEP 2 选择第2张幻灯片，在“切换到此幻灯片”组中单击“切换方案”按钮，在打开的列表中选择“华丽型”栏下的“涟漪”选项，如图6-46所示。

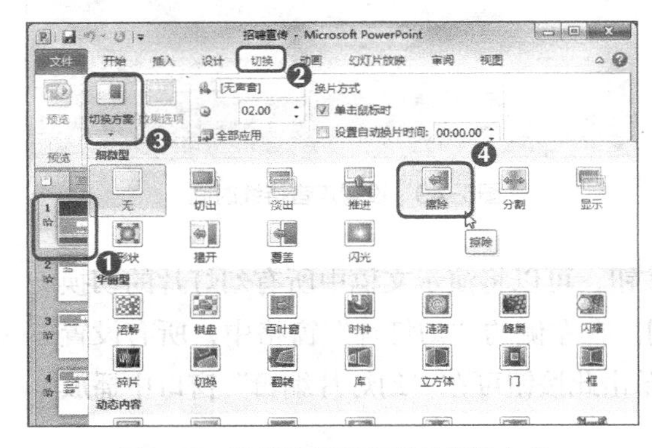

图6-45 设置第1张幻灯片的切换方式

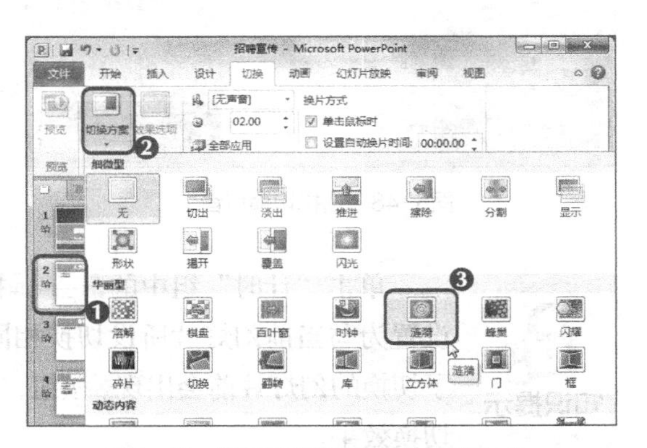

图6-46 设置第2张幻灯片的切换方式

STEP 3 按住【Shift】键不放，单击第3张幻灯片和第6张幻灯片，选中第3~6张幻灯片，在“切换到此幻灯片”组中单击“切换方案”按钮，在打开的列表中选择“细微型”栏下的“揭开”选项，如图6-47所示。

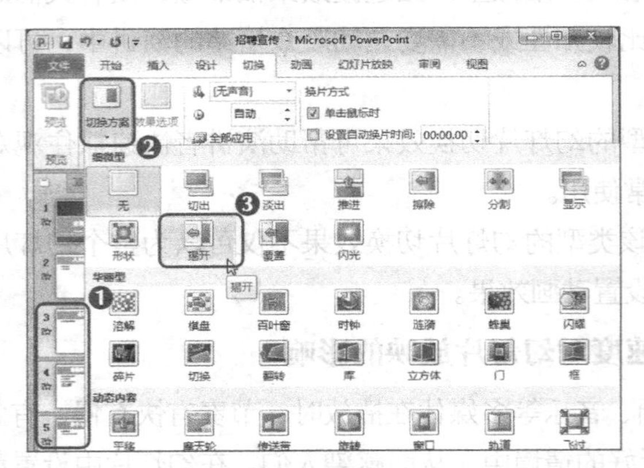

图6-47 设置其他幻灯片的切换方式

2. 编辑切换声音和速度

为幻灯片设置好切换效果之后，还可添加切换声音并设置切换时的速度，使其播放节奏张弛有度，其具体操作如下。

STEP 1 选择第1张幻灯片，在【切换】/【计时】组中单击“声音”下拉列表框右侧的按钮，在打开的下拉列表中选择“风铃”选项，如图6-48所示。

STEP 2 在“计时”组中的“持续时间”数值框中输入“02.00”，如图6-49所示。

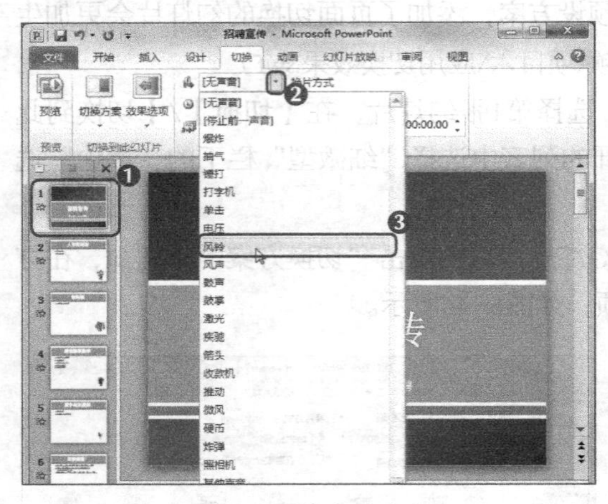

图6-48 选择切换声音

图6-49 设置声音持续时间

知识提示

单击“计时”组中的全部应用按钮，可以将演示文稿中所有幻灯片的切换设置为与当前幻灯片所设切换相同。在左侧的“幻灯片”窗格中，所有设置了切换的幻灯片前会出现按钮，单击此按钮可在“幻灯片编辑”窗口中播放切换效果。

3. 设置幻灯片切换方式

无论是对象的动画效果还是幻灯片的切换效果，系统的默认播放方式都是“单击鼠标”。用户还可根据需要设置幻灯片的换片时间，其具体操作如下。（微课：光盘\微课视频\项目六\设置幻灯片切换方式.swf）

STEP 1 选择第1张幻灯片，在【切换】/【计时】组中单击选中“设置自动换片时间”复选框。

STEP 2 在其右侧的时间数值框中，将自动换片时间设置为15秒，如图6-50所示，即可设置幻灯片的换片时间为15秒。

图6-50 设置自动换片时间

STEP 3 使用相同的方法设置其他幻灯片的自动换片时间为15秒。

多学一招

选中“单击鼠标时”复选框后，幻灯片的切换需要手动操作，即只有在单击鼠标、滑动滚轴、按键盘中的上下箭头或“PageUp”、“PageDown”键时，幻灯片才会切换到下一页，此选项为默认选项，一般不做修改。

同时选中“单击鼠标时”和“设置自动换片时间”复选框，系统将默认为自动切换，若单击鼠标则会强制性切换幻灯片；若两种幻灯片切换方式都未被选中，系统将默认切换方式为按键盘中的上下键或“PageUp”、“PageDown”键进行切换。

实训一 制作“节能灯宣传”演示文稿

【实训目标】

公司涉及的行业有很多，最近旗下的一个子公司研发出了一系列新款节能灯，并需要对其进行推广。考虑到小白做过产品宣传相关的工作，于是老张把该工作交给了小白，让她来跟进该产品的宣传工作，并制作相应的演示文稿，以便在例会中对股东展示该项目进程。

要完成本实训，需要熟练掌握PPT动画的添加、编辑等方法，以及幻灯片切换动画的添加和编辑等操作方法，本实训的最终效果如图6-51所示。

素材所在位置 光盘:\素材文件\项目六\节能灯宣传.pptx

效果所在位置 光盘:\效果文件\项目六\节能灯宣传.pptx

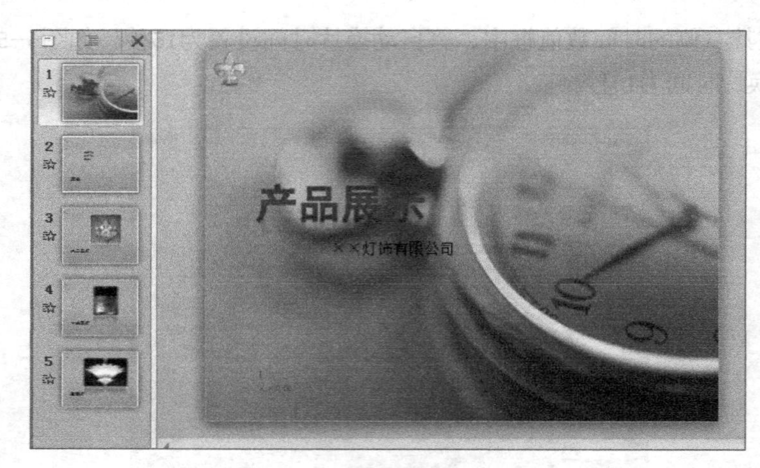

图6-51 “节能灯宣传”最终效果

【专业背景】

在对产品进行宣传之前，需要对产品进行准确的定位，包括企业定位、战略定位、市场定位等；然后通过整合营销进行推广，包括销售人员推动、广告效应拉动、促销活动呼应、公关事件互动等，具体通过平面、网络、电台、电视、报刊、杂志、楼宇电视、车载等媒介进行传播，对产品进行宣传。

【实训思路】

完成本实训需要先为演示文稿中的对象添加动画，然后对动画的时间和顺序等属性进行编辑，最后添加并编辑幻灯片的切换动画，其操作思路如图6-52所示。

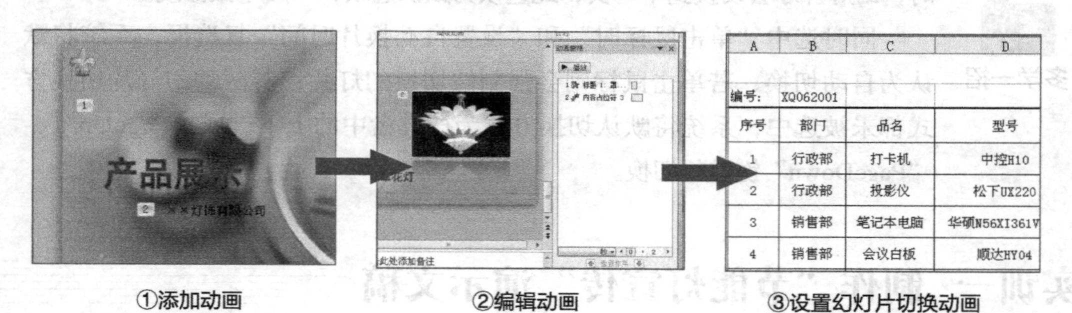

图6-52 制作“节能灯宣传”演示文稿的思路

【步骤提示】

STEP 1 打开素材文件“节能灯宣传”演示文稿，在第1张幻灯片中为标题设置“飞入”

动画，为副标题设置“浮入”动画。

STEP 2 为第2张幻灯片中的标题设置“飞入”动画，为项目列表设置“浮入”动画。

STEP 3 为第3和4张幻灯片中的标题设置“擦除”动画，为图片设置“浮入”动画。

STEP 4 选择第5张幻灯片，打开“动画窗格”，更改两个动画的顺序。

STEP 5 设置第1张幻灯片的切换动画为“推进”，其余幻灯片的切换动画为“分割”。

实训二 制作“校招宣传”演示文稿

【实训目标】

根据集团的社会承诺，集团每年会面向大学招聘一批优秀的新生力量进入公司，为公司注入活力，同时缓解社会就业压力。一年一度的校招要开始了，老张让小白这周内做一个校招宣传的演示文稿出来，要求能吸引优秀人才。

要完成本实训，需要熟练掌握动画的添加和编辑、“动画窗格”的应用及幻灯片动画的设置和编辑等操作，本实训的最终效果如图6-53所示。

素材所在位置 **光盘:\素材文件\项目六\校招宣传.pptx**
效果所在位置 **光盘:\效果文件\项目六\校招宣传.pptx**

图6-53 “校招宣传”最终效果

【专业背景】

校园招聘是一种特殊的外部招聘途径，指企业直接从学校招聘各类各层次应届毕业生。校园招聘包括高校、中等专业学校举办的招聘活动，专业人才招聘机构、人才交流机构或政府举办的毕业生招聘活动，招聘组织举办应届毕业生招聘活动，企业委托高校或中等专业学校培养，邀请学生到企业实习并选拔留用等。校园招聘是企业招收新生血液的一个有效途径，也是学生直接就业的最好方向，可以给双方提供一个互利互赢的结果。

【实训思路】

完成本实训需要先创建表格的基本框架，然后设置文本格式并添加表格边框，最后再在

表格中输入完整的需求统计，其操作思路如图6-54所示。

①添加动画　　②编辑动画　　③设置幻灯片切换效果

图6-54　制作“校招宣传”演示文稿的思路

【步骤提示】

STEP 1　打开素材演示文稿“校招宣传”，选择第1张幻灯片，为标题添加动画“淡出”，为副标题添加动画“浮入”。

STEP 2　选择第2张幻灯片，为标题设置动画“淡出”，为文本内容设置动画“擦除”，为右下角的小图设置动画“形状”。

STEP 3　为第3~第6张幻灯片中的内容设置与第2张幻灯片中内容相同的动画效果。

STEP 4　选择第2张幻灯片右下角的图形，打开“动画窗格”，选择“计时”命令，打开“圆形扩展”对话框，在“计时”选项卡的“重复”下拉列表框中选择“直到下一次单击”选项。

STEP 5　使用同样的方法为其他幻灯片中的图形设置同样的重复属性。

STEP 6　在“切换”选项卡中，为第1张幻灯片设置“闪光”切换方案，为第2~第6张幻灯片设置“蜂巢”切换方案。最后保存演示文稿即可。

常见疑难解析

问：如何将已添加的动画效果更改为其他效果？

答：若对添加的动画效果不满意，可在幻灯片中直接选中该动画效果的编号，或者在“动画窗格”的动画效果列表中选择该动画效果，然后在【动画】/【动画】组中单击“动画样式”按钮★，在打开的列表中重新选择一种动画效果即可。

问：除了文中介绍的设置触发器设置外，还有其他触发设置方法吗？

答：有，只要包含在幻灯片中的动画效果，皆可为其设置触发器。除了文中介绍的方法，还可直接在“高级动画”组中进行设置，其具体设置方法为选中设置了动画效果，需要添加触发器的对象，在【动画】/【高级动画】组中单击“触发”按钮，在打开的列表中选择“单击”选项，在其打开的子列表中选择触发器即可，如图6-55所示。

问：如何删除应用的幻灯片切换效果？

答：若要删除已为幻灯片设置的切换效果，首先应选择需要删除切换效果的幻灯片，然后在【切换】/【切换到此张幻灯片】组中单击“切换方案”按钮，在打开的列表中选择

"无"选项，如图6-56所示，即可删除应用的动画切换效果。

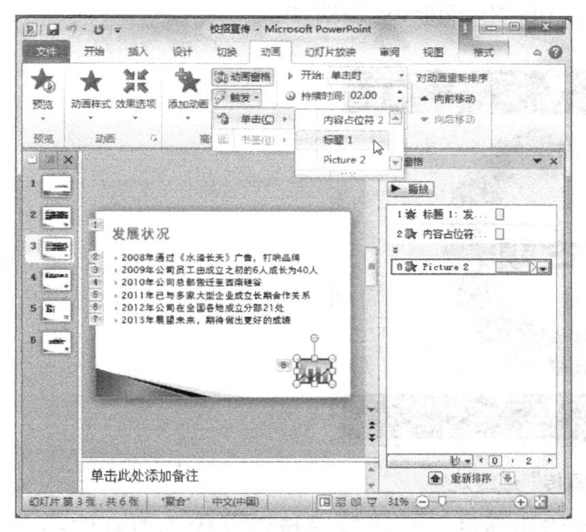

图6-55　在"高级动画"组中设置触发器

图6-56　删除应用的幻灯片切换效果

拓展知识

1. 设置自动换片时间

在【切换】/【计时】组中可设置自动切换时间，此选项主要设置当前幻灯片在播放时停留的时间，单位是"秒"。如设置自动换片的时间为"10"秒，则自当前幻灯片播放到结束的放映时间一共是10秒。但在播放的过程中可能会遇到幻灯片中自定义动画的播放总时间比幻灯片自动换片的时间长，此时，当前播放的幻灯片会等到所有动画播放完毕后立即切换到下一页幻灯片中；若幻灯片中自定义动画的播放总时间比幻灯片自动换片的时间短，那么在自定义动画播放结束后，演示文稿将继续停留在此页幻灯片上直至10秒的时间，然后才进行切换。

2. 自定义动画路径

PowerPoint 2010提供了多种动画路径，并且都可对这些动画路径进行编辑，若编辑后的动画路径仍旧不能满足放映需求，用户还可自定义动画路径。其具体操作为，选择需要设置自定义动画路径的对象，在【动画】/【动画】组中单击"动画样式"按钮★，在打开的列表中选择"路径"栏中的"自定义路径"选项，此时鼠标指针变为＋形状，在选择的对象上单击并拖曳鼠标绘制动画路径，完成后双击鼠标即可。

课后练习

素材所在位置　**光盘:\素材文件\项目六\古镇宣传.pptx、年会宣传.pptx**

效果所在位置　**光盘:\效果文件\项目六\古镇宣传.pptx、年会宣传.pptx**

（1）某集团最近打算进军旅游行业，现以几个古镇作为试点，让小白制作古镇的宣传PPT，要求具有古风特色，比较唯美，制作完成后的效果如图6-57所示。

图6-57 “古镇宣传”最终效果

（2）公司准备在星期五举行年会。为了宣传该活动，公司领导特意交代小白制作一个动画ppt，以便在公司大厅的屏幕上播放，具体效果如图6-58所示。

图6-58 “年会宣传”最终效果

PART 7

项目七
人力资源管理

情景导入

小白已经基本熟悉了公司的整个组织框架，并能与各个部门的人友好相处，为了提升小白的管理能力，老张将小白调到了人力资源管理部门，让她学习一段时间。

知识技能目标

- 熟练掌握创建超链接、创建动作按钮和编辑超链接的操作方法。
- 熟练掌握插入和编辑声音的操作方法。
- 熟练掌握插入和编辑视频的操作方法。

- 了解人力资源管理的相关知识，并学习如何招聘对口人才。
- 掌握“招聘需求和分析”、“招聘程序”、“员工培训流程”等演示文稿的制作方法。

课堂案例展示

“招聘需求和分析”演示文稿最终效果

“员工培训流程”演示文稿最终效果

任务一　制作“招聘需求和分析”演示文稿

招聘需求和分析是指企业在招聘员工时，根据所需要的人才类型进行综合分析，从而决定招收具有某一特殊技能的人才。招聘需求和分析是一项系统而专业的工作，已成为人力资源管理的热点，其相应的配套服务机构，如猎头公司、招聘网站、人才测评公司等也应运而生，其核心在于为企业提供人才信息渠道，招聘符合企业需求的人才。

一、任务目标

企业最近注资了一家新型公司，以便企业拓展新型业务，在此基础上，需要扩招一批有经验懂运营的人才，因此老张让小白根据新注资公司的相关情况，制定一份招聘需求，并在例会上以演示文稿的形式进行讲解。本任务完成后的最终效果如图7-1所示。

素材所在位置　光盘:\素材文件\项目七\招聘需求和分析.pptx、公司简介.pptx、“电子相册”文件夹

效果所在位置　光盘:\效果文件\项目七\招聘需求和分析.pptx

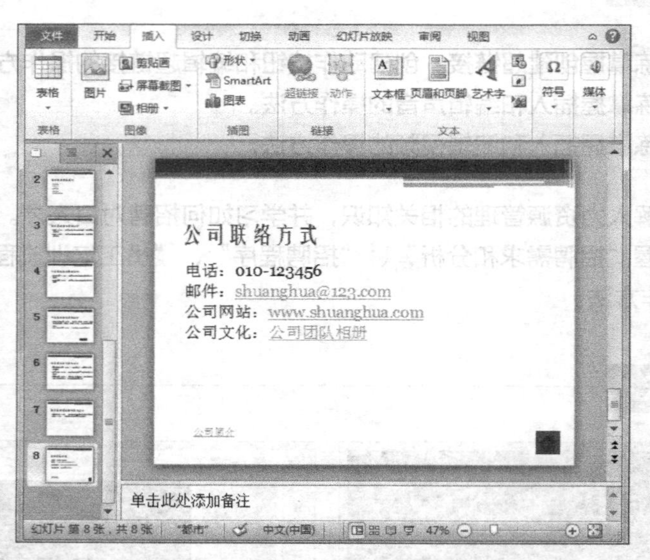

图7-1　“招聘需求和分析”最终效果

二、相关知识

本任务主要讲解与超链接相关的知识，在演示文稿中不仅可放置一些文字或图片内容，还可添加超链接，方便演讲者在演讲的过程中进行拓展说明。

1. 什么是超链接

超链接伴随着计算机的发展而来，是指从一个网页指向一个目标的连接关系，这个目标可以是另一个网页，也可以是相同网页上的不同位置，还可以是一个图片、一个电子邮件地址、一个文件，甚至是一个应用程序。在演示文稿中使用超链接，一般是将幻灯片的播放页面跳转到链接指定的位置。

2．超链接的应用

要创建超链接，就必须有作为链接的对象，在演示文稿中可以将文本、图片创建为超链接，使演讲者在单击这些对象时可跳转到指定位置，也可通过绘制动作按钮创建超链接，使演讲者通过单击动作按钮进行跳转。

在演示文稿中，超链接经常被用于目录页中，从而方便跳转。将超链接应用于目录页中的各目录文本上，可使演讲者在演讲的过程中轻松跳转到相应的幻灯片中。

三、任务实施

1．创建超链接

在幻灯片中可以为文本或图片等对象创建超链接，创建链接后在放映幻灯片时便可单击该链接，将页面跳转到链接所指向的位置，其具体操作如下。（**微课**：光盘\微课视频\项目七\创建超链接.swf）

STEP 1 打开“招聘需求和分析”素材演示文稿，选择第2张幻灯片，选择“财核部”文本，在【插入】/【链接】组中单击“超链接”按钮，如图7-2所示。

STEP 2 打开“插入超链接”对话框，在左侧的“链接到”面板中单击“本文档中的位置”选项卡，在“请选择文档中的位置”列表框中选择“3.财核部招聘需求和分析”选项，在右侧的“幻灯片预览”窗口中将显示所选幻灯片的缩略图，确认无误后单击 确定 按钮，如图7-3所示。

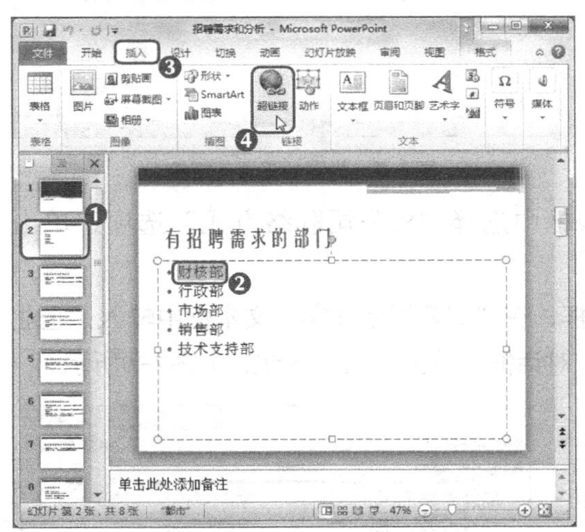

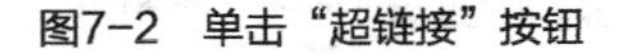
图7-2 单击“超链接”按钮

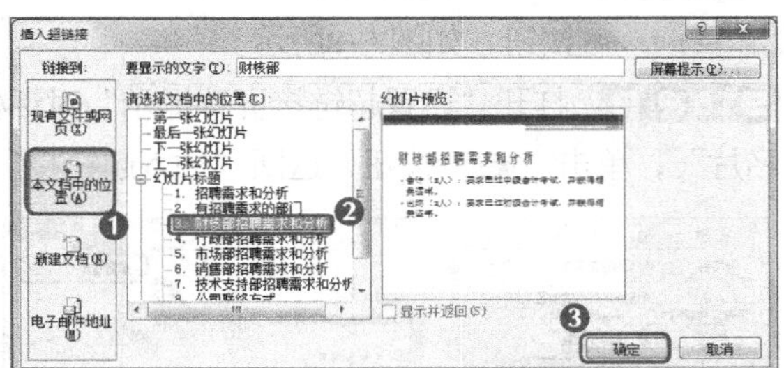

图7-3 选择要链接的幻灯片

STEP 3 选择“行政部”文本，在“链接”组中单击“超链接”按钮，在打开的“插入超链接”对话框中的“请选择文档中的位置”列表框中选择“4.行政部招聘需求和分析”选项，然后单击 屏幕提示(P)... 按钮，如图7-4所示。

STEP 4 打开“设置超链接屏幕提示”对话框，在“屏幕提示文字”文本框中输入“行政部招聘需求和分析”，单击 确定 按钮，返回“插入超链接”对话框，单击 确定 按钮退出对话框，如图7-5所示。

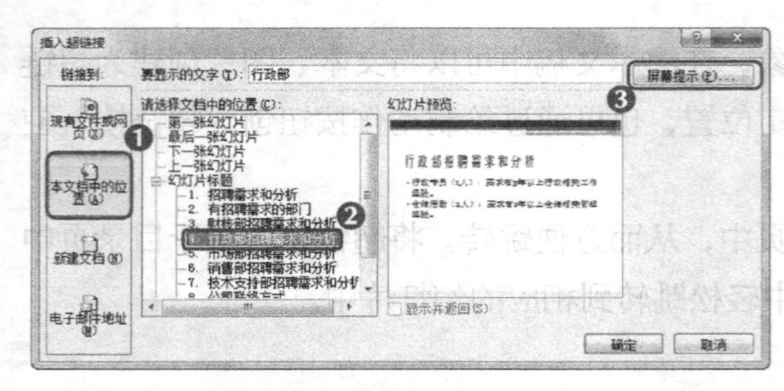

图7-4 单击“屏幕提示”按钮

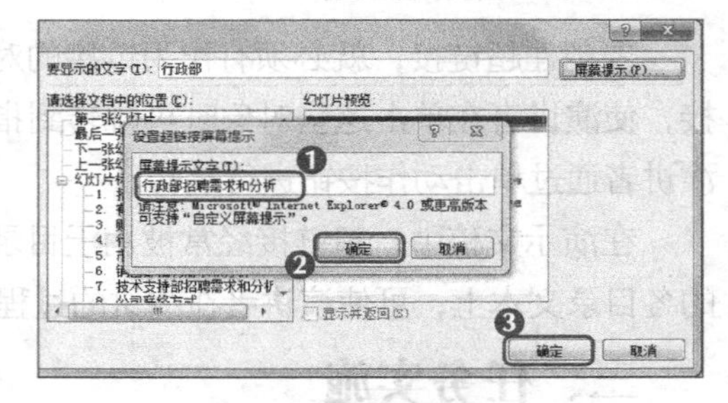

图7-5 设置提示文本

STEP 5 使用相同的方法将“市场部”、“销售部”、“技术支持部”的文本链接到相应的幻灯片中，如图7-6所示。

STEP 6 选择第1张幻灯片，选择右下角的图片，单击“超链接”按钮，如图7-7所示。

图7-6 为其他文本设置超链接

图7-7 为图片设置超链接

STEP 7 在“请选择文档中的位置”列表框中选择“8.公司联络方式”选项，单击 屏幕提示(P)... 按钮，如图7-8所示。

STEP 8 打开“设置超链接屏幕提示”对话框，在“屏幕提示文字”文本框中输入“企业名片”，单击 确定 按钮，返回“插入超链接”对话框，单击 确定 按钮，如图7-9所示。

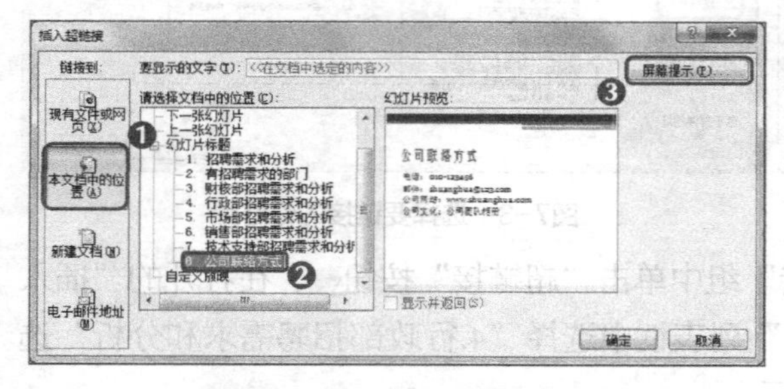

图7-8 选择要链接的幻灯片

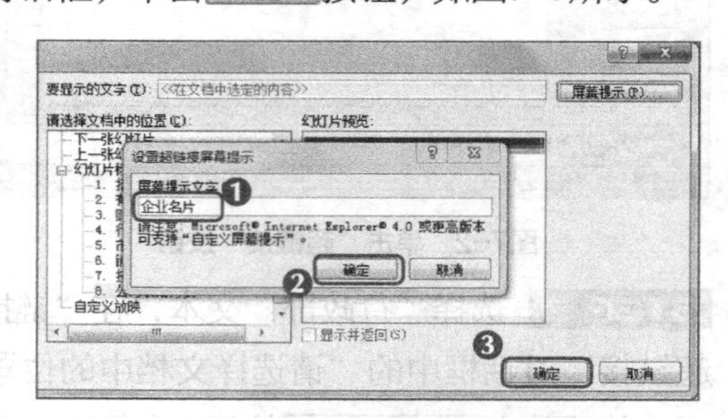

图7-9 设置图片的屏幕提示

2．通过动作按钮创建超链接

在PowerPoint中还可以通过创建动作按钮设置超链接，即在幻灯片中创建一个动作按钮，并为其添加超链接，在单击鼠标或鼠标指针移过时就可以转换到链接指向的位置，其具体操作如下。（微课：光盘\微课视频\项目七\通过多种按钮创建超链接.swf）

STEP 1 选择第8张幻灯片，在【插入】/【插图】组中单击形状按钮，在打开的列表中选择“动作按钮”栏下的“动作按钮：第一张”，如图7-10所示。

STEP 2 此时鼠标指针将变为+形状，将其移至幻灯片右下角，按住鼠标左键不放并向右下角拖曳绘制动作按钮，如图7-11所示。

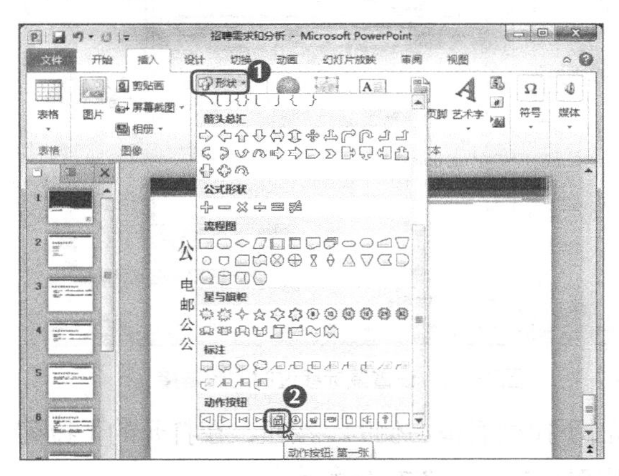

图7-10 选择动作按钮

图7-11 绘制动作按钮

STEP 3 绘制完成后自动打开“动作设置”对话框，在“单击鼠标”选项卡中单击“超链接到”下拉列表框右侧的按钮，在打开的列表中选择“结束放映”选项，单击确定按钮退出对话框，如图7-12所示。

STEP 4 选择第5张幻灯片，在【插入】/【插图】组中单击形状按钮，在打开的下拉列表框中选择“动作按钮”栏下的“动作按钮：前进或下一项”，如图7-13所示。

图7-12 选择链接位置

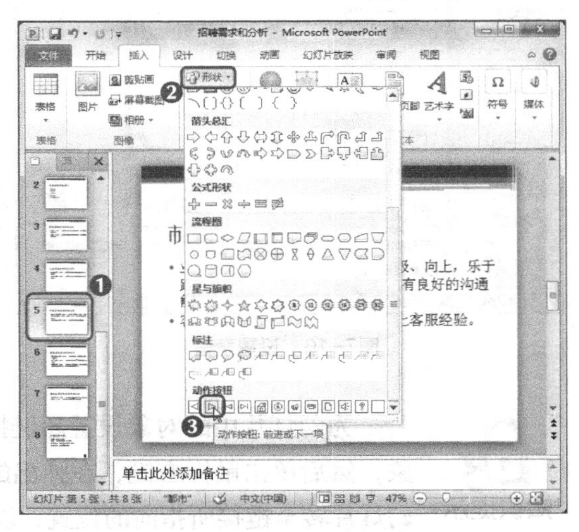

图7-13 选择动作按钮

STEP 5 绘制动作按钮，在打开的“动作设置”对话框的“单击鼠标”选项卡中选中“无动作”单选项，如图7-14所示。

STEP 6 单击“鼠标移过”选项卡，单击选中“超链接到”单选项，在该选项下的列表框中保持选择默认的“下一张幻灯片”选项，如图7-15所示。

图7-14 选中“无动作”单选项

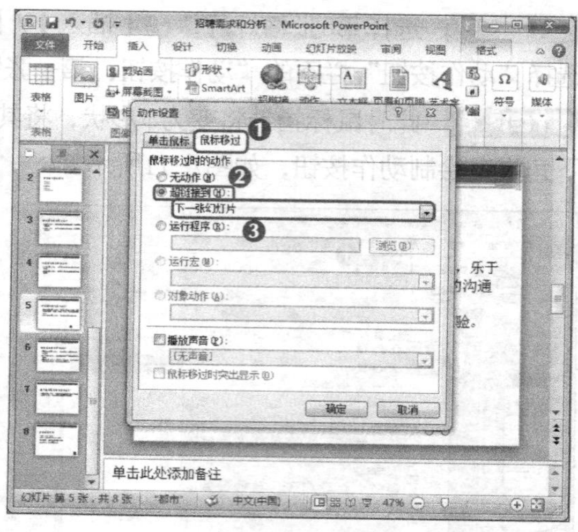

图7-15 设置鼠标移过时的超链接

STEP 7 单击选中“播放声音”复选框，单击下拉列表框右侧的按钮，在打开的下拉列表中选择“收款机”选项，单击确定按钮退出对话框，如图7-16所示。

STEP 8 继续为幻灯片添加动作按钮并设置动作按钮的超链接，如图7-17所示。

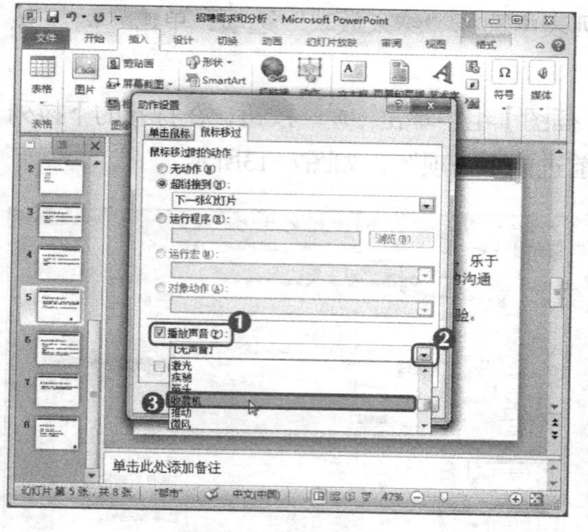

图7-16 设置声音

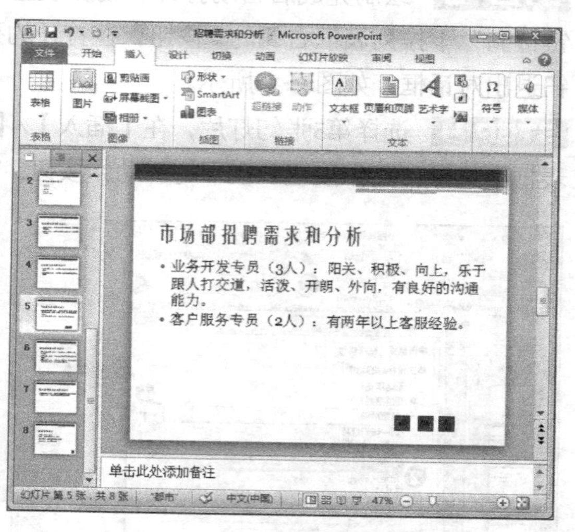

图7-17 添加其他动作按钮

知识提示

为幻灯片中的对象设置超链接后，为保证该链接的正确性，可选择该对象，然后单击鼠标右键，在弹出的快捷菜单中选择“打开超链接”命令，使幻灯片转至链接所指向的位置，以查看链接是否正确。

3．编辑超链接

若已创建的超链接不符合幻灯片主题，用户还可对其进行编辑修改，如重新设置链接位置、删除超链接、设置链接效果等，其具体操作如下。（微课：光盘\微课视频\项目七\编辑超链接.swf）

STEP 1 选择第8张幻灯片，选择其中的动作按钮，单击鼠标右键，在打开的快捷菜单中选择“编辑超链接”命令，如图7-18所示。

STEP 2 在打开的“动作设置”对话框的“超链接到”下方的下拉列表框中更改链接位置为“第一张幻灯片”选项，单击确定按钮，如图7-19所示。

图7-18 选择“编辑超链接”命令

图7-19 设置超链接跳转位置

STEP 3 选择第5张幻灯片，选择其中的第3个动作按钮，在【插入】/【链接】组中单击“动作”按钮，如图7-20所示。

STEP 4 打开“动作设置”对话框，在“单击鼠标”选项卡中单击选中“无动作”单选项。在“鼠标移过”选项卡中选中“超链接到”并设置为“第一张幻灯片”，播放声音为“微风”，然后单击确定按钮，如图7-21所示。

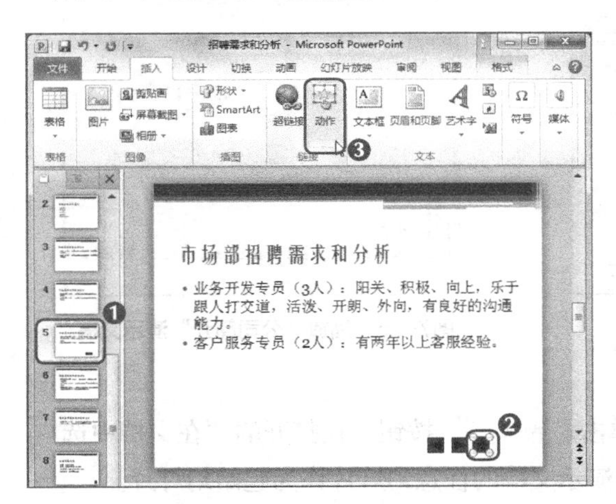

图7-20 单击“动作”按钮

图7-21 编辑目标幻灯片和声音

4．链接到其他演示文稿

在PowerPoint 2010中除了能将对象链接到本演示文稿的其他幻灯片中，还能链接到其他演示文稿中，其具体操作如下。（微课：光盘\微课视频\项目七\链接到其他演示文稿.swf）

STEP 1 选择第8张幻灯片，在其中插入文本框并输入文本“公司简介”，然后选择输入的文本，单击鼠标右键，在弹出的快捷菜单中选择“超链接”命令，如图7-22所示。

STEP 2 打开“插入超链接”对话框，单击“现有文件或网页”选项卡，在“查找范围”下拉列表中选择要链接的外部演示文稿的位置，在其下方选择“公司简介”演示文稿，如图7-23所示。

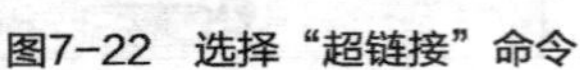
图7-22 选择“超链接”命令

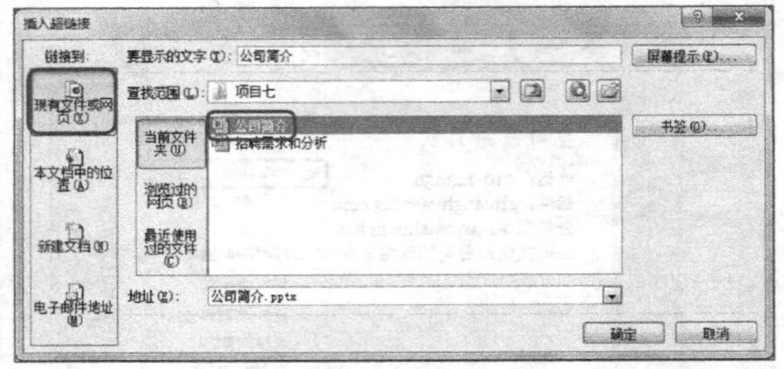

图7-23 选择“公司简介”演示文稿

STEP 3 单击 屏幕提示(P)... 按钮，在打开的“设置超链接屏幕提示”对话框的文本框中输入文本“注资公司相关介绍”，单击 确定 按钮，返回“插入超链接”对话框，再单击 确定 按钮完成设置，如图7-24所示。

STEP 4 在播放幻灯片的过程中，单击第8张幻灯片中的“公司简介”文本可自动切换到“公司简介”演示文稿中进行播放，如图7-25所示。

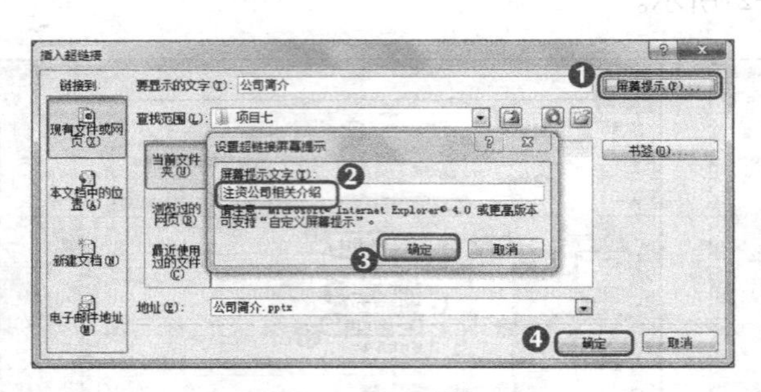

图7-24 设置屏幕提示

图7-25 播放“公司简介”演示文稿

多学一招

在“插入超链接”对话框中单击 书签(O)... 按钮，在打开的“在文档中选择位置”对话框中可选择链接到的演示文稿的任意幻灯片作为起始幻灯片。

5．链接到电子邮件

在PowerPoint 2010中还可将幻灯片中的对象链接到电子邮件中，这样在幻灯片中单击该链接就可启动Outlook和Foxmail等电子邮件软件，并自动将邮件地址填写到发送地址栏，其具体操作如下。（微课：光盘\微课视频\项目七\链接到电子邮件.swf）

STEP 1 选择第8张幻灯片，选择该幻灯片中的邮件地址文本，按【Ctrl+K】组合键打开“插入超链接”对话框，如图7-26所示。

STEP 2 打开“插入超链接”对话框，单击“电子邮件地址”选项卡，在“电子邮件地址”文本框中输入邮件地址，在“主题”文本框中输入文本“求职应聘”，单击 确定 按钮，如图7-27所示。

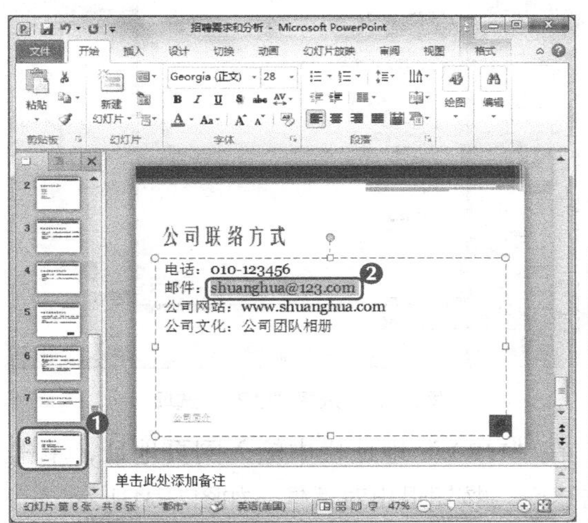

图7-26　选择邮件地址

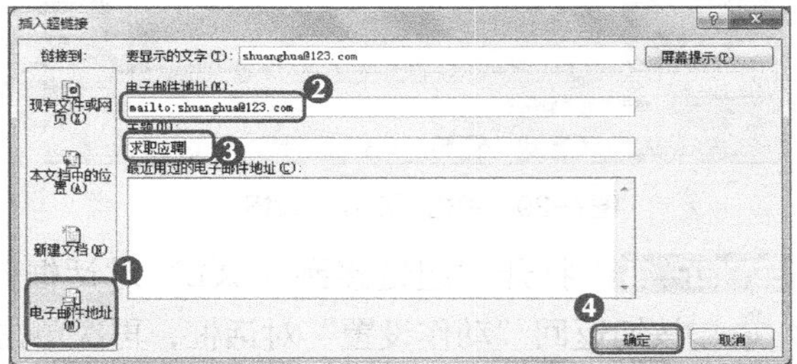

图7-27　输入邮件地址和主题

STEP 3 返回到幻灯片编辑窗口中并播放该幻灯片，播放至有邮件链接的幻灯片中单击添加链接对象。这时将启动Outlook，如图7-28所示，并打开电子邮件收发窗口，在电子邮件收发窗口中输入需要的内容，单击发送即可将邮件发送到指定邮箱。

图7-28　启动Outlook

6．链接到网页

在一些演讲中需要为观众介绍公司的网站，PowerPoint 2010同样提供了链接到网页的功能，设置链接后在播放幻灯片时单击该链接即可直接打开该链接所指向的网页，其具体操作如下。（微课：光盘\微课视频\项目七\链接到网页.swf）

STEP 1 选择第8张幻灯片，选择网页地址文本，在【插入】/【链接】组中单击“动作”按钮，如图7-29所示。

STEP 2 打开“动作设置”对话框，在“单击鼠标”选项卡中单击选中“超链接到”单选项，在下方的下拉列表中选择“URL”选项，如图7-30所示。

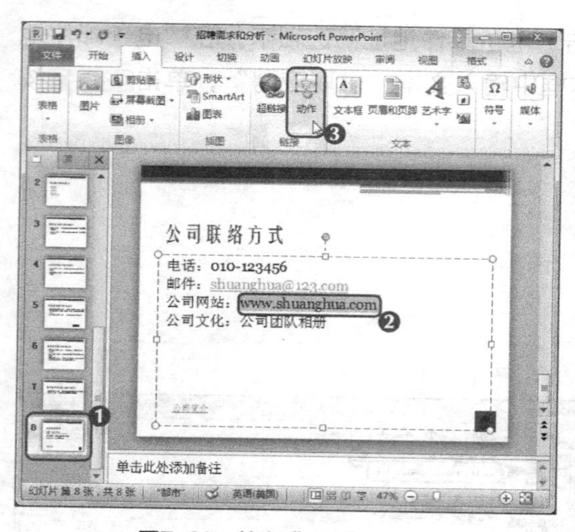

图7-29 单击“动作”按钮

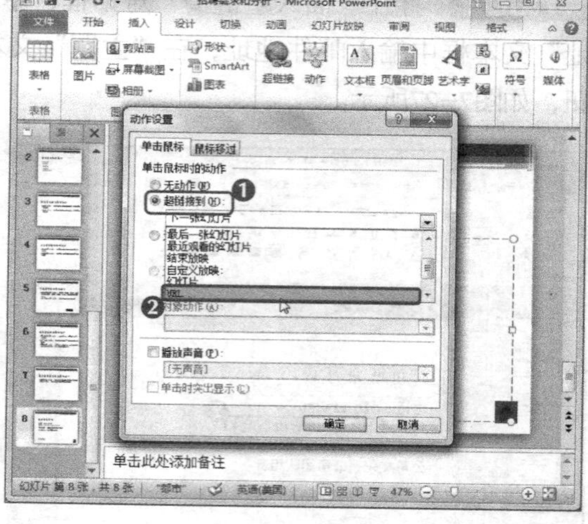

图7-30 选择“URL”选项

STEP 3 打开“超链接到URL”对话框，在“URL”地址栏中输入网页地址，单击确定按钮返回“动作设置”对话框，再次单击确定按钮退出对话框，如图7-31所示。

STEP 4 设置完成后，在播放幻灯片时单击该链接即可打开指定网站。

图7-31 输入网页地址

7．链接到电子相册

在PowerPoint 2010中链接到电子相册之前需要先创建电子相册，利用相册的插入功能可以创建电子相册并对其进行设置，之后再在演示文稿中设置对象链接到该电子相册，其具体操作如下。（微课：光盘\微课视频\项目七\链接到电子相册.swf）

STEP 1 选择第8张幻灯片，选中其中的“公司团队相册”文本，在【插入】/【图像】组中单击相册按钮右侧的下拉按钮，在打开的列表中选择“新建相册”选项，如图7-32所示。

STEP 2 打开“相册”对话框，单击“相册内容”栏下的文件/磁盘(F)...按钮，如图7-33所示。

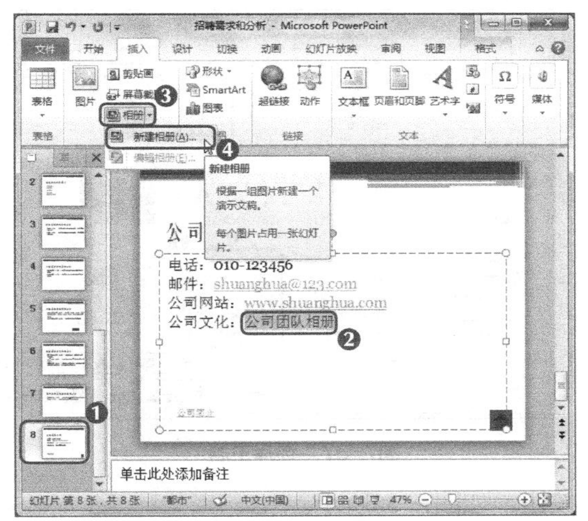

图7-32 选择“新建相册”命令

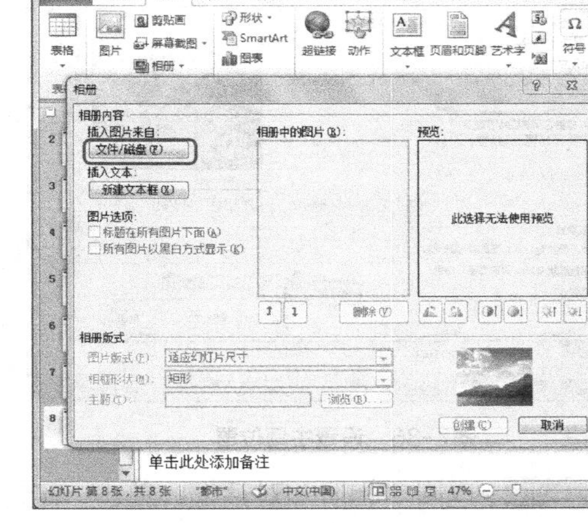

图7-33 单击“文件/磁盘”按钮

STEP 3 打开“插入新图片”对话框，在地址栏中选择图片所在位置，在图片列表框中单击一张图片，然后按【Ctrl+A】组合键选择全部图片，单击插入(S)按钮，如图7-34所示。

STEP 4 返回“相册”对话框，在“相册版式”栏下的“图片版式”下拉列表中选择“1张图片（带标题）”选项，在“相框形状”下拉列表中选择“简单框架，白色”选项，如图7-35所示。

图7-34 选择图片

图7-35 设置相册版式

STEP 5 在“相册内容”栏中选中“标题在所有图片下面”复选框，单击“相册版式”栏下“主题”文本框后的 浏览(B)... 按钮，如图7-36所示。

STEP 6 打开“选择主题”对话框，在下方的主题列表中选择一个需要的主题，单击 选择 按钮，如图7-37所示。

图7-36 设置主题位置

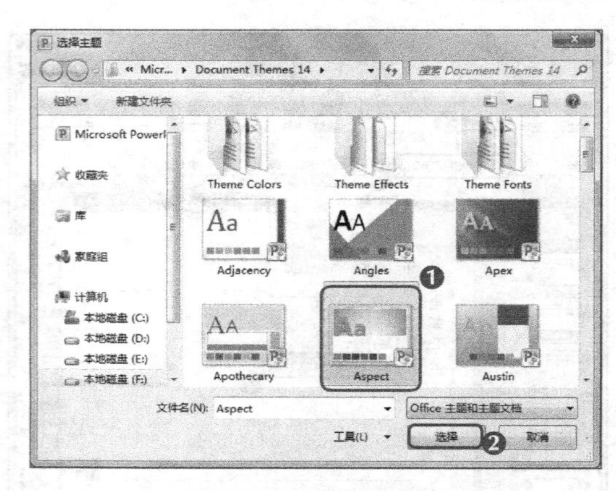

图7-37 选择主题

STEP 7 返回“相册”对话框，单击 创建(C) 按钮，如图7-38所示。

STEP 8 系统自动创建一个应用所选择主题且名为“演示文稿1”的相册演示文稿，如图7-39所示，按【Ctrl+S】组合键，在打开的对话框中以“公司团队”为名进行保存。

图7-38 创建相册

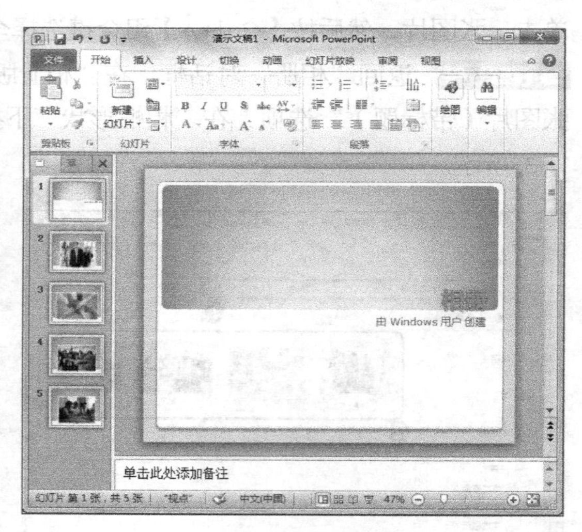

图7-39 保存相册

STEP 9 返回“招聘需求和分析”演示文稿，在第8张演示文稿中选择文本“公司团队相册”，按【Ctrl+K】组合键打开“插入超链接”对话框。

STEP 10 单击“现有文件或网页”选项卡，查找相册所在路径，并选择“公司团队”演示文稿，如图7-40所示，单击 确定 按钮完成设置。

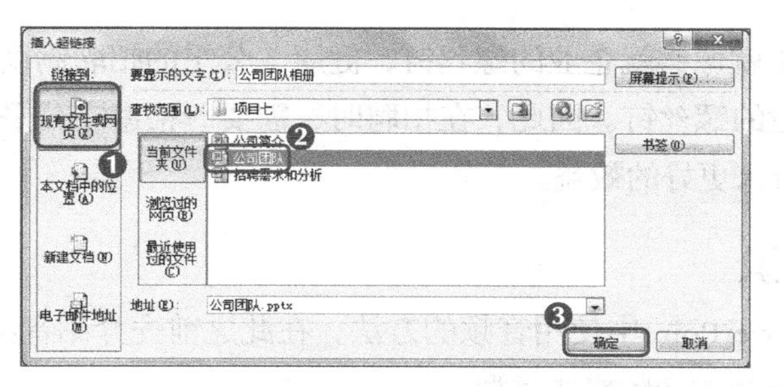

图7-40　链接相册

在“编辑相册”对话框的“预览”框下方有一组按钮，通过单击这些按钮可以调整图片的显示方向、灰度和明暗程度。

任务二　制作“招聘程序”演示文稿

为公司招聘员工也是一个需要调查研究并设计的过程，不同公司根据其岗位需求的不同，也都有着不同的招聘程序。招聘程序的设定，可帮助企业招聘到更符合企业发展需求的员工，使企业与员工在发展的过程中获得双赢。

一、任务目标

人事部需要更新公司的招聘程序，以便招聘到更符合公司发展需求的员工，老张将这个任务交给了小白，让她根据已调研好的资料制作招聘程序相关说明，并以演示文稿的形式进行讲解。本任务完成后的最终效果如图7-41所示。

素材所在位置　光盘:\素材文件\项目七\招聘程序.pptx
效果所在位置　光盘:\效果文件\项目七\招聘程序.pptx

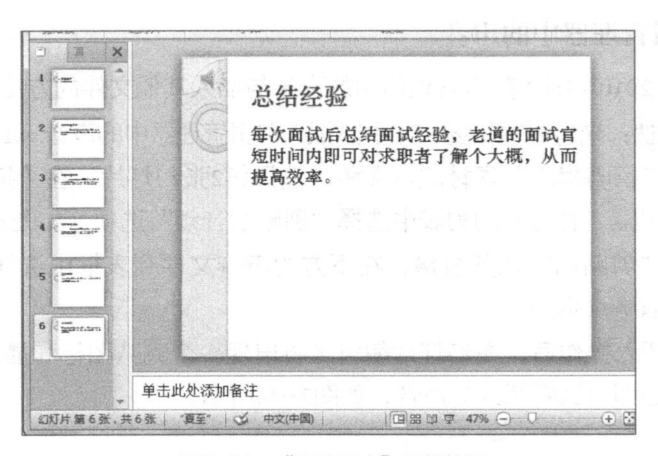

图7-41　“招聘程序”最终效果

职业素养

员工就像铸就企业的螺丝钉，健康、公平的招聘制度可帮助企业招聘到大小合适的螺丝钉。因此，在招聘时，需要严格遵守公平公正的原则，才能为企业带来更好的效益。

二、相关知识

本任务讲解在PowerPoint中使用音频的方法，在此之前先介绍音频在PowerPoint中的作用，以及PowerPoint支持的音频格式类型。

1. 音频在PPT中的运用

在PowerPoint中适当地添加音频文件，可以带动观众的观摩情绪，让观众融入演讲者所描述的情境中，增强幻灯片的演示效果，使幻灯片的播放更出彩。

在PowerPoint中可以插入剪辑管理器中的音频，也可以插入电脑中的外部音频，并可对其进行编辑，以适合演示文稿的播放。

2. PPT支持的音频类型

PowerPoint支持的音频类型有多种，特别是一些可兼容的音频格式，常见的可插入PowerPoint中的音频格式介绍如下。

- **WAV波形格式：**这种音频文件格式将声音作为波形存储，其存储声音的容量可大可小。
- **MP3音频格式：**该格式使用 MPEG Audio Layer 3 编解码器，用于将音频压缩成容量较小的文件，且能够在音质丢失很小的情况下把文件压缩到更小的程度，具有保真效果。
- **AU 音频文件：**这种文件格式通常用于为UNIX计算机或网站创建声音文件。
- **MIDI 文件：**这是用于在乐器、合成器、计算机之间交换音乐信息的标准格式。
- **Windows Media Audio 文件（.wma）：**WMA格式是以减少数据流量但保持音质的方法来达到更高的压缩率的目的，生成的文件大小只有相应MP3文件的一半。

三、任务实施

1. 插入剪辑管理器中的声音

在PowerPoint 2010中插入剪辑管理器中的声音与插入其他文件的方法基本一致，其具体操作如下。（微课：光盘\微课视频\项目七\插入剪辑管理器中的声音.swf）

STEP 1 打开“招聘程序”素材演示文稿，选择第2张幻灯片，在【插入】/【媒体】组中单击“音频”按钮，在打开的列表中选择“剪贴画音频”选项，如图7-42所示。

STEP 2 打开“剪贴画”任务窗格，在下方的声音文件列表框中选择“Telephone”音频，单击插入，如图7-43所示。

STEP 3 执行插入操作后，在幻灯片编辑区将出现一个喇叭图标和播放控制条，单击播放控制条上的按钮即可试听插入的声音，如图7-44所示。

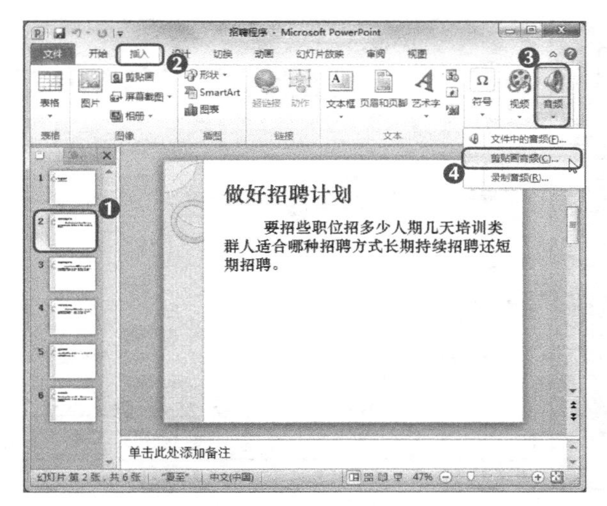

图7-42 选择“剪贴画音频”选项

图7-43 选择插入的音频

图7-44 播放音频

2．添加其他声音文件

在PowerPoint中除了可以添加软件自带的音频文件之外，还可以插入外部的音频文件，从而丰富声音内容，其具体操作如下。（微课：光盘\微课视频\项目七\添加其他声音文件.swf）

STEP 1 关闭“剪贴画”任务窗格，选择第6张幻灯片，在【插入】/【媒体】组中单击“音频”按钮下方的按钮，在打开的列表中选择“文件中的音频”选项，如图7-45所示。

STEP 2 打开“插入音频”对话框，在地址栏中查找音频文件的位置，在文件列表框中选择“bgmusic.mp3”音频文件，单击 插入(S) 按钮，如图7-46所示。

STEP 3 将鼠标指针移至喇叭图标上，当鼠标光标变为形状时，按住鼠标左键不放并拖曳喇叭将其移至左上角，如图7-47所示。

STEP 4 插入音频文件后如图7-48所示，单击“播放/暂停”按钮即可试听插入的声音。

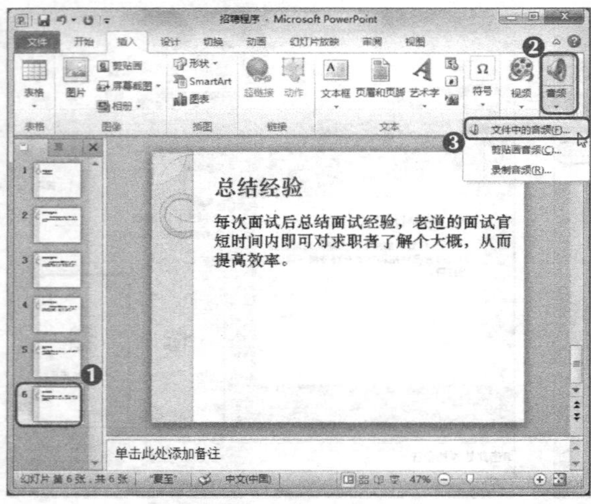

图7-45 选择“文件中的音频”选项

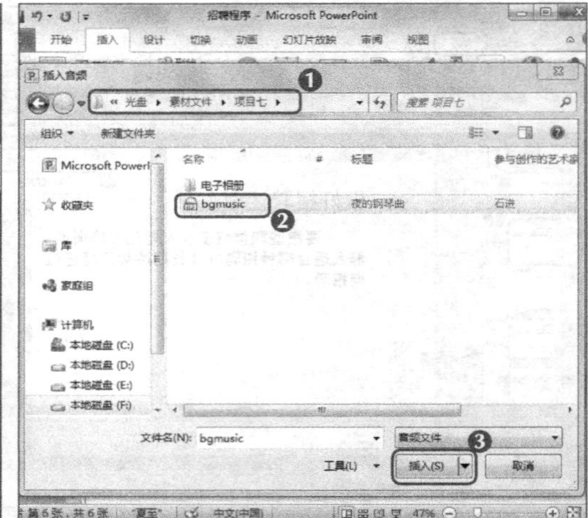

图7-46 选择音频文件

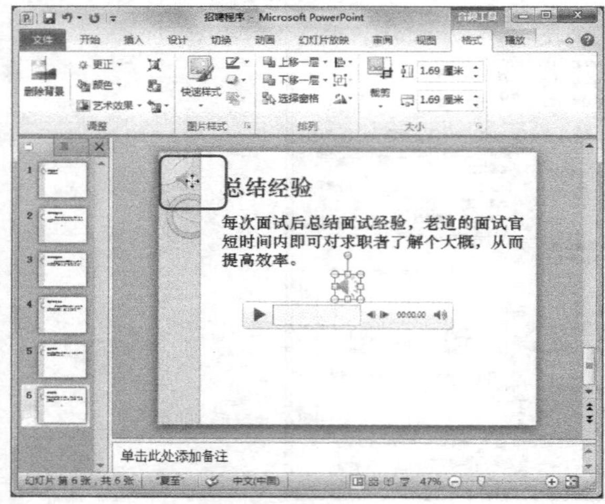

图7-47 移动喇叭图标

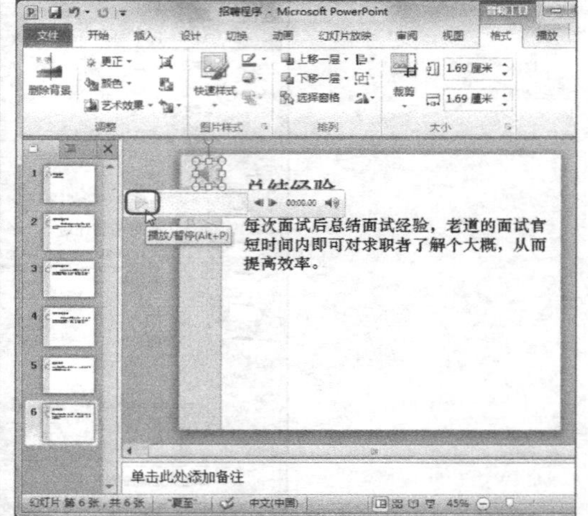

图7-48 播放声音

知识提示

插入声音时应注意声音文件的播放时间是否能与幻灯片的播放时间配合，且一定要在对应的幻灯片中插入音频文件。

3．调整声音

在默认情况下，添加的音频文件只对当前幻灯片有效，切换到其他幻灯片时声音就会停止播放，而且插入幻灯片中的音频文件大部分情况下不能与幻灯片的放映相契合，这就需要对插入的音频文件进行调整，其具体操作如下。（**微课**：光盘\微课视频\项目七\调整声音.swf）

STEP 1 选择第6张幻灯片，选择插入的声音图标，即喇叭图标，在【播放】/【音频选项】组中单击“音量”按钮，在打开的列表中选择“中”选项，如图7-49所示。

STEP 2 在“音频选项”组中选中“放映时隐藏”和“循环播放，直到停止”复选框，如图7-50所示。

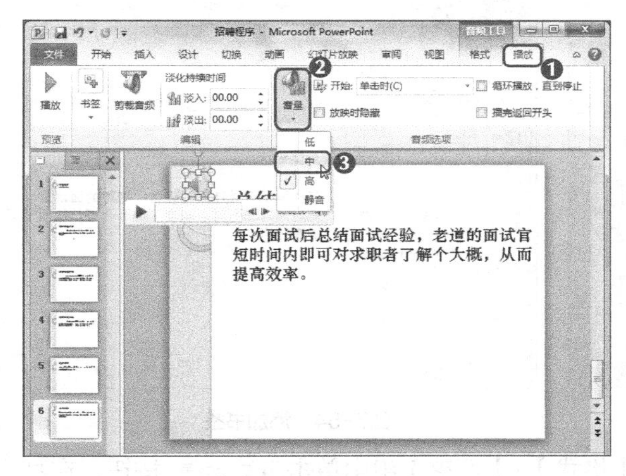

图7-49 设置音量

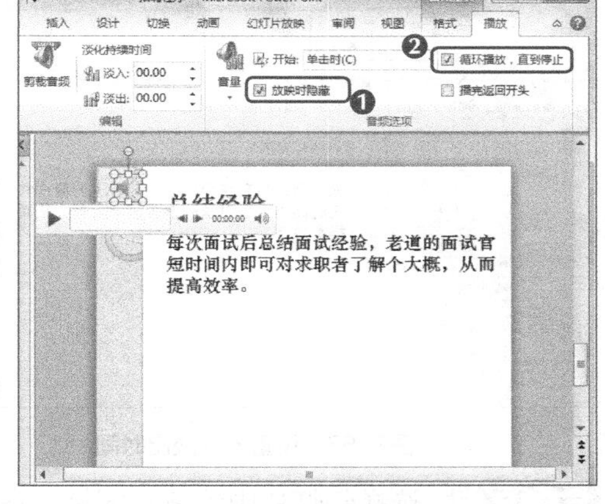

图7-50 选中复选框

STEP 3 保持喇叭图标被选中，在“编辑”组中单击“剪裁音频”按钮，如图7-51所示。

STEP 4 打开“剪裁音频”对话框，将鼠标指针移至音轨右侧的红色滑块上，当鼠标指针变为状时，按住鼠标不放并拖曳，至01:00.163处释放鼠标，如图7-52所示。

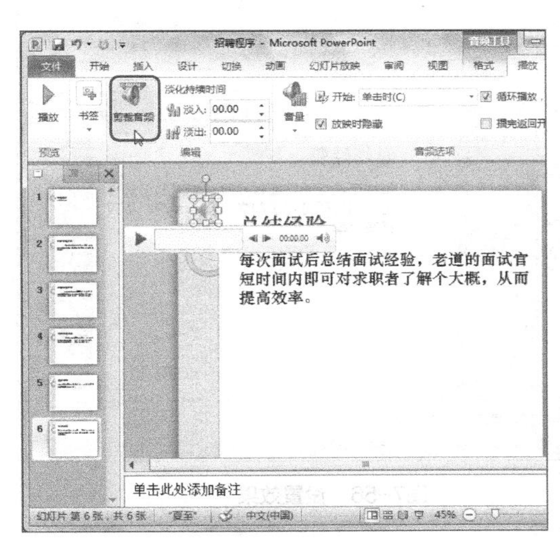

图7-51 单击“剪裁音频”按钮

图7-52 设置音频的裁剪位置

STEP 5 单击按钮即可开始试听音频文件，单击按钮可暂停试听，单击 确定 按钮完成音频剪裁并退出对话框。

STEP 6 在“编辑”组中“淡化持续时间”下的“淡入”和“淡出”右侧的数值框中分别输入“03.00”秒，使音频文件在播放时其开始和结束处均有3秒钟的淡入淡出效果，如图7-53所示。

STEP 7 在播放控制条中单击“播放/暂停”按钮，播放音频文件，当播放至需要插入书签的位置时单击按钮，在“书签”组中单击“书签”按钮，在打开的菜单中选择“添加书签”选项，如图7-54所示。

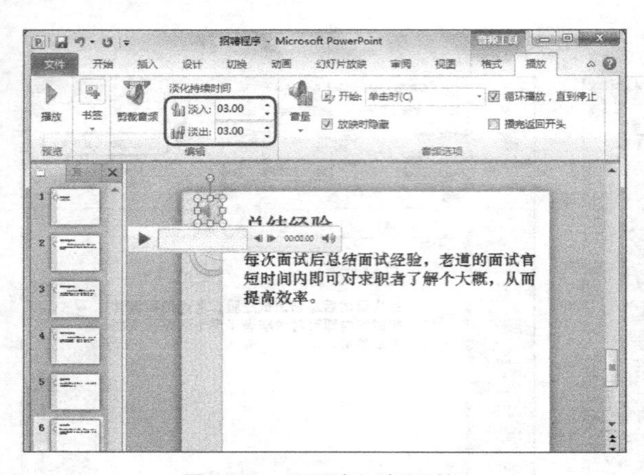

图7-53 设置淡入淡出时间

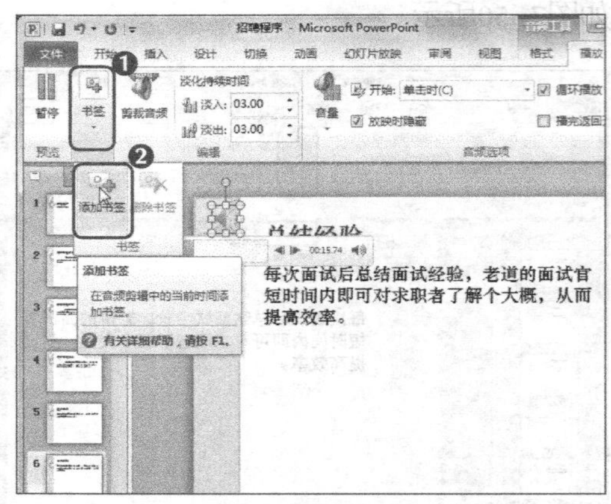

图7-54 添加书签

STEP 8 选择幻灯片中的喇叭图标，在【格式】/【调整】组中单击“艺术效果”按钮，在打开的列表中选择“胶片颗粒”选项，如图7-55所示。

STEP 9 设置完成，效果如图7-56所示。

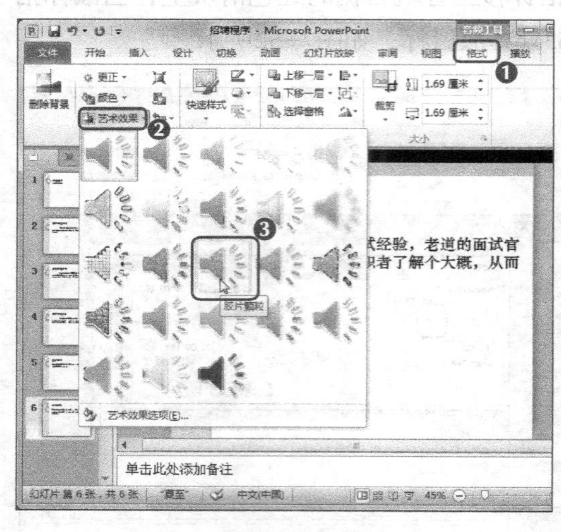

图7-55 选择“胶片颗粒”选项

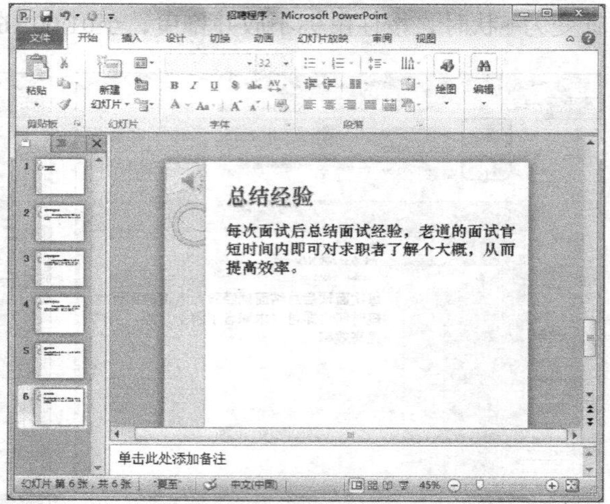

图7-56 设置效果

知识提示

使用书签可以方便用户在音频剪辑时调整剪辑位置，在音频剪辑中只能添加一个书签，在视频剪辑中可添加多个书签，在“剪辑音频”对话框中，可在“开始时间”和“结束时间”数值框中直接输入时间来裁剪音频。

任务三 制作“员工培训流程”演示文稿

在培训员工前需要了解员工的培训需求，然后制定培训计划，最后实行培训，整个过程即为员工的培训流程。制定员工培训流程，可以让企业有的放矢地制定符合员工和企业发展的培训课程，并取得满意效果。避免企业盲目地为员工执行不合适的培训，从而导致企业资源的浪费。

一、任务目标

公司去年为员工制定了培训计划，但效果并不明显，今年打算继续对员工进行培训，但需要重新制定相应的员工培训流程，避免重复去年不理想的培训结果。考虑到小白已经能熟练地掌握公司的许多基本事宜，因此老张将制作员工培训流程的任务交给了小白，并让她下周一上交一份PPT说明文档。本任务完成后的最终效果如图7-57所示。

素材所在位置 **光盘:\素材文件\项目七\员工培训流程.pptx**
效果所在位置 **光盘:\效果文件\项目七\员工培训流程.pptx**

图7-57 “员工培训流程”最终效果

二、相关知识

本任务主要讲解如何在PowerPoint中插入剪辑管理器中的影片，以及其他外部影片的插入方法，下面先讲解视频在PowerPoint中的作用和PowerPoint支持的视频类型。

1．视频在PPT中的作用

为了增加演示文稿的活力，或者让观众更加贴切地理解演讲者所要表达的内容，还可在幻灯片中插入影片或视频。

视频是许多图片的组合，再加以音乐的配合，可以轻易地打动观众。在演讲的过程中适当地加入视频，可以调动观众的情绪。

2．PPT支持的视频类型

在网络中流传的视频格式有多种，但PPT只支持其中一部分视频进行插入和播放操作，下面讲解常用于PPT中的视频类型。

- **AVI**：AVI即音频视频交错格式，是将语音和影像同步组合在一起的文件格式。它对视频文件采用了一种有损压缩方式，但压缩比较高，主要应用在多媒体光盘上，用来保存电视、电影等各种影像信息。
- **WMV**：WMV是微软推出的一种流媒体格式。在同等视频质量下，WMV格式的体积非常小，因此很适合在网上播放和传输。
- **MPEG**：MPEG标准的视频压缩编码技术主要利用了具有运动补偿的帧间压缩编码技术以减小时间冗余度，利用DCT技术以减小图像的空间冗余度，而利用熵编码则在信息表示方面减小了统计冗余度，大大增强了压缩性能。

三、任务实施

1. 插入剪辑管理器中的影片

PowerPoint 2010中自带有一些简单的影片，可以满足用户的一般需求，下面讲解如何在幻灯片中插入剪辑管理器中的影片，其具体操作如下。（微课：光盘\微课视频\项目七\插入剪辑管理器中的影片.swf）

STEP 1 打开“员工培训流程”素材演示文稿，选择第1张幻灯片，在【插入】/【媒体】组中单击“视频”按钮，在打开的列表中选择“剪贴画视频”选项，如图7-58所示。

STEP 2 在右侧的“剪贴画”窗格中单击“结果类型”下拉列表右侧的下拉按钮，在打开的下拉列表中选中“视频”复选框，如图7-59所示。

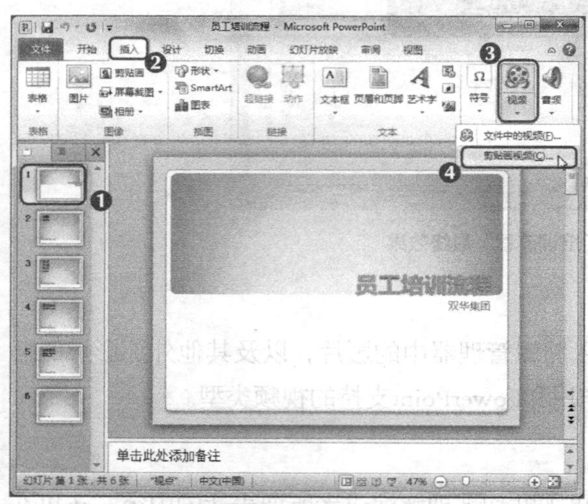

图7-58 选择“剪贴画视频”命令

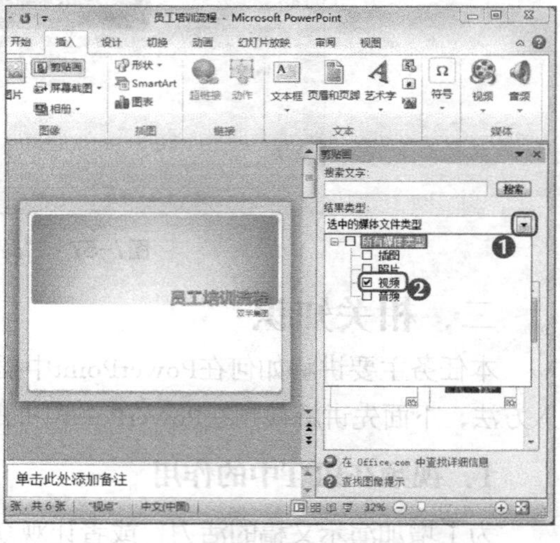

图7-59 选中“视频”复选框

STEP 3 单击 搜索 按钮，在下方的列表框中选择第一个影片，单击该视频将其插入到幻灯片中，如图7-60所示。

STEP 4 插入影片后，将其移至左下角的位置，效果如图7-61所示，在播放幻灯片时即可观看该影片的播放效果。

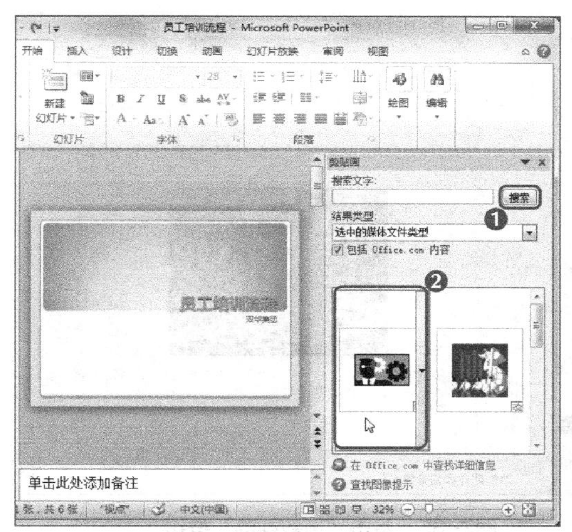

图7-60 搜索并选择视频　　　　图7-61 调整视频位置

2．插入其他影片

同插入音频文件一样，在PowerPoint中还可以插入来自外部的视频文件，用户可通过菜单命令插入或通过项目占位符插入，其具体操作如下。（微课：光盘\微课视频\项目七\插入其他影片.swf）

STEP 1 关闭右侧的“剪贴画”窗口，选择第6张幻灯片，在文本占位符中单击“插入媒体剪辑”按钮，如图7-62所示。

STEP 2 打开“插入视频文件”对话框，在地址栏中选择文件所在位置，在文件列表框中选择“公司宣传.avi”视频文件，单击插入(S)按钮，如图7-63所示。

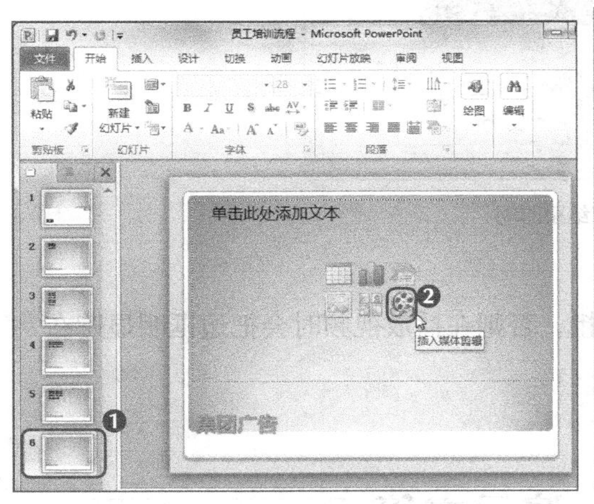

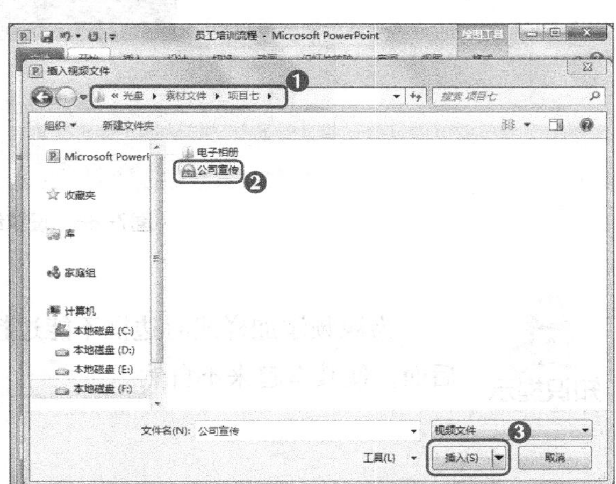

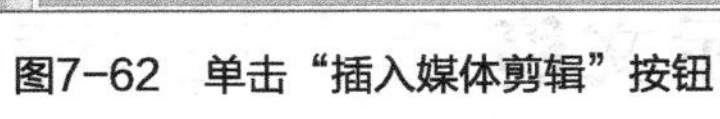

图7-62 单击“插入媒体剪辑”按钮　　　　图7-63 选择要插入的视频文件

STEP 3 选中插入的视频文件，在【格式】/【视频样式】组中单击“视频样式”按钮，在打开的列表中选择“棱台映像，白色”选项，如图7-64所示。

STEP 4 插入视频后调整视频大小和位置，其方法与调整文本框大小和位置相同。

STEP 5 在【播放】/【编辑】组中单击“剪裁视频”按钮，如图7-65所示。

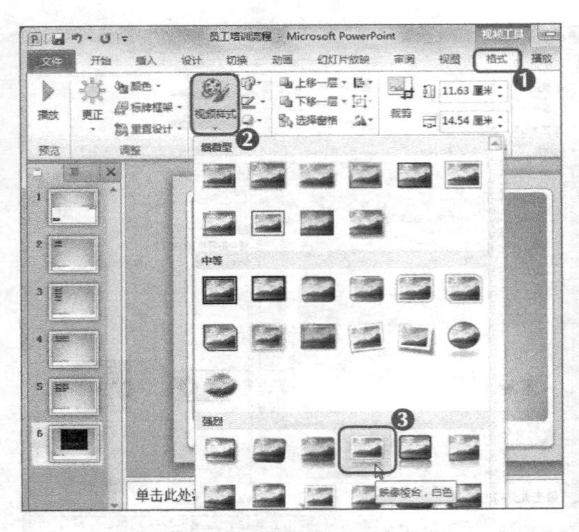

图7-64 设置插入视频的外观

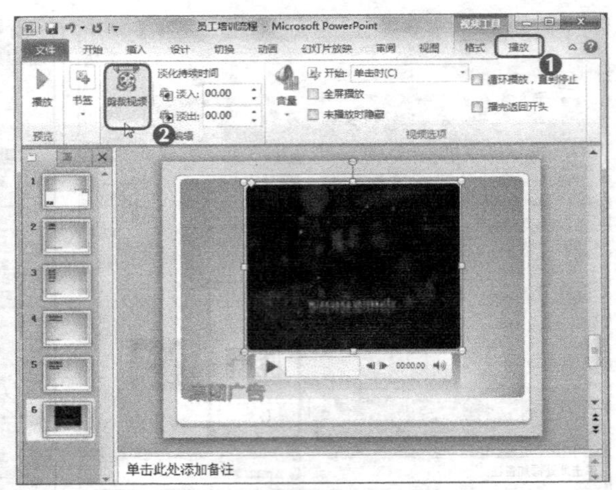

图7-65 单击“剪裁视频”按钮

STEP 6 打开“剪裁视频”对话框，在“结束时间”数值框中输入“00:10”，单击 确定 按钮，如图7-66所示，最后保存文件即可。

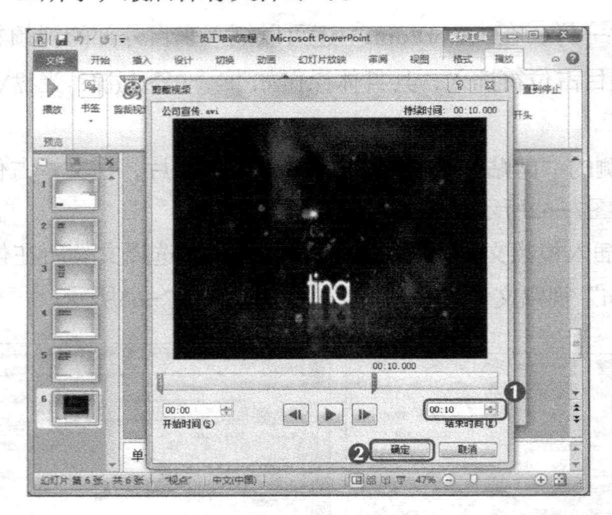

图7-66 设置结束时间

知识提示

为视频添加样式时边框不能过粗，否则在播放视频时会把边框明显遮在后面，使其看起来不自然。

实训一 制作“员工离职程序”演示文稿

【实训目标】

由于公司对招聘流程等方面进行了修订，因此需要对相应的其他程序进行修订，如员工离职程序。考虑到小白参与了前面大部分程序的修订，因此老张让小白负责此次员工离职程序的修订工作，并上交一份演示文稿进行说明。

要完成本实训，需要熟练掌握创建超链接、编辑超链接、链接到网页及插入音频的操作方法，本实训的最终效果如图7-67所示。

素材所在位置 **光盘:\素材文件\项目七\员工离职程序.pptx**
效果所在位置 **光盘:\效果文件\项目七\员工离职程序.pptx**

图7-67 "员工离职程序"最终效果

【专业背景】

员工离职也分多种情况，如主动辞职或被辞退，抑或被除名，但无论何种原因导致离职，都需要根据离职程序办好离职手续，避免潜在的纠纷。而辞职员工需办理离职手续后，才算正式离开公司。

【实训思路】

完成本实训需要先在演示文稿中输入相关内容，然后添加该幻灯片中的链接，最后再设置电子邮件和网页链接，其操作思路如图7-68所示。

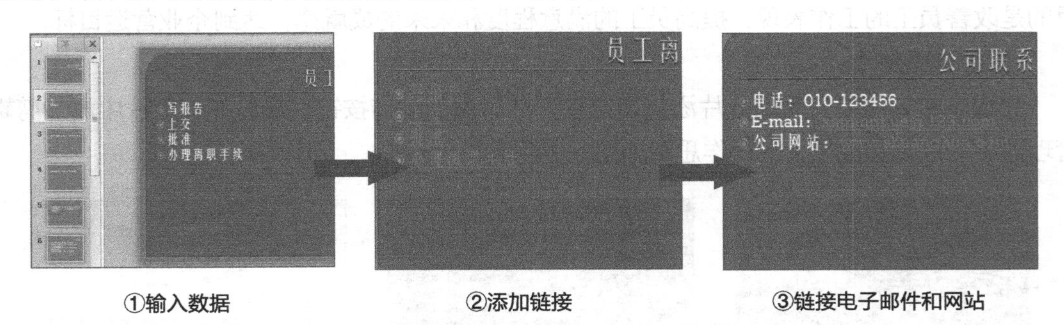

①输入数据　②添加链接　③链接电子邮件和网站

图7-68 制作"员工离职程序"的思路

【步骤提示】

STEP 1 打开素材文件"员工离职程序"演示文稿，在其中输入文本。

STEP 2 选择第2张幻灯片，对相应的文本添加超链接，链接到对应的幻灯片中。

STEP 3 选择最后一张幻灯片，为其中的电子邮件地址和网页地址设置超链接。

实训二 制作“员工绩效评估”演示文稿

【实训目标】

公司每月末都需要对员工当月的绩效进行评估，但从本月起，需要根据新的规章制度对绩效进行评估，老张让小白制作员工绩效评估演示文稿，在会议上放映给员工观看。

要完成本实训，需要熟练掌握在幻灯片中添加剪辑管理中的声音和视频，以及添加动作按钮的操作方法，本实训的最终效果如图7-69所示。

素材所在位置 光盘:\素材文件\项目七\员工绩效评估.pptx
效果所在位置 光盘:\效果文件\项目七\员工绩效评估.pptx

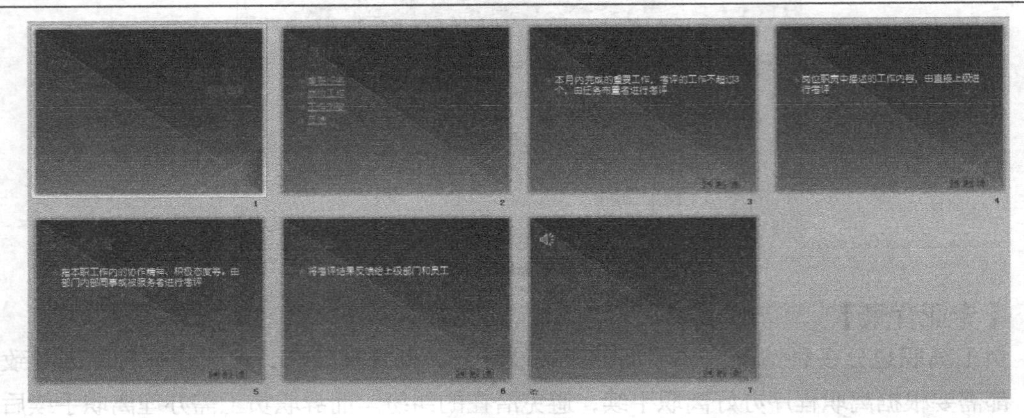

图7-69 “员工绩效评估”最终效果

【专业背景】

绩效考评制度是指根据工作目标，采用一定的考评方法，对员工工作任务的完成情况、工作职责履行程度和员工的发展情况进行评定，并将上述评定结果反馈给员工。考评的最终目的是改善员工的工作表现，提高员工的满意程度和未来的成就感，达到企业营运目标。

【实训思路】

完成本实训需要先为幻灯片添加超链接，然后添加动作按钮，最后在幻灯片中添加剪辑管理器中的声音和视频，其操作思路如图7-70所示。

①添加超链接 ②添加动作按钮 ③添加剪辑管理器中的声音

图7-70 制作“员工绩效评估”的思路

【步骤提示】

STEP 1 打开素材文件“员工绩效评估”，选择第2张幻灯片，为其中的文本添加超链接。

STEP 2 在第3~7张幻灯片中添加动作按钮，并设置跳转到上一张、下一张、主页，设置鼠标经过时声音为“风铃”。

STEP 3 在最后一张幻灯片中添加剪辑管理器中的掌声，并设置掌声为自动播放。

常见疑难解析

问：在幻灯片中可不可以插入CD光盘中的乐曲？

答：可以，在幻灯片中可添加CD光盘中的乐曲，但乐曲文件不会被真正地添加到幻灯片中，因此在放映幻灯片时需保证CD光盘放置在光盘驱动器中，这样在放映幻灯片时才能正常播放声音。

问：幻灯片中可以录制声音，为什么这项功能不常用呢？

答：在PowerPoint的“插入”选项卡中同样提供了录制声音的功能，但由于个人、话筒等诸多原因，录制的声音一般音色和效果很差，不但不适合放映，反而还会影响PPT的播放效果，所以一般很少人用。

拓展知识

1. 全屏播放插入的视频

在幻灯片中插入的视频不仅可以在放映时直接放映，还可以进行全屏播放，在【播放】/【视频选项】组中选中“全屏播放”复选框，之后播放演示文稿时，即可进行全屏播放。

2. 插入网站中的视频

PowerPoint 2010中提供了直接插入网站中视频的功能，其操作方法为选择需要插入视频的幻灯片，在【插入】/【媒体】组中单击“视频”按钮，在打开的列表中选择“来自网站的视频”选项，在打开的“从网站插入视频”对话框的文本框中输入视频所在网页的地址，然后单击插入(S)按钮，完成网站中视频的插入，如图7-71所示。

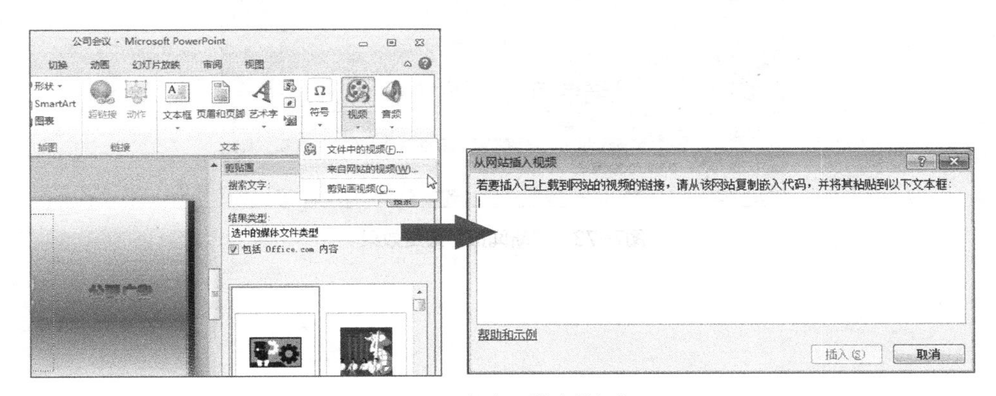

图7-71 插入网站中的视频

课后练习

素材所在位置　光盘:\素材文件\项目七\员工夏令营.pptx、新闻报.pptx、水果文件夹

效果所在位置　光盘:\效果文件\项目七\员工夏令营.pptx、新闻报.pptx

（1）今年公司准备组织夏令营作为员工福利，为了让员工积极参与夏令营，调节员工的工作情绪，让员工劳逸结合，老张让小白制作了与夏令营相关的演示文稿，在这周的会议上播出，给员工们一个惊喜，制作完成后的效果如图7-72所示。

图7-72　“员工夏令营”最终效果

（2）公司每隔一段时间会制作一份公司内部新闻文件，并以PPT的形式共享给大家，在这个PPT中也将包含公司最近的一些安排。小白来公司后不久，老张就将制作该新闻报的工作交给了她，具体效果如图7-73所示。

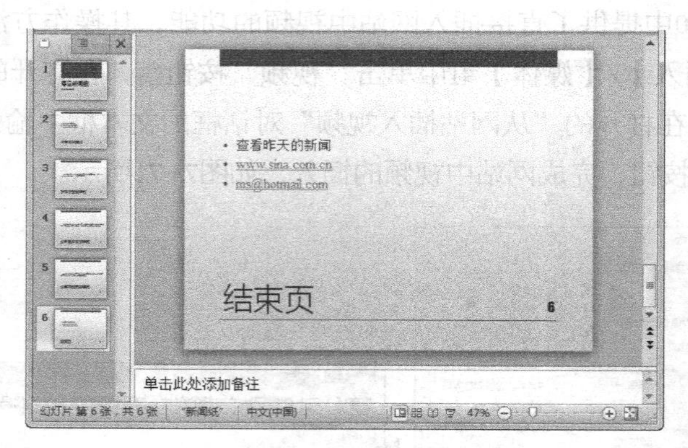

图7-73　“新闻报”最终效果

PART 8

项目八 商务培训

情景导入

培训能在短时间内帮助人提升自身能力，并找到不足，从而进行纠正。设计培训更能帮助设计者在制作过程中巩固并提高自身能力。老张下一阶段打算让小白参与公司的各项培训工作。

知识技能目标

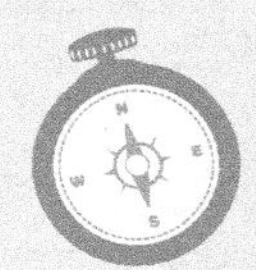

- 熟练掌握排练计时、隐藏幻灯片和添加动作按钮的操作方法。
- 熟练掌握打包演示文稿和将演示文稿发布为各种格式的操作方法。
- 熟练掌握设置幻灯片页面、打印和预览幻灯片的操作方法。

- 了解放映幻灯片、打包幻灯片和打印幻灯片的常规操作。
- 掌握“岗前培训”、“中层管理人员培训”、“电话营销培训手册”等演示文稿的制作方法。

项目流程对应图

“岗前培训”演示文稿最终效果

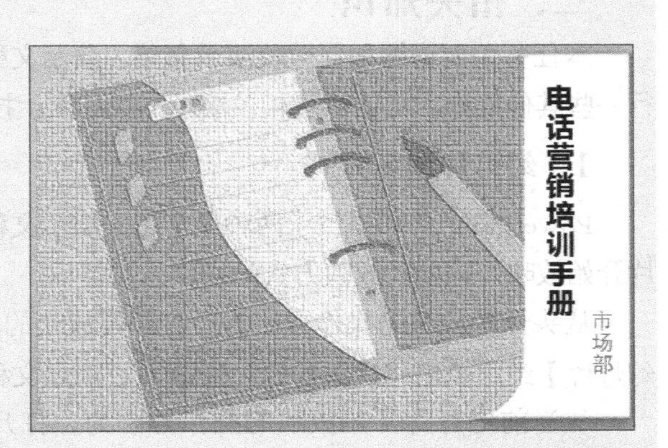

“电话营销培训手册”演示文稿最终效果

任务一　放映“岗前培训”演示文稿

岗前培训是新员工在企业中职业生涯的起点。通过岗前培训可让新员工尽快地适应企业的规章制度、文化、相关业务，同时还能帮助员工建立良好的团队合作关系，培养员工积极的工作态度和企业归属感。

一、任务目标

为了扩展公司新业务，人事部最近招揽了一批新员工，并准备对新员工进行岗前培训。小白接受任务要对新进员工进行培训，首先要讲解岗前培训的内容，因此小白制作了一个“岗前培训”演示文稿。本任务完成后的最终效果如图8-1所示。

素材所在位置　光盘:\素材文件\项目七\岗前培训.pptx
效果所在位置　光盘:\效果文件\项目七\岗前培训.pptx

图8-1　“岗前培训”最终效果

二、相关知识

本任务主要讲解如何放映演示文稿，演示文稿的放映方式有多种，在放映过程中还可进行一些其他操作。下面讲解相关演示方式和演示技巧。

1．幻灯片演示方式

PowerPoint 2010提供了两种最常用的演示文稿放映方式，即从头开始放映和从当前幻灯片开始放映。这两种放映方式的操作方法类似。

从头开始放映的操作方法为，打开需放映的演示文稿，在【幻灯片放映】/【开始放映幻灯片】组中单击“从头开始”按钮，演示文稿即可从头开始放映。

从当前幻灯片开始放映的操作方法为，打开需放映的演示文稿，在【幻灯片放映】/【开始放映幻灯片】组中单击“从当前幻灯片开始”按钮，这时演示文稿将从当前选择的幻灯片开始放映。

2．幻灯片演示技巧

在放映幻灯片的过程中，可以通过一些技巧，控制幻灯片的放映节奏，如在幻灯片放映过程中，按【B】键画面将自动变黑，再按【B】键可恢复画面；按【W】键画面将自动变白，再按【W】键可恢复画面。这两个功能可以在演讲者与观众进行讨论或休息时使用。

对于设置了放映方式为自动播放的PPT，在播放过程中按【S】键，可暂停所有动画，然后对停下的幻灯片进行讲解。

三、任务实施

1．设置放映类型

幻灯片放映的类型主要包括演讲者放映、观众自行浏览、在展台浏览3种方式，不同场合中可应用不同的放映方式。下面讲解如何设置放映类型，其具体操作如下。（微课：光盘\微课视频\项目八\设置放映类型.swf）

STEP 1 打开“岗前培训”演示文稿，在【幻灯片放映】/【设置】组中单击“设置幻灯片放映”按钮，如图8-2所示。

STEP 2 打开“设置放映方式”对话框，在“放映类型”组中选中“观众自行浏览（窗口）”单选项，在“放映选项”组中单击选中“放映时不加旁白”复选框，如图8-3所示。

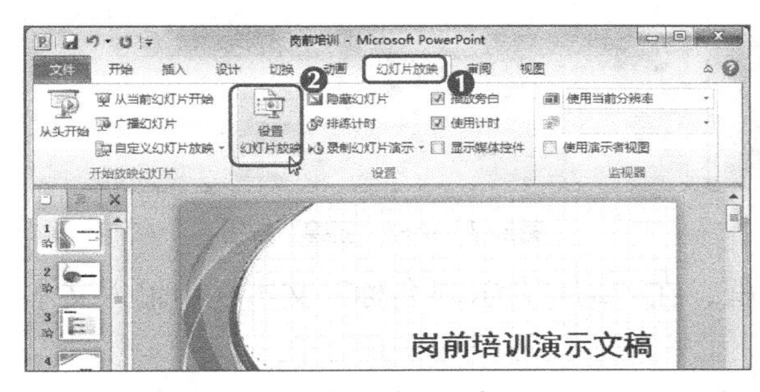

图8-2 单击“设置幻灯片放映”按钮

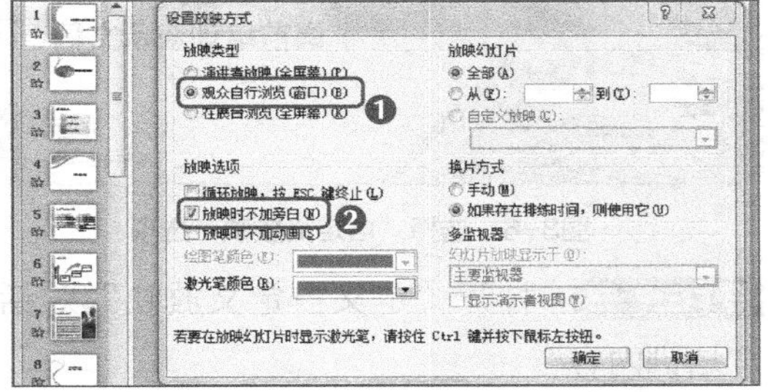

图8-3 选择放映方式

STEP 3 在“换片方式”栏中选中“手动”单选项，单击 确定 按钮，如图8-4所示。

STEP 4 放映设置完成之后按【F5】键播放幻灯片，其播放效果如图8-5所示。

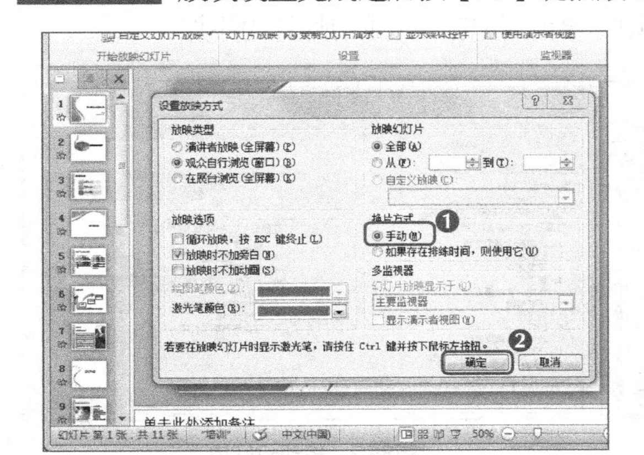

图8-4 选中“手动”单选项

图8-5 放映幻灯片

在幻灯片放映的过程中如需退出放映，可直接按【Esc】键，或单击鼠标右键，在打开的快捷菜单中选择“结束放映”命令。

2．自定义放映

自定义放映是指选择性的只放映某一部分幻灯片，其主要操作为选择需要放映的幻灯片，将其另存为一个名称再进行放映，这类放映主要应用于大型演示文稿中幻灯片的放映，其具体操作如下。（微课：光盘\微课视频\项目八\自定义放映.swf）

STEP 1 在【幻灯片放映】/【开始放映幻灯片】组中单击“自定义幻灯片放映”按钮，在打开的列表中选择“自定义放映”选项，如图8-6所示。

STEP 2 在打开的“自定义放映”对话框中单击“新建(N)...”按钮，如图8-7所示。

图8-6 选择“自定义放映”选项

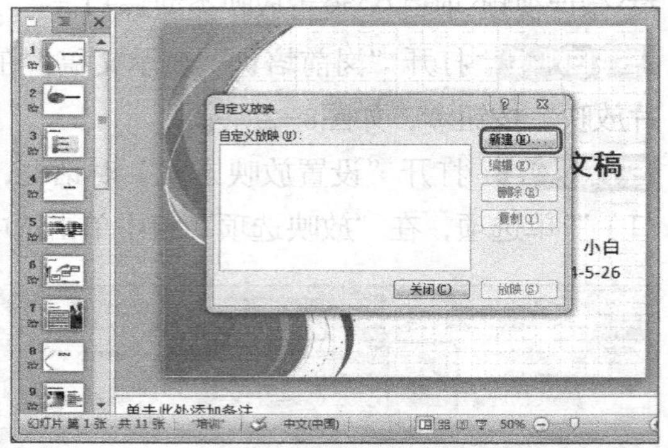

图8-7 单击“新建”按钮

STEP 3 打开“定义自定义放映”对话框，在“幻灯片放映名称”文本框中输入文本“培训内容”。

STEP 4 在“在演示文稿中的幻灯片”列表中按住【Shift】键不放并分别单击第4和第11张幻灯片，使最后8张幻灯片全部选中，单击“添加(A) >>”按钮，如图8-8所示。

STEP 5 在“在自定义放映中的幻灯片”列表框中选择“4. 新工作”选项，单击右侧的上移按钮，将其上移一个位置，如图8-9所示，单击“确定”按钮，完成幻灯片的添加。

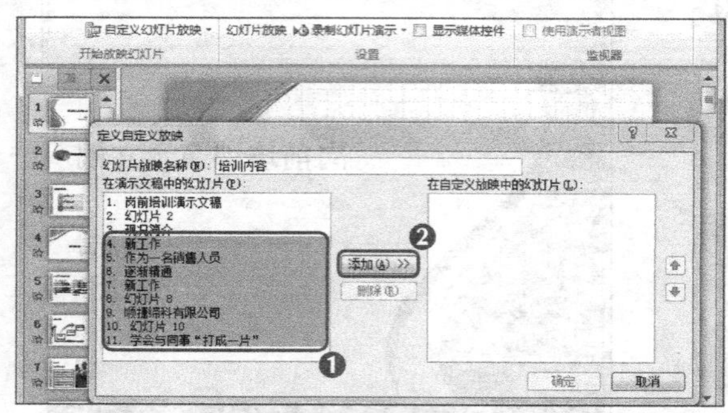

图8-8 选择幻灯片

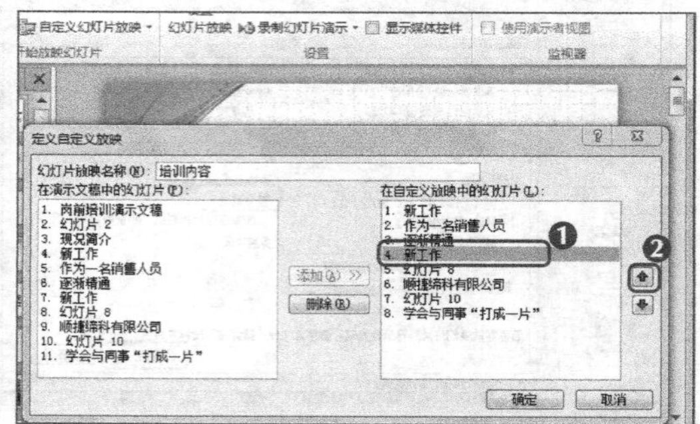

图8-9 移动幻灯片

STEP 6 返回“自定义放映”对话框，在“自定义放映”列表框中将显示出刚才创建的自定义放映幻灯片的名称，单击【放映(S)】按钮即可进入幻灯片放映状态，如图8-10所示。

STEP 7 放映将从第4张幻灯片开始，如图8-11所示。

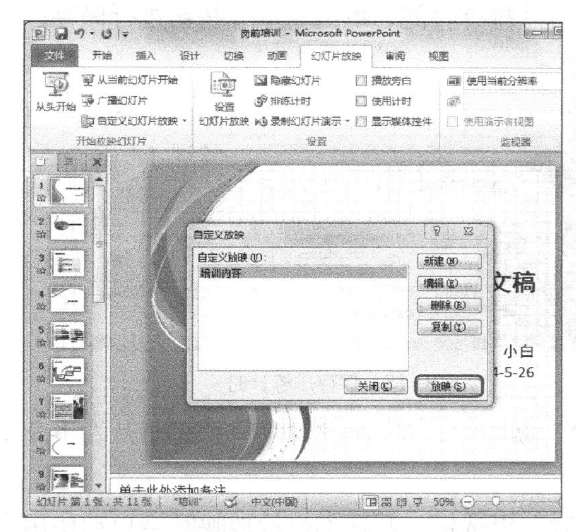

图8-10　返回“自定义放映”对话框

图8-11　放映自定义内容

多学一招

在“自定义放映”对话框中选择所需放映的幻灯片后，单击【编辑(E)...】按钮可编辑当前自定义放映的幻灯片内容和位置；单击【删除(R)】按钮可删除设置好的自定义放映幻灯片；单击【复制(Y)】按钮可复制自定义放映的幻灯片，用户可在复制的自定义放映幻灯片中编辑新的自定义放映以避免重复操作。

3．排练计时

使用排练计时可使演示文稿进行自动放映，而无需演讲者手动控制。排练计时可为演示文稿的每一张幻灯片中的对象设置具体的放映时间，放映时可按照设置好的时间和顺序进行放映，其具体操作如下。（**微课**：光盘\微课视频\项目八\排练计时.swf）

STEP 1 在【幻灯片放映】/【设置】组中单击【排练计时】按钮，如图8-12所示。

STEP 2 进入放映排练状态，幻灯片将全屏放映，同时打开“录制”工具栏并自动开始计时，此时可单击或按【Enter】键放映幻灯片中的下一个对象，进行排练，如图8-13所示。

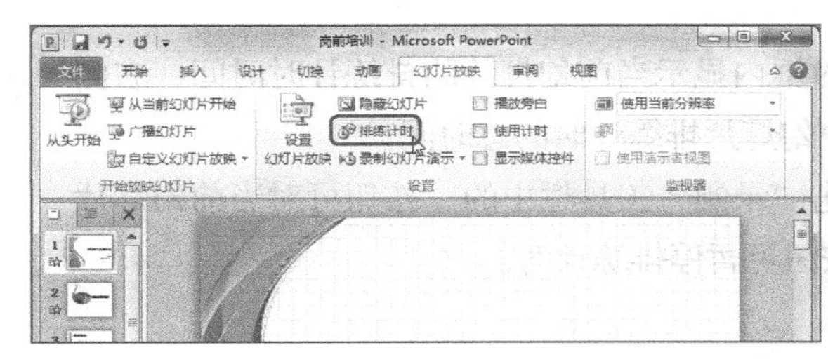

图8-12　单击“排练计时”按钮

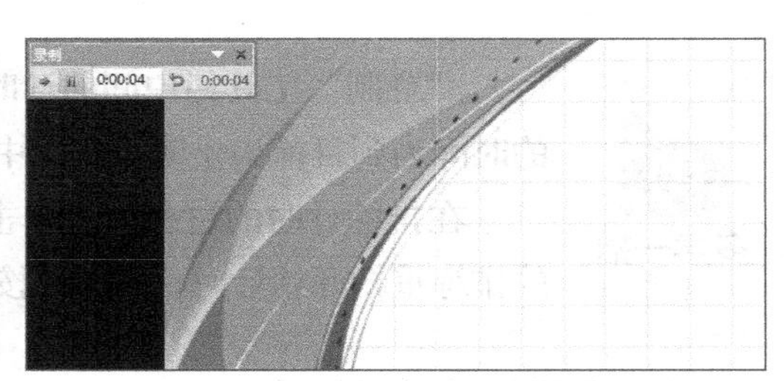

图8-13　开始排练计时

STEP 3 单击“录制”工具栏中的➡按钮切换到下一张幻灯片，“录制”工具栏中的时间将从头开始为当前幻灯片的放映进行计时，如图8-14所示。

STEP 4 依次为演示文稿中的每一张幻灯片进行排练计时，放映完毕后将打开“Microsoft PowerPoint”提示对话框，提示是否保留新的幻灯片排练时间，单击 是(Y) 按钮进行保存，如图8-15所示。

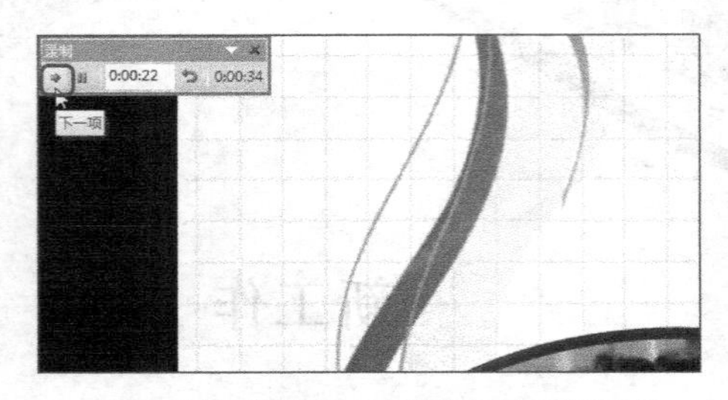

图8-14 切换到下一张幻灯片进行录制

图8-15 保存排练计时

STEP 5 PowerPoint自动切换到“幻灯片浏览”视图中，在该视图中每一张幻灯片左下角都会显示该幻灯片排练计时的时间。

STEP 6 在“设置”组中单击选中“使用计时”复选框，则在幻灯片放映时会自动使用保存的排练计时进行播放，如图8-16所示。

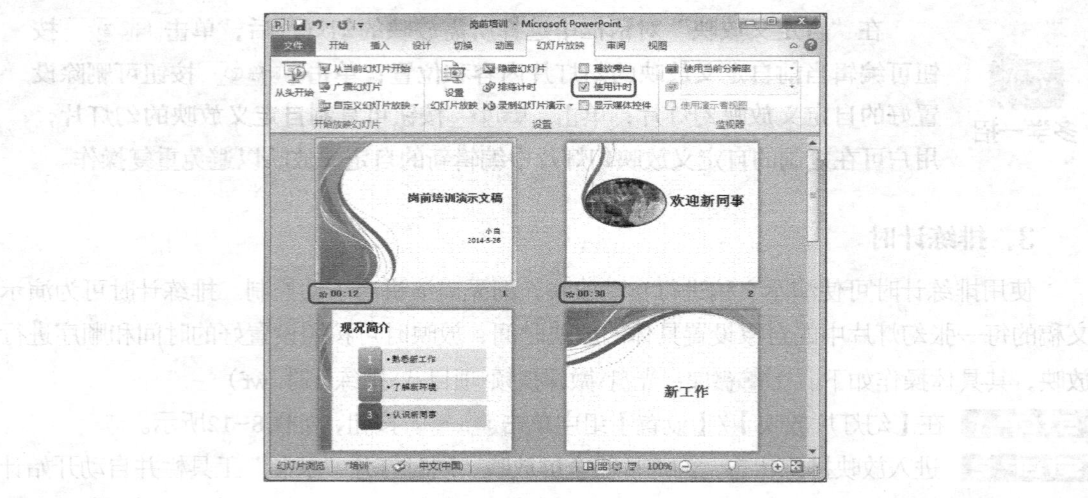

图8-16 选中“使用计时”复选框

多学一招

“录制”工具栏中间的计时框内显示当前幻灯片的排练计时时间，右侧的时间为到目前为止演示文稿中幻灯片排练计时的总时间。

在排练计时的过程中，单击“录制”工具栏中的↺按钮可对当前幻灯片的排练重新开始计时，单击⏸按钮可暂停排练计时。

4. 隐藏与显示幻灯片

在幻灯片放映的过程中，系统将自动设置放映方式为逐张放映，若遇到不需要放映的

幻灯片，用户还可将其隐藏，其具体操作如下。（微课：光盘\微课视频\项目八\排练计时.swf）

STEP 1 在状态栏中单击“普通视图”按钮，切换到普通视图，如图8-17所示。

STEP 2 选择第2张幻灯片，在【幻灯片放映】/【设置】组中单击隐藏幻灯片按钮，如图8-18所示。

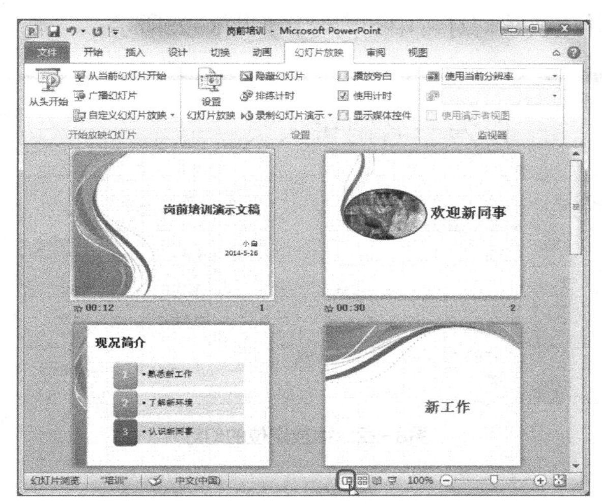

图8-17　切换到普通视图

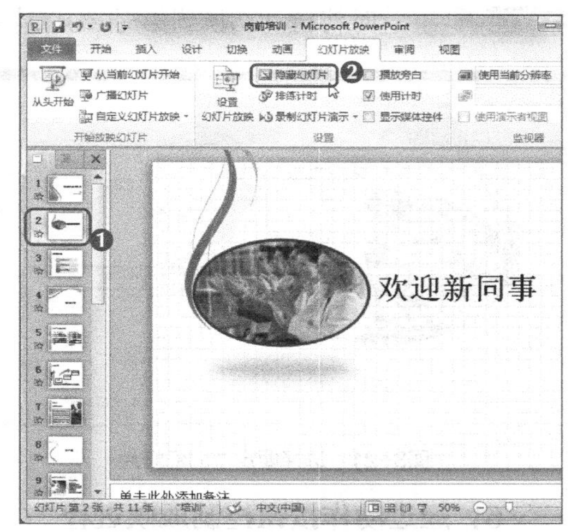

图8-18　隐藏第2张幻灯片

STEP 3 第2张幻灯片将被隐藏，隐藏后的幻灯片编号显示为，如图8-19所示。

STEP 4 选择被隐藏的第2张幻灯片，单击鼠标右键，在打开的快捷菜单中选择“隐藏幻灯片”选项可取消隐藏，如图8-20所示。

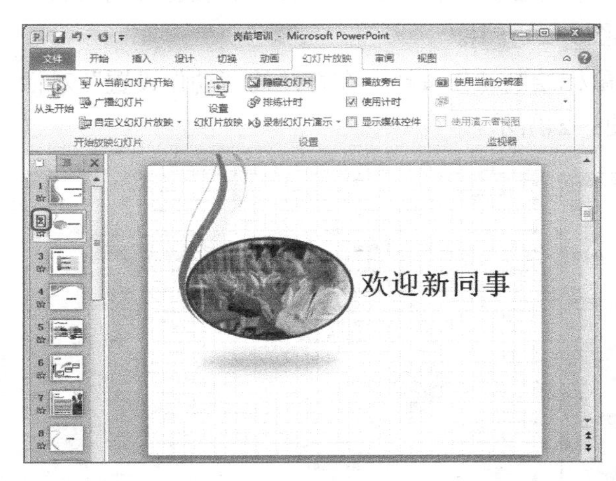

图8-19　隐藏幻灯片

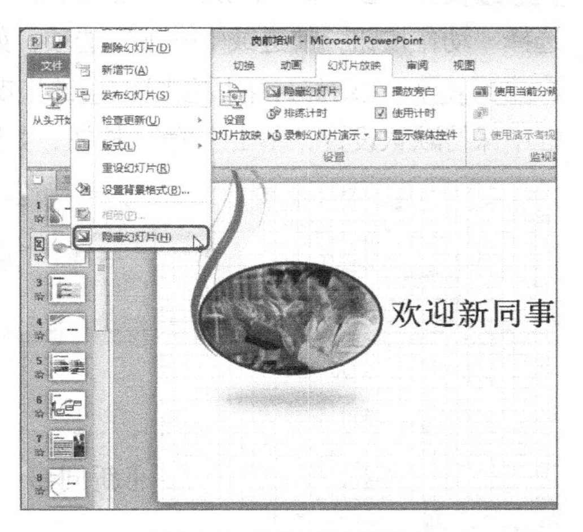

图8-20　取消隐藏幻灯片

知识提示

用户还可通过再次单击呈选中状态的隐藏幻灯片按钮来取消隐藏。注意，在PowerPoint中有些按钮既可执行某项操作又可取消某项操作，当前按钮呈选中状态时表示执行某项操作；未选中状态表示不执行某项操作。

5．快速定位幻灯片

在放映演示文稿时，可使用幻灯片的快速定位功能，快速定位到指定的幻灯片进行放映，其具体操作如下。（微课：光盘\微课视频\项目八\快速定位幻灯片.swf）

STEP 1 按【F5】键放映演示文稿，在放映界面中单击鼠标右键，在弹出的快捷菜单中选择【定位至幻灯片】/【5.作为一名销售人员】选项，如图8-21所示。

STEP 2 这时将自动切换到第5张幻灯片并放映该幻灯片中的内容，如图8-22所示。

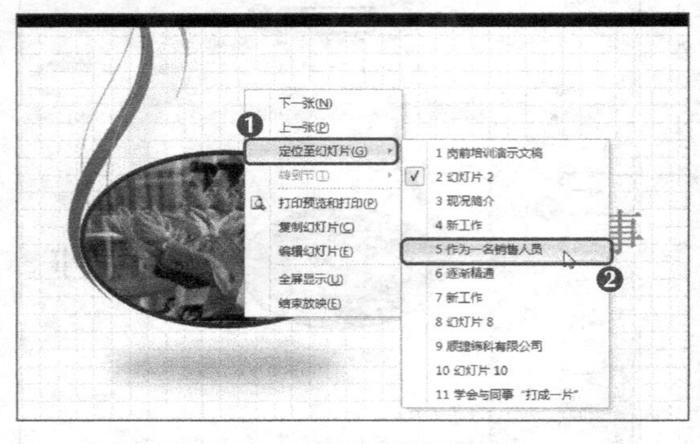

图8-21　选择要定位的幻灯片

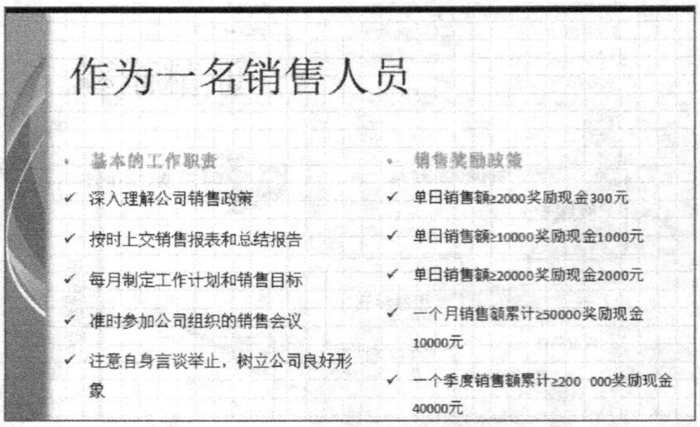

图8-22　播放定位的幻灯片

6．通过动作按钮控制放映进程

用户还可在幻灯片中添加动作按钮，以便在幻灯片在放映的过程中通过单击这些动作按钮实现幻灯片的转换，其具体操作如下。（微课：光盘\微课视频\项目八\通过动作按钮控制放映进程.swf）

STEP 1 选择第2张幻灯片，在【插入】/【插图】组中单击形状按钮，在打开的列表中选择"动作按钮：前进或下一项"选项，如图8-23所示。

STEP 2 在幻灯片中按住鼠标左键拖曳鼠标绘制动作按钮，在打开的"动作设置"对话框中保持默认设置，单击确定按钮，如图8-24所示。

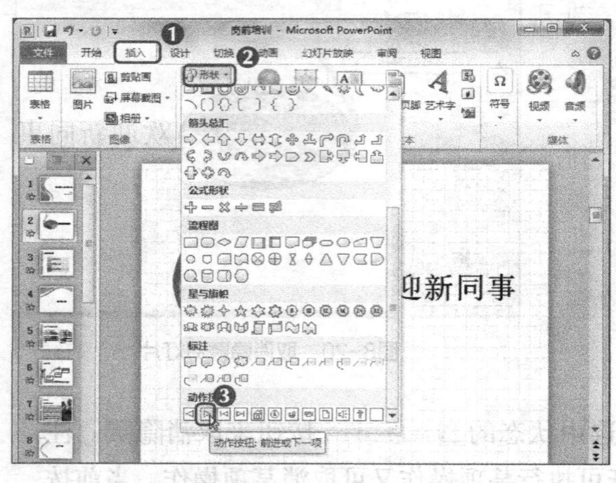

图8-23　选择"前进或下一项"选项

图8-24　确认动作设置

STEP 3 使用相同的方法添加动作按钮，并为其他幻灯片也添加动作按钮，在"幻灯片浏览”视图中查看其效果，如图8-25所示。

STEP 4 在【幻灯片放映】/【开始放映幻灯片】组中单击“从头开始”按钮，开始放映幻灯片，如图8-26所示。

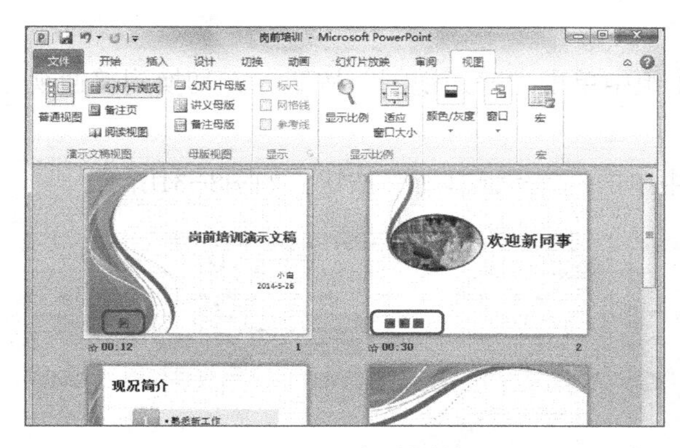

图8-25 添加动作按钮

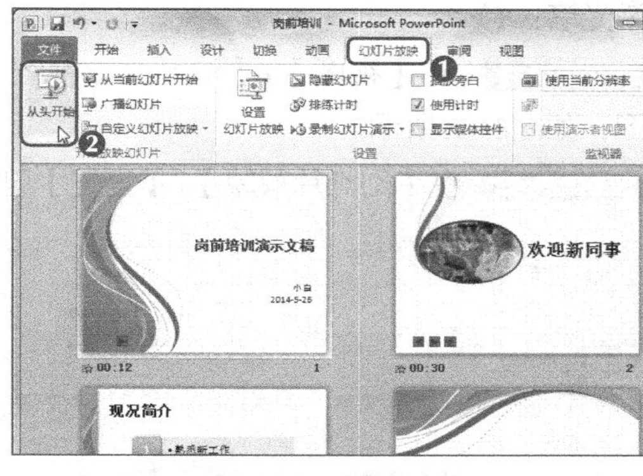

图8-26 开始放映幻灯片

STEP 5 放映幻灯片，将鼠标指针移至动作按钮上，当其变为形状时单击动作按钮，如图8-27所示。

STEP 6 此时将切换到下一张幻灯片，如图8-28所示，在幻灯片放映中单击这些动作按钮即可控制放映进程。

图8-27 单击动作按钮

图8-28 放映下一张幻灯片

STEP 7 在正在放映的幻灯片上单击鼠标右键，在打开的快捷菜单中选择“结束放映”命令即可结束放映，如图8-29所示。

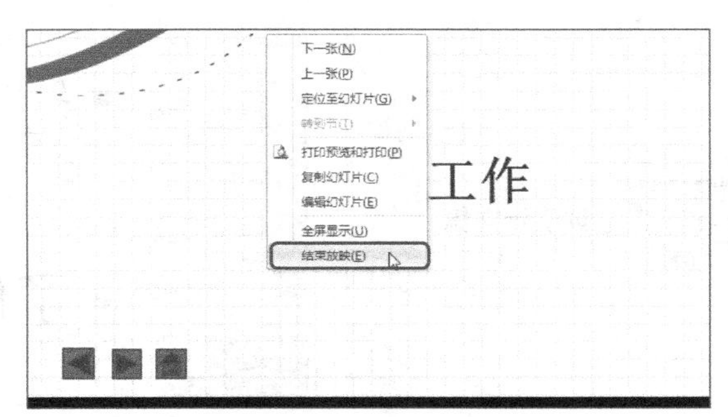

图8-29 结束放映

7．录制旁白和使用激光笔

在没有解说员或演讲者的情况下，可事先为演示文稿录制好旁白，下面将讲解在演示文稿中录制旁白的方法，其具体操作如下。（**微课**：光盘\微课视频\项目八\录制旁白和使用激光笔.swf）

STEP 1 在【视图】/【演示文稿视图】组中单击“普通视图”按钮，切换到普通视图，如图8-30所示。

STEP 2 在【幻灯片放映】/【设置】组中单击“录制幻灯片演示”按钮，如图8-31所示。

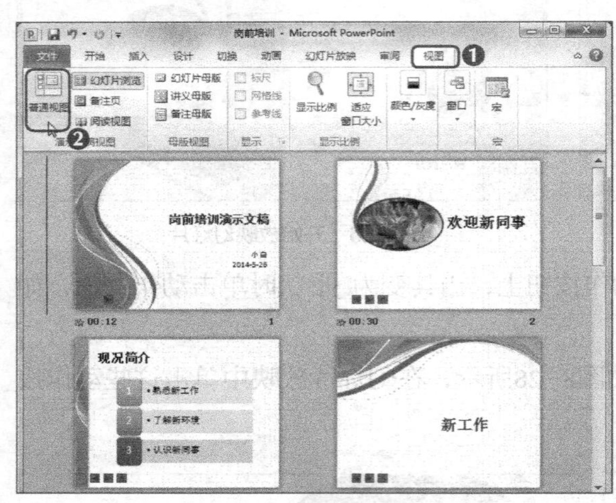

图8-30　切换到普通视图

图8-31　单击“录制幻灯片演示”按钮

STEP 3 打开“录制幻灯片演示”对话框，单击取消选中“幻灯片和动画计时”复选框，单击“开始录制”按钮，如图8-32所示。

STEP 4 幻灯片开始放映并开始计时录音，此时只要安装了音频输入设备就可直接录制旁白。

STEP 5 录制完第一张幻灯片后，切换到下一张幻灯片继续录制，在第3张幻灯片中单击鼠标右键，在弹出的快捷菜单中选择【指针选项】/【笔】命令，如图8-33所示。

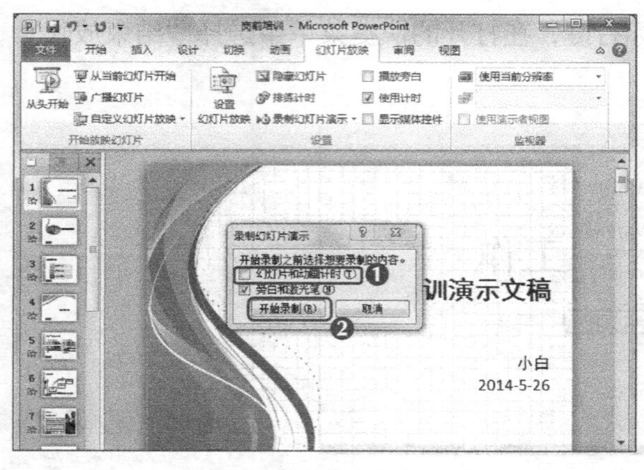

图8-32　取消选中计时复选框

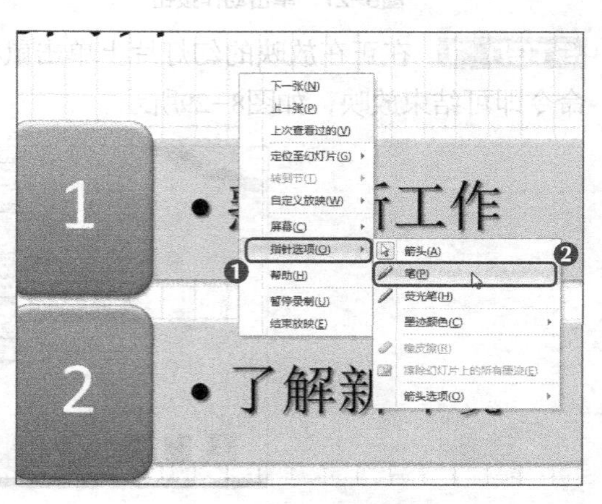

图8-33　选择“笔”命令

STEP 6 此时录制旁白将暂停，移动鼠标指针到文本下方，单击并拖曳鼠标，在该文本下方绘制一条直线，如图8-34所示。

STEP 7 单击“录制”工具栏中的‖按钮，继续录制旁白，如图8-35所示。

图8-34 绘制直线

图8-35 继续录制旁白

STEP 8 录制完成后，在打开的提示对话框中单击保留(K)按钮，保留墨迹注释，如图8-36所示。

STEP 9 放映完后返回“幻灯片浏览”视图，每张幻灯片右下角会出现一个喇叭图标，同时在第3张幻灯片中可以看到墨迹注释，如图8-37所示。

图8-36 结束录制

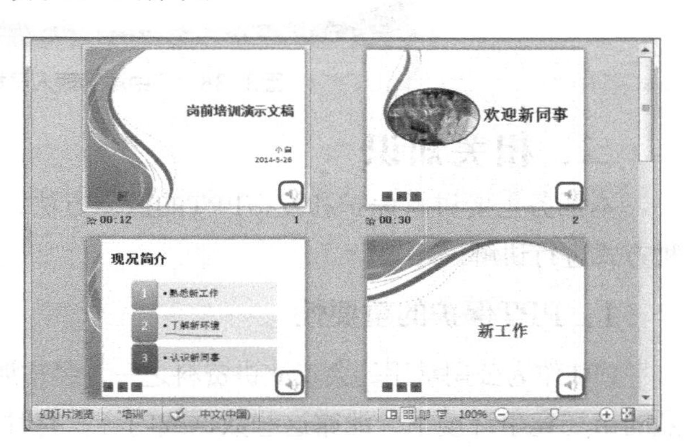

图8-37 查看录制结果

任务二 发布“中层管理人员培训”演示文稿

管理人员按其所处层次，一般分为基层管理人员、中层管理人员、高层管理人员，其中，中层管理人员的主要职责是贯彻和执行高层管理人员所指定的重大决策，并监督和协调基层管理人员的工作。

一、任务目标

为了促进中层管理人员在业务管理能力、领导能力、团队管理能力等方面不断提高，公司决定对中层管理人员开展一次培训工作。公司考虑许久，决定这个工作还是交给老张比较合适，并嘱咐老张，可让小白帮忙。老张在准备好相关资料后，让小白帮忙制作了“中层管理人员培训”演示文稿。本任务完成后的最终效果如图8-38所示。

素材所在位置 光盘:\素材文件\项目七\中层管理人员培训.pptx
效果所在位置 光盘:\效果文件\项目七\中层管理人员培训.pptx

图8-38 “中层管理人员培训”最终效果

二、相关知识

本任务主要讲解保护和发布PPT的操作方法，下面对PPT保护的重要性和发布PPT的几种方式进行讲解。

1. PPT保护的重要性

PPT作为公司常用的会议演讲资料之一，经常涉及一些公司的销售数据或预算内容。在激烈的市场竞争环境下，泄露这些数据或内容，有时会意味着让竞争对手得知公司的下一步动作，从而对公司的发展产生不利影响。因此，在制作好PPT后，对其设置保护是很有必要的。

2. 发布PPT的几种方式

根据放映场合和放映设备的不同，可以将PPT发布为不同的格式，下面讲解发布PPT的几种常用方式。

- **广播幻灯片**：向可以在网络中观看的远程查看者广播幻灯片，PowerPoint将创建一个链接与他人分享，任何获得该链接的人都可在广播幻灯片时查看放映。
- **创建PDF/XPS文档**：将演示文稿发布为PDF文档后，可方便地在其他电脑中运行播放，但该格式的文档只保留了字体、格式、图像，因此不能放映动画效果。
- **发布幻灯片**：将幻灯片发布到幻灯片库，不仅可以共享给他人使用，还可跟踪并审阅幻灯片的更改。
- **将演示文稿打包成CD**：打包之后在其他电脑中可直接播放此演示文稿，其中包含视频、声音、字体。

三、任务实施

1．添加和解除保护

制作完成演示文稿之后可为演示文稿设置权限，防止演示文稿中的内容被修改，其具体操作如下。（微课：光盘\微课视频\项目八\添加和解除保护.swf）

STEP 1 打开“中层管理人员培训”素材演示文稿，单击“文件”选项卡，在“信息”列表中单击“保护演示文稿”按钮，在打开的列表中选择“用密码进行加密”选项，如图8-39所示。

STEP 2 打开“加密文档”对话框，在“密码”文本框中输入密码，这里输入“123”，然后单击 确定 按钮，如图8-40所示。

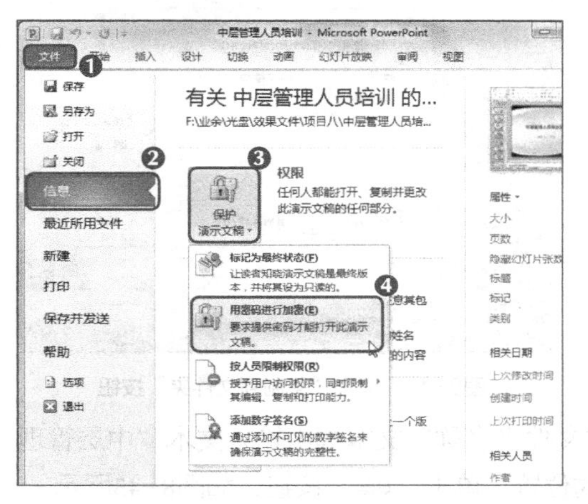

图8-39 选择“用密码进行加密”命令

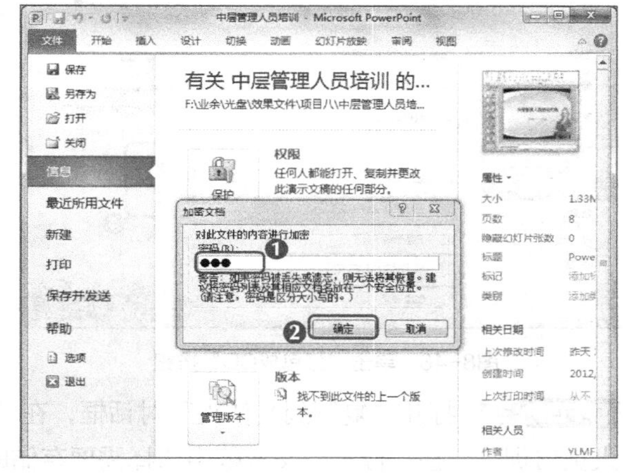

图8-40 输入密码

STEP 3 打开“确认密码”对话框，在“重新输入密码”文本框中再次输入相同的密码，单击 确定 按钮，如图8-41所示，即可为该演示文稿添加密码。

STEP 4 添加密码后的“保护演示文稿”按钮将呈选中状态，且“权限”二字将变为橙色，并提示打开此演示文稿需要密码，如图8-42所示。

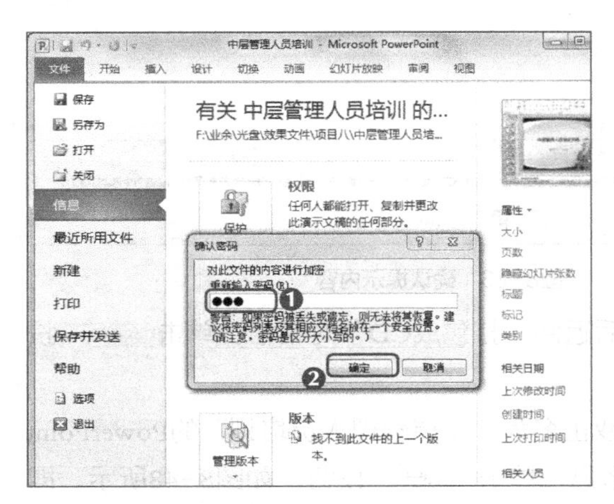

图8-41 确认密码

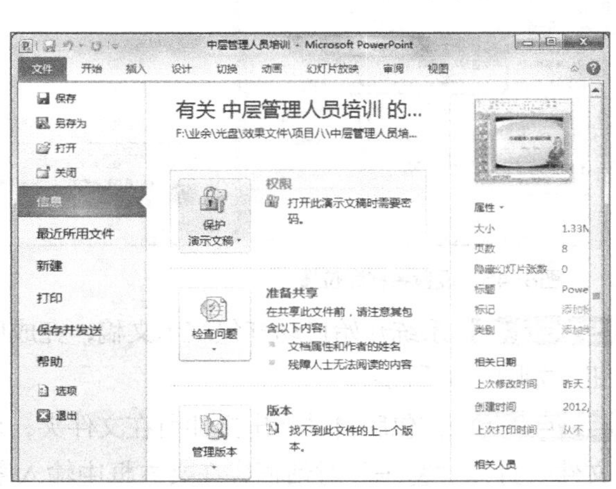

图8-42 设置完成

2．打包演示文稿

打包演示文稿分为将演示文稿压缩到CD或文件夹两种，其中压缩到CD要求电脑中配置有刻录光驱，而打包成文件夹则没有这项要求，其具体操作如下。（微课：光盘\微课视频\项目八\打包演示文稿.swf）

STEP 1 在“文件”选项卡中选择【保存并发送】/【将演示文稿打包成CD】命令，单击右侧的“打包成CD”按钮，如图8-43所示。

STEP 2 打开“打包成CD”对话框，单击复制到文件夹(F)...按钮，如图8-44所示。

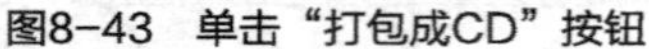

图8-43　单击“打包成CD”按钮

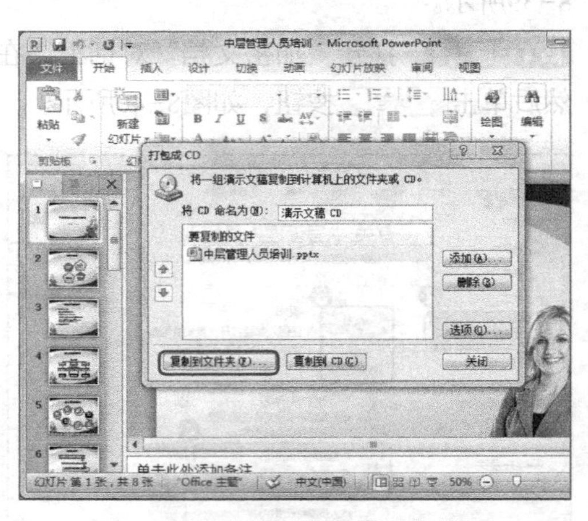

图8-44　单击“复制到文件夹”按钮

STEP 3 打开“复制到文件夹”对话框，在“文件夹名称”文本框中输入文本“中层管理人员培训”，在“位置”文本框中选择需要存储的位置，单击确定按钮，如图8-45所示。

STEP 4 打开提示对话框，提示是否一起打包链接文件，单击是(Y)按钮，如图8-46所示。

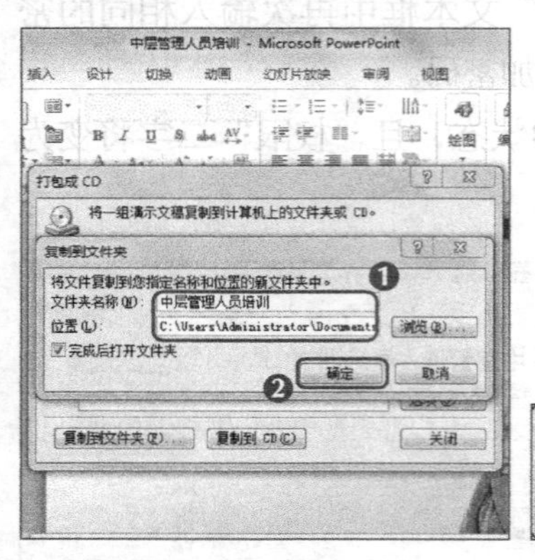

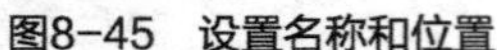

图8-45　设置名称和位置

图8-46　确认提示内容

STEP 5 系统开始自动打包演示文稿，完成后返回“打包成CD”对话框，单击关闭按钮，如图8-47所示。

STEP 6 打包后自动弹出文件所在文件夹，双击名为“中层管理人员培训”的PowerPoint文件，打开“密码”对话框，在文本框中输入密码，单击确定按钮，如图8-48所示，即可编辑或放映演示文稿。

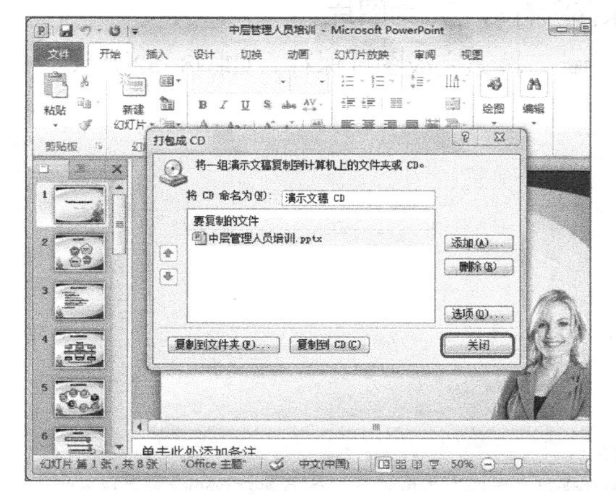

图8-47 关闭对话框

图8-48 输入密码

若在打包之前没有为演示文稿设置打开密码，在打包时可在“打包成CD”对话框中单击按钮对演示文稿设置密码。

3. 将演示文稿保存为图片

在PowerPoint中可将演示文稿保存为图片，保存为图片后，在未安装PowerPoint的电脑中也可查看各张幻灯片，其具体操作如下。（微课：光盘\微课视频\项目八\将演示文稿保存为图片.swf）

STEP 1 选择【文件】/【另存为】命令，如图8-49所示。

STEP 2 打开“另存为”对话框，在地址栏中选择保存位置，在“文件名”文本框中输入名称，在“保存类型”下拉列表中选择“JPEG 文件交换格式”选项，单击 保存(S) 按钮，如图8-50所示。

图8-49 选择“另存为”命令

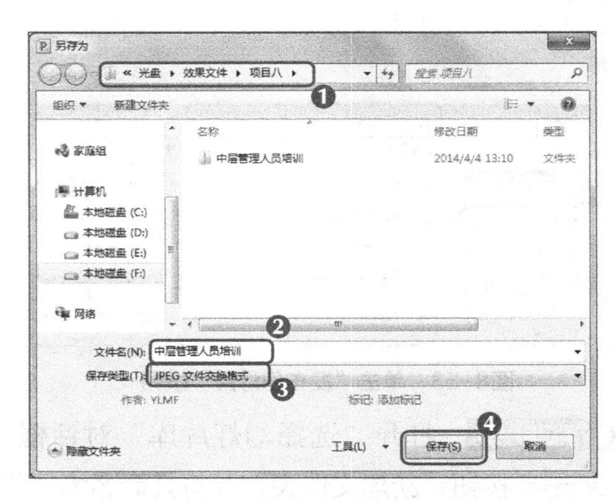

图8-50 设置保存参数

STEP 3 在打开的提示对话框中提示用户选择导出当前幻灯片还是所有幻灯片，单击 每张幻灯片(E) 按钮，如图8-51所示，PowerPoint将保存所有幻灯片为图片。

STEP 4 保存完成后将打开提示对话框，单击 确定 按钮完成图片保存，如图8-52所示。

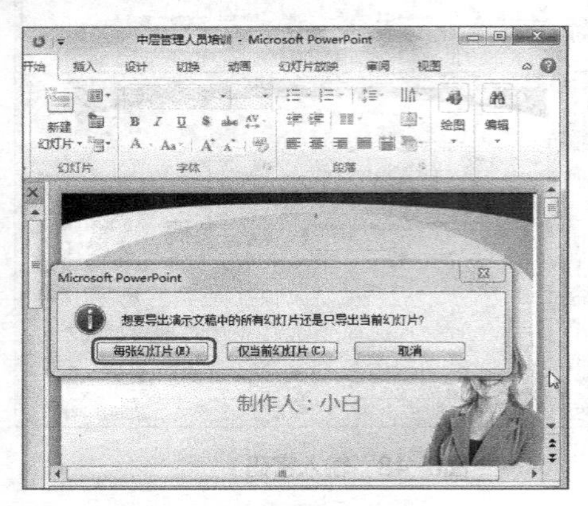

图8-51 导出每张幻灯片

图8-52 确认提示

4．将演示文稿发布到幻灯片库

若在演示文稿中多次反复使用某一对象或内容，用户可将这些对象或内容直接发布到幻灯片库中，需要时可直接调用，并且还能用于其他演示文稿中，其具体操作如下。

STEP 1 选择【文件】/【保存并发送】菜单命令，在中间的列表中选择“发布幻灯片”选项，单击右侧的“发布幻灯片”按钮，如图8-53所示。

STEP 2 打开“发布幻灯片”对话框，在“选择要发布的幻灯片”列表框中单击 全选(S) 按钮选择所有幻灯片，选中“只显示选定的幻灯片”复选框，单击 浏览(B)... 按钮，如图8-54所示。

图8-53 单击“发布幻灯片”按钮

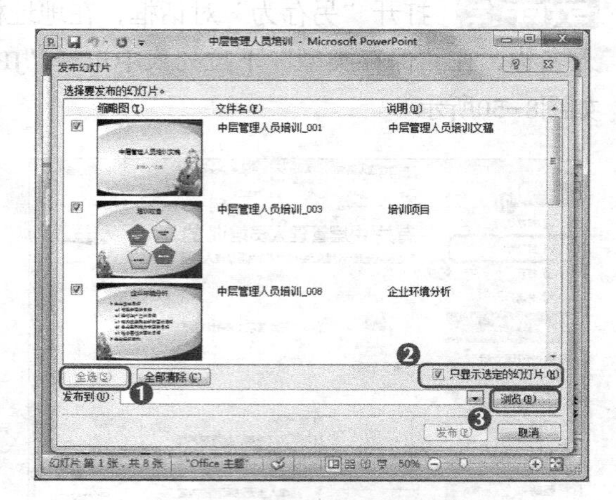

图8-54 选择要发布的幻灯片

STEP 3 打开“选择幻灯片库”对话框，在地址栏中选择发布位置，单击工具栏上的 新建文件夹 按钮，新建文件夹，并将其命名为“幻灯片库”，单击 选择(E) 按钮，如图8-55所示。

STEP 4 返回“发布幻灯片”对话框，单击 发布(P) 按钮进行发布。

STEP 5 打开“幻灯片库”文件夹可看到发布完成的幻灯片，如图8-56所示。

图8-55 新建文件夹

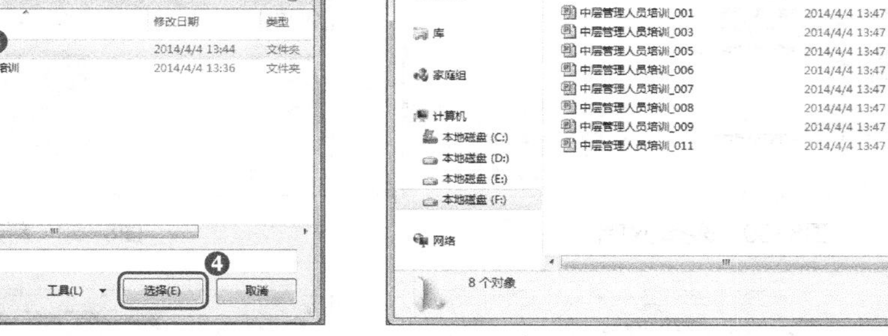

图8-56 发布的幻灯片

5．调用幻灯片库中的幻灯片

用户可调用已发布到幻灯片库中的幻灯片，其具体操作如下。（微课：光盘\微课视频\项目八\调用幻灯片库中的幻灯.swf）

STEP 1 新建演示文稿，在【开始】/【幻灯片】组中单击“新建幻灯片”按钮的下拉按钮，在打开的列表中选择“重用幻灯片”选项，如图8-57所示。

STEP 2 在右侧打开的“重用幻灯片”窗格中单击浏览按钮，在打开的列表中选择“浏览文件”选项，如图8-58所示。

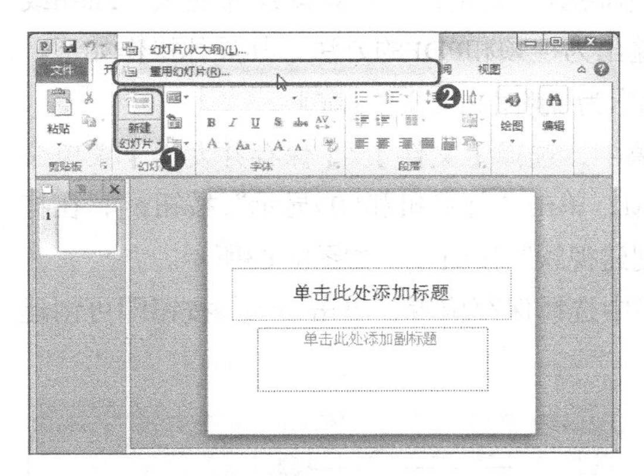

图8-57 选择“重用幻灯片”命令

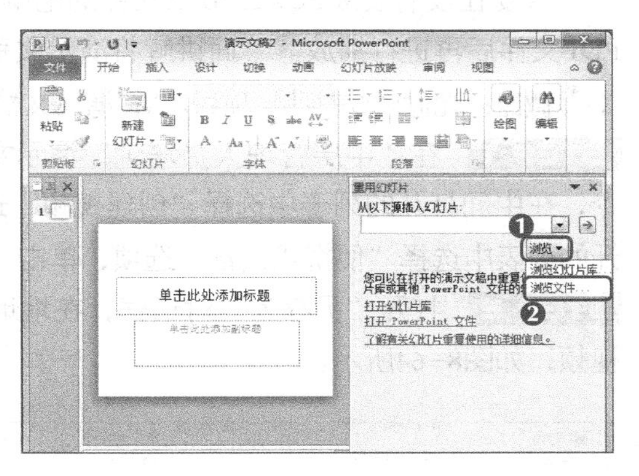

图8-58 选择“浏览文件”命令

STEP 3 打开“浏览”对话框，选择“中层管理人员培训_001”选项，单击打开(O)按钮，如图8-59所示。

STEP 4 在“重用幻灯片”任务窗格的列表框中单击重用的幻灯片，在“幻灯片编辑”窗口中将新建一个文本内容与重用幻灯片相同的幻灯片，如图8-60所示。

STEP 5 在“重用幻灯片”任务窗格中右键单击列表框中的重用幻灯片，在弹出的快捷菜单中选择“将主题应用于所有幻灯片”命令，如图8-61所示。

STEP 6 关闭“重用幻灯片”任务窗格，完成幻灯片的调用，结果如图8-62所示。

图8-59 选择幻灯片

图8-60 新建幻灯片

图8-61 将主题应用于所有幻灯片

图8-62 完成调用

6. 将演示文稿输出为视频和PDF文件

若要在没有安装PowerPoint软件的电脑中放映演示文稿，可将其创建为视频、Flash或PDF文件后再进行播放。下面讲解将演示文稿输出为视频和PDF的方法，其具体操作如下。（微课：光盘\微课视频\项目八\将演示文稿输出为视频和PDF文件.swf）

STEP 1 在“中层管理人员培训”演示文稿中，选择【文件】/【保存并发送】菜单命令，在中间打开的列表中选择“创建视频”选项，单击“计算机和HD显示”按钮，在打开的列表中选择“便携式设备”选项，单击“创建视频”按钮，如图8-63所示。

STEP 2 打开“另存为”对话框，在地址栏中选择保存位置，单击 保存(S) 按钮即可创建视频，如图8-64所示。

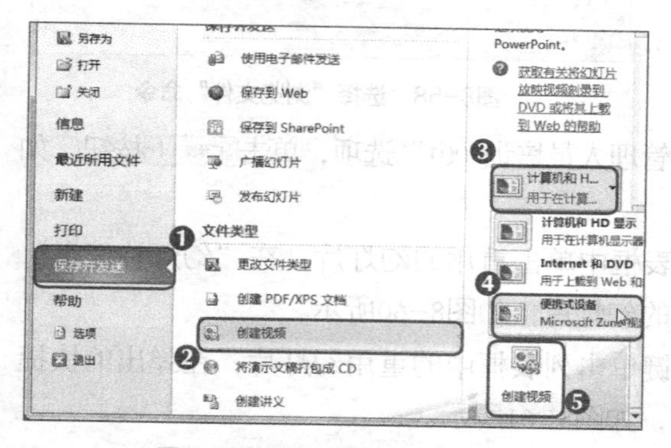

图8-63 单击“创建视频”按钮

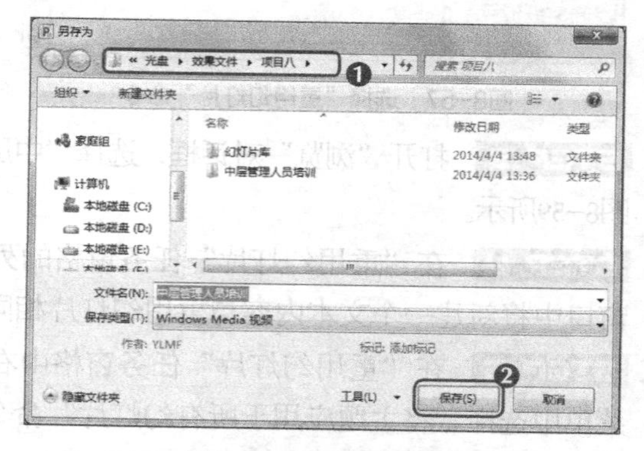

图8-64 设置保存参数

知识提示

选择不同的的载体，创建的视频分辨率也不同，如在电脑或投影仪上显示，分辨率为960像素×720像素；上传到Internet或在DVD上播放，分辨率为640像素×480像素；在便携式设备上播放分辨率为320像素×240像素。

STEP 3 在保存的文件夹中双击创建的“中层管理人员培训.wmv”文件，即可打开默认的播放器播放演示文稿，如图8-65所示。

STEP 4 在“中层管理人员培训”演示文稿中选择【文件】/【保存并发送】菜单命令，在中间打开的列表中选择“创建PDF/XPS文档”选项，单击“创建PDF/XPS”按钮，如图8-66所示。

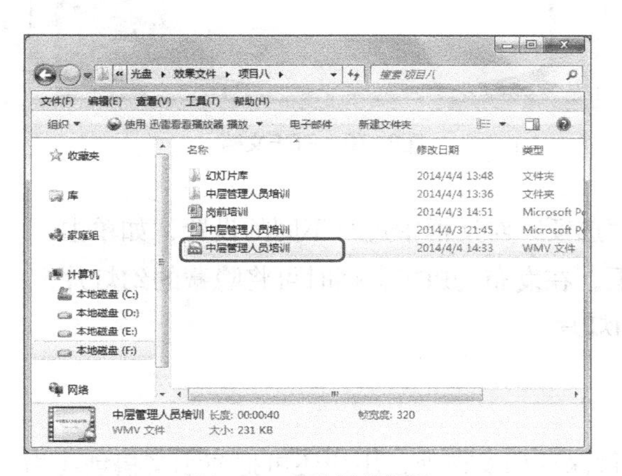

图8-65 双击播放视频

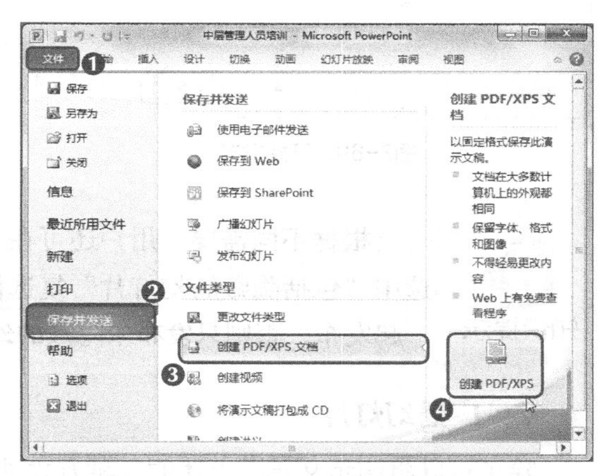

图8-66 单击“创建PSD/XPS”按钮

STEP 5 打开“发布为PDF或XPS”对话框，在地址栏中选择保存位置，在“保存类型”右侧的下拉列表中选择“PDF”，单击 选项(O)... 按钮，如图8-67所示。

STEP 6 打开“选项”对话框，在“发布选项”栏中单击选中“幻灯片加框”复选框，其他保持默认，单击 确定 按钮，如图8-68所示。

图8-67 单击“选项”按钮

图8-68 选中“幻灯片加框”复选框

STEP 7 返回“发布为 PDF 或 XPS”对话框，单击 发布(S) 按钮，如图8-69所示。

STEP 8 发布完成后将自动打开发布的PDF文档，如图8-70所示。

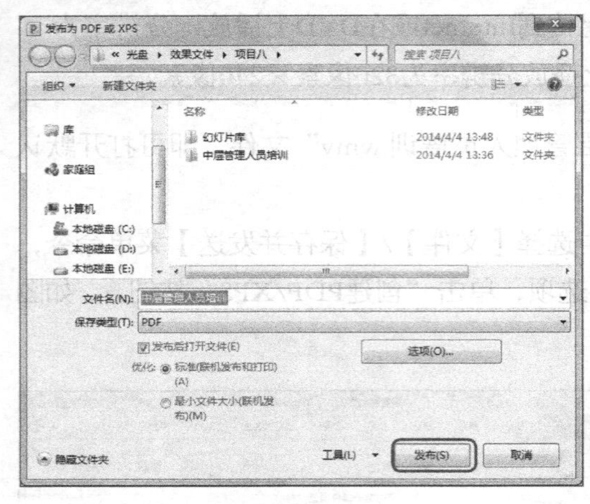

图8-69 开始发布

图8-70 PDF文档

知识提示

根据不同需要，用户还可在“选项”对话框中进行不同的设置，如单击选中“包括隐藏的幻灯片”复选框，在发布为PDF文档时可将隐藏的幻灯片一起发布，否则只发布未隐藏的幻灯片。

7. 广播幻灯片

除了可以将演示文稿以上述的几种方式进行保存和发布外，用户还可把演示文稿创建为广播幻灯片以供分享。通过创建分享链接，使观众通过该链接能直接观看幻灯片的放映，其具体操作如下。（微课：光盘\微课视频\项目八\广播幻灯片.swf）

STEP 1 在“中层管理人员培训”演示文稿中，选择【文件】/【保存并发送】菜单命令，在中间打开的列表中选择“广播幻灯片”选项，单击“广播幻灯片”按钮，如图8-71所示。

STEP 2 打开“广播幻灯片”对话框，单击“启动广播(S)”按钮，如图8-72所示。

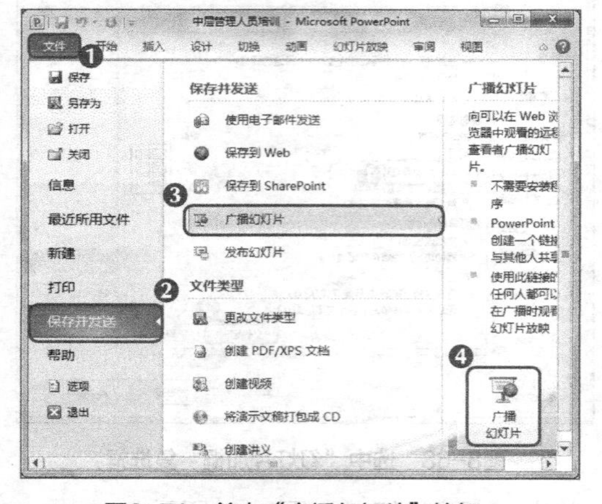

图8-71 单击“广播幻灯片”按钮

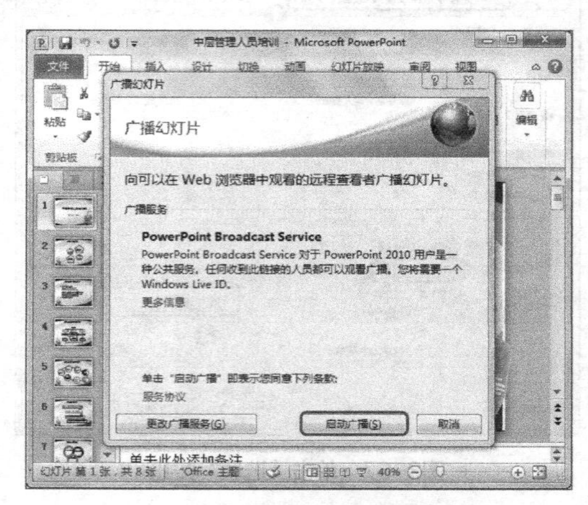

图8-72 单击“启动广播”按钮

STEP 3 系统连接服务器，在打开的对话框中输入电子邮件地址和密码，单击 确定 按钮，如图8-73所示，登录成功后即可广播幻灯片。

图8-73 登录Windows Live ID

任务三 打印“电话营销培训手册”演示文稿

电话营销相对于传统营销来说，是一种更加便捷的营销方式，是通过电话，实现有计划、有组织，且高效率地扩大顾客群、提高顾客满意度、维护老顾客等市场行为。在电话营销的过程中，客户主要依据营销人员的声音来获得有效信息。

一、任务目标

公司下一阶段需要组织员工进行电话营销，鉴于新员工没有电话营销的经验，老张让小白对这些员工进行相关的电话营销培训，在进行培训前，小白制作了一份电话营销培训手册。本任务完成后的最终效果如图8-74所示。

素材所在位置 光盘:\素材文件\项目七\电话营销培训手册.pptx
效果所在位置 光盘:\效果文件\项目七\电话营销培训手册.pptx

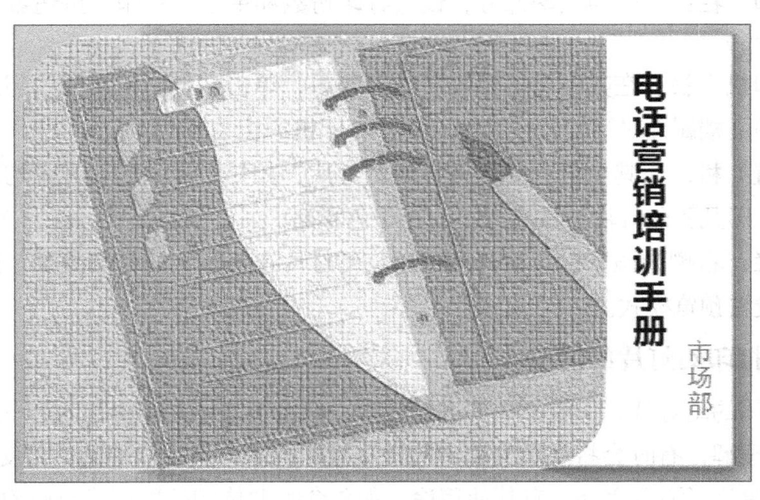

图8-74 “电话营销培训手册”最终效果

职业素养

在进行电话营销时，不能因为没有与客户面对面就稍有懈怠，因为客户仍然可通过声音判断营销人员是否真诚。在进行电话营销时，应尽量长话短说，表述清楚。

二、相关知识

本任务主要讲解设置演示文稿打印的相关参数，如设置页面和进行打印预览等，在此之前对幻灯片打印的相关参数进行介绍。

1．幻灯片的打印参数

在打印幻灯片之前，需要对相关参数进行设置，了解这些参数的作用，可帮助演讲者更加快速、有目的地对打印参数进行设置。选择【文件】/【打印】菜单命令，即可切换到打印界面，其中分为打印、打印机、设置、预览4部分，如图8-75所示，具体介绍如下。

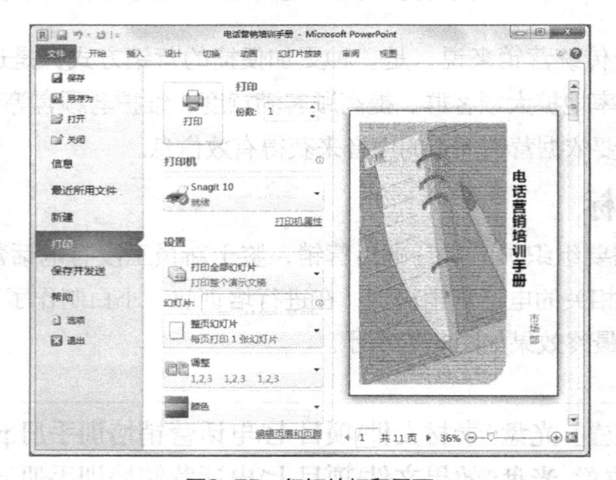

图8-75 幻灯片打印界面

- **“打印”栏：**该栏包括两部分，设置打印份数和单击“打印”按钮下达开始打印的指令。
- **“打印机”栏：**在其中可选择安装的打印机，单击“打印机属性”超链接，可打开相应的文档属性对话框，在其中可设置打印机的相关属性。
- **“设置”栏：**在其中可选择如何打印幻灯片，如打印其中的某几张幻灯片、在一张纸上打印几张幻灯片、按序打印、打印色彩等。
- **预览栏：**右侧为预览栏，在其中可预览幻灯片在纸张上的打印效果，通过其下的按钮可设置预览模式。

2．需要打印幻灯片的情况

作为演示用的幻灯片，一般不需要进行打印，但由于演示文稿中的内容一般比较简略，为了方便观众理解，有时会将演示文稿中的讲义打印出来，供观众翻阅。若使用PowerPoint制作的演示文稿除了演示之外还有其他用途，如包含需要传阅的数据或今后的规划等，还需要将该类幻灯片打印出来供员工查阅。

三、任务实施

1．演示文稿的页面设置

在打印幻灯片之前，应先根据纸张的大小设置好幻灯片的大小，使其打印出来的效果与纸张相适应，其具体操作如下。（微课：光盘\微课视频\项目八\演示文稿的页面设置.swf）

STEP 1 打开“电话营销培训手册”演示文稿，在【设计】/【页面设置】组中单击“页面设置”按钮，如图8-76所示。

STEP 2 打开“页面设置”对话框，在“幻灯片大小”下拉列表框中选择“A4纸张”，在“幻灯片”栏中单击选中“纵向”单选项，单击 确定 按钮，如图8-77所示。

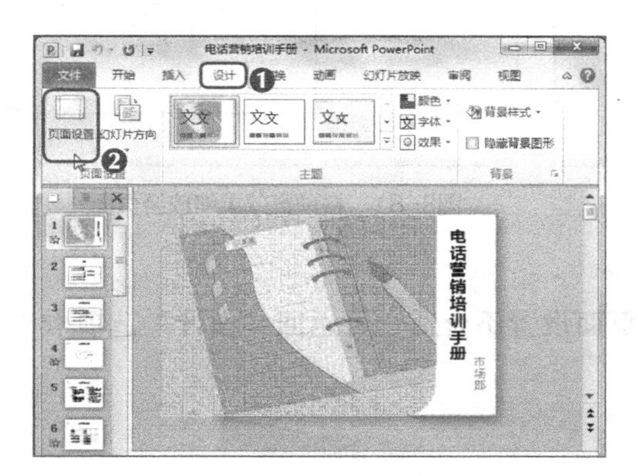

图8-76 单击“页面设置”按钮

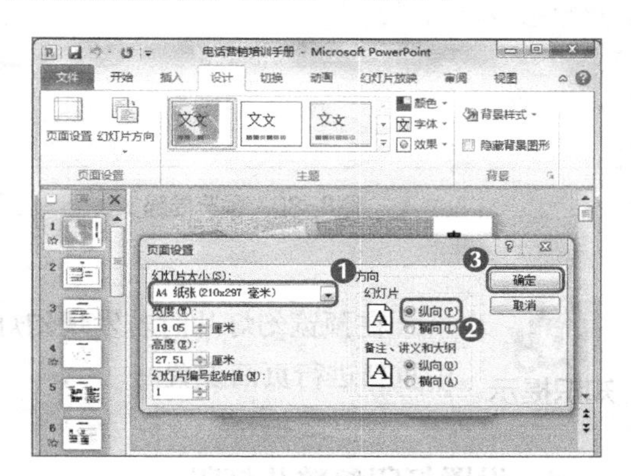

图8-77 设置页面参数

2．打印预览

在对演示文稿进行打印之前，都需要对打印的对象进行打印预览，以确定打印效果，满意之后再进行打印，其具体操作如下。（微课：光盘\微课视频\项目八\打印预览.swf）

STEP 1 选择【文件】/【打印】菜单命令，在右侧查看页面设置后的效果，如图8-78所示。

STEP 2 在窗口最下方连续单击 ▸ 按钮，将幻灯片调整至第4张，如图8-79所示。

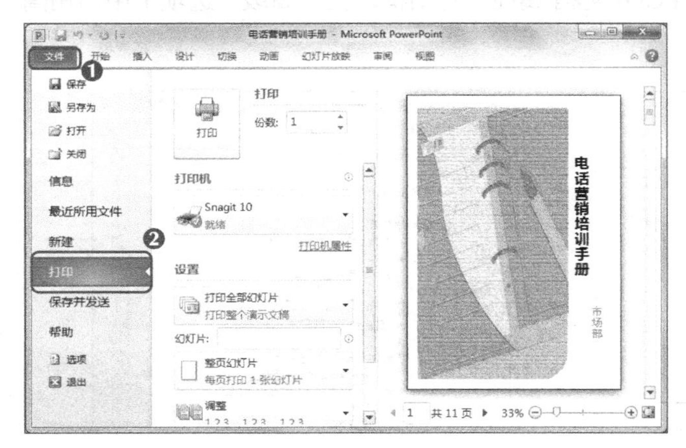

图8-78 查看页面设置效果

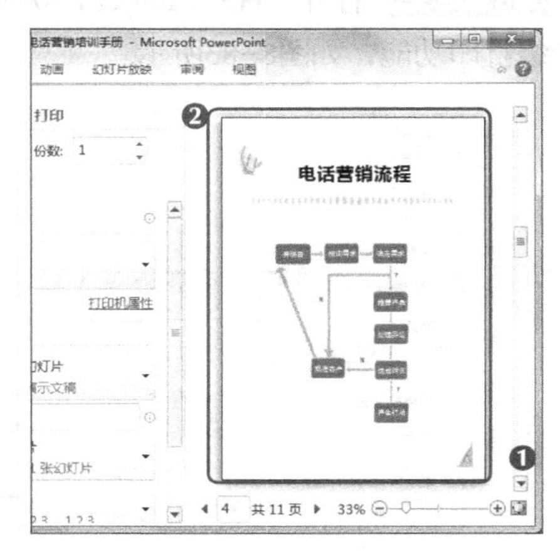

图8-79 调整幻灯片

STEP 3 在窗口最下方单击并拖曳滑块，可放大幻灯片，预览其局部，如图8-80所示。

STEP 4 在窗口右下角单击“缩放到页面”按钮，将预览效果缩放至页面，如图8-81所示。

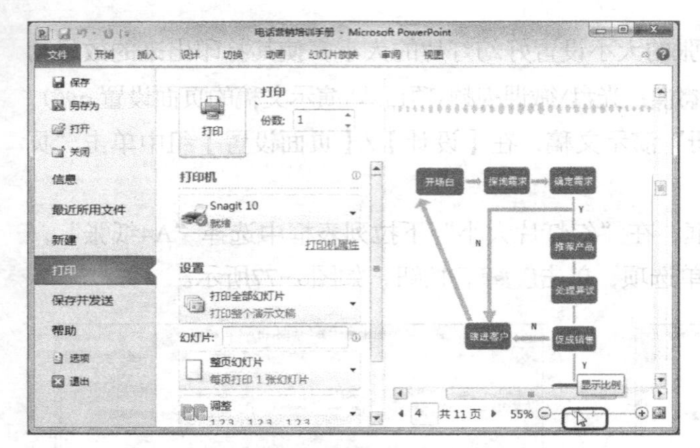

图8-80　预览局部

图8-81　将预览效果缩放至页面

在预览幻灯片时若发现幻灯片页面设置不合适，可返回“设计”选项卡中重新进行页面设置。

3．设置打印参数并打印

通过打印预览查看并调整打印效果后，用户就可通过打印机打印演示文稿中的内容。在打印之前还需对打印参数（如选择打印机、选择纸张、选择打印内容、设置打印范围等）进行设置，其具体操作如下。（微课：光盘\微课视频\项目八\设置打印参数并打印.swf）

STEP 1 选择【文件】/【打印】菜单命令，在“打印机”栏中选择“HP LaserJet P2015 PCL6”选项，单击“打印机属性”超链接，如图8-82所示。

STEP 2 打开“HP LaserJet P2015 PCL6 文档 属性”对话框，在“高级”选项卡中启用高级打印功能，如图8-83所示。

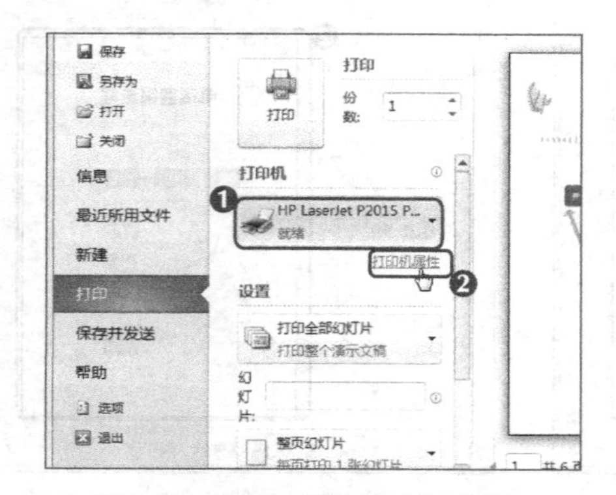

图8-82　选择打印机并单击超链接

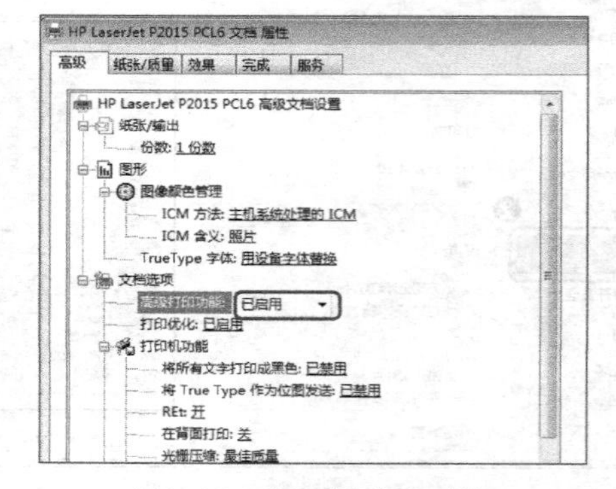

图8-83　启用高级打印功能

STEP 3 单击“效果”选项卡，在“调整选项”栏中单击选中“实际尺寸”单选项，单

击 确定 按钮，如图8-84所示，完成设置。

STEP 4 在“打印”栏的“份数”数值框中输入“2”，如图8-85所示。

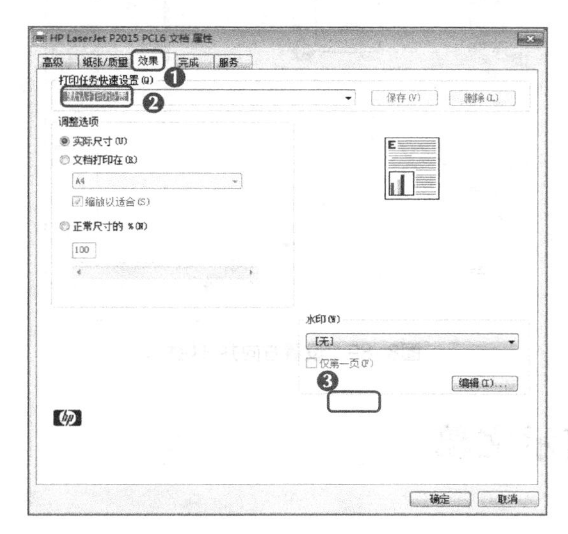

图8-84　选中“实际尺寸”单选项

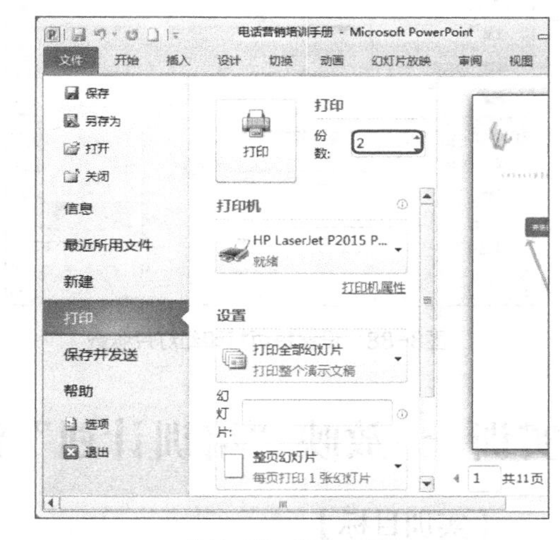

图8-85　输入份数

STEP 5 在“设置”栏中单击 打印全部幻灯片 打印整个演示文稿 按钮，在打开的列表中选择“自定义范围”选项，如图8-86所示。

STEP 6 将鼠标指针定位到下方的文本框中，输入“1,5”，即只打印第1张和第5张幻灯片，如图8-87所示。

图8-86　选择“自定义范围”命令

图8-87　设置要打印的幻灯片

STEP 7 单击 整页幻灯片 每页打印1张幻灯片 按钮，在打开的列表中选择“2张幻灯片”选项，在每页打印2张幻灯片，如图8-88所示。

STEP 8 单击 纵向 按钮，在打开的列表中选择“横向”选项，单击“打印”按钮即可开始打印幻灯片，如图8-89所示。

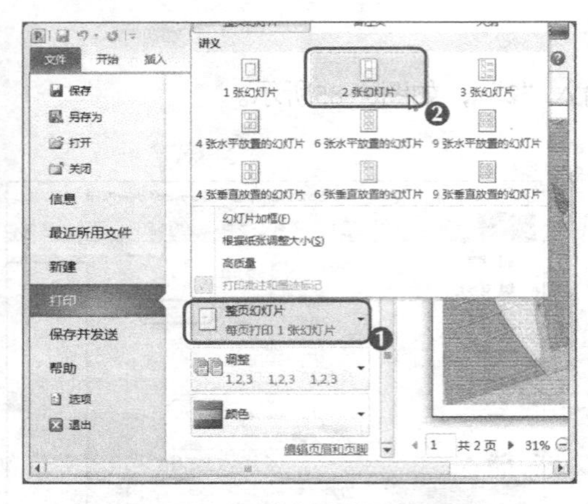

图8-88 设置每页打印幻灯片张数

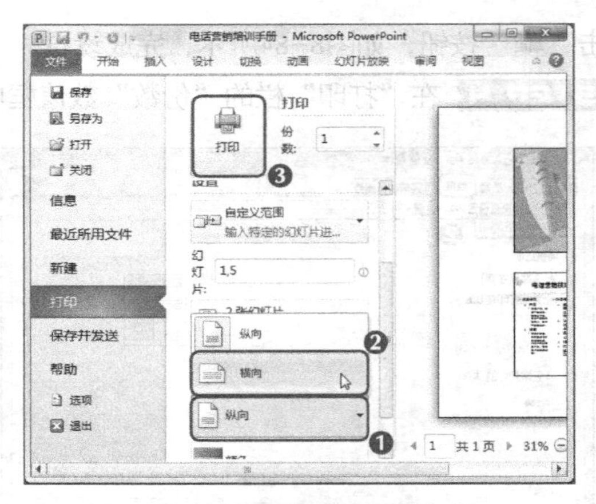

图8-89 设置方向并开始打印

实训一 放映“培训计划”演示文稿

【实训目标】

最近公司各部门提交了多项与本部门相关的培训课程申请，由于培训课程太多，出现了培训场地和经费紧张等问题，为了协调培训，以求以最好的培训安排达到最大的场地和时间利用率，老张要求小白制作一份详细的培训计划PPT，明确培训的时间、场地等，并打印下发到各部门。

要完成本实训，需要熟练掌握设置演示文稿的页面，进行打印预览，设置打印参数并打印的操作方法，本实训的最终效果如图8-90所示。

素材所在位置 光盘:\素材文件\项目七\培训计划.pptx
效果所在位置 光盘:\效果文件\项目七\培训计划.pptx

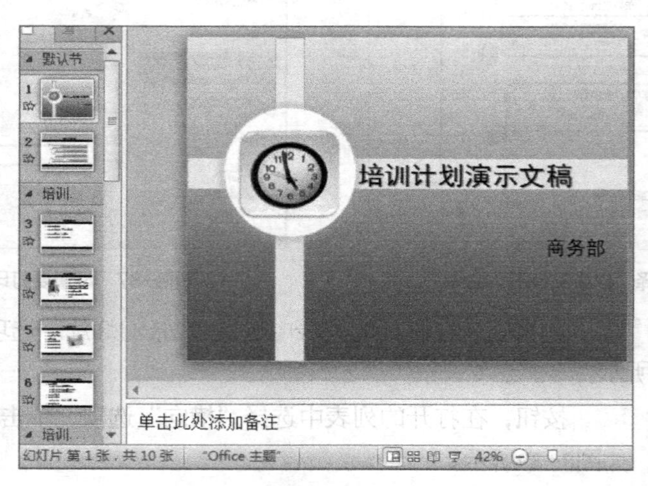

图8-90 “培训计划”最终效果

【专业背景】

培训计划是按照一定逻辑顺序排列的培训记录，它从公司的发展出发，在全面、客观的培训需求分析基础上，对培训时间、地点、对象、方式、内容等的预先系统设定，其可进行以下分类。

培训方式可分为讲授法、演示法、研讨法、视听法、角色扮演法、案例研究法等类型。不同的培训方式具有各自的侧重点，为了提高培训质量，往往需要配合运用各种方法。

【实训思路】

完成本实训需要先设置演示文稿的页面，然后进行打印预览，最后设置打印参数并打印幻灯片，其操作思路如图8-91所示。

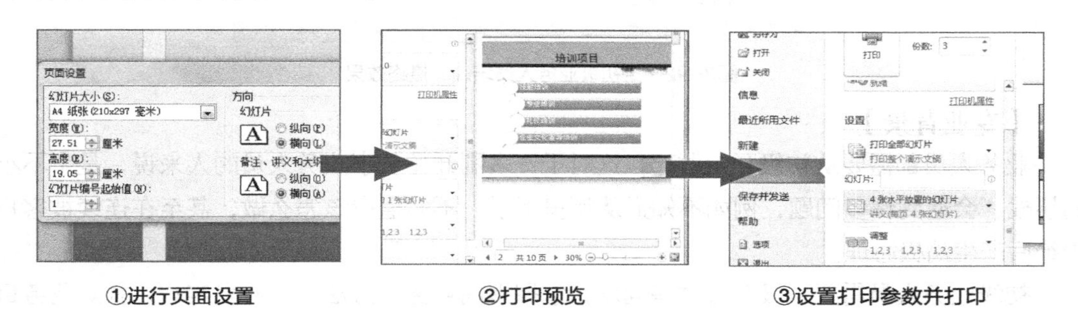

①进行页面设置　　②打印预览　　③设置打印参数并打印

图8-91 制作“培训计划”的思路

【步骤提示】

STEP 1 打开素材文件，在【设计】/【页面设置】组中单击“页面设置”按钮，打开“页面设置”对话框，在其中设置纸大小为A4，幻灯片和备注、讲义、大纲的方向均为横向。

STEP 2 选择【文件】/【打印】命令，在右侧查看预览效果，并配合下方的按钮放大进行查看。

STEP 3 设置打印全部幻灯片，设置一张纸上打印4张水平放置的幻灯片，并打印3份。

实训二 输出“初级业务人员培训”演示文稿

【实训目标】

老张让小白将前段时间制作的“初级业务人员培训”演示文稿进行输出，以便于在其他的计算机上播放使用，并叮嘱小白在完成后一定要将演示文稿打包输出，避免出现缺字体等问题。

要完成本实训，需要熟练掌握添加动作按钮、排练计时、添加PPT保护和打包演示文稿的操作方法，本实训的最终效果如图8-92所示。

素材所在位置 **光盘:\素材文件\项目七\初级业务人员培训.pptx**

效果所在位置 **光盘:\效果文件\项目七\初级业务人员培训.pptx**

图8-92 “初级业务人员培训”最终效果

【专业背景】

业务人员都需要从初级开始做起，这对于许多刚开始从事业务人员的人来说，是个不小的挑战，会遇到许多问题，例如不知道从哪里下手、不知道应该怎么做，甚至在连续被客户拒绝后产生消极心理。

初级业务人员需要积极面对这些问题，掌握提高业务的方法，如开发客户、找对业务目标、掌握拜访客户的话题和气氛、清晰地描述产品、妥善处理异议等，此外，业务人员还应树立良好的业务销售概念和心态，营造良好的形象。

【实训思路】

完成本实训需要先为PPT创建动作按钮，然后进行排练计时，最后再设置保护并打包演示文稿，其操作思路如图8-93所示。

图8-93 制作“初级业务人员培训”的思路

【步骤提示】

STEP 1 打开素材文件，在【插入】/【插入】组中，通过形状按钮，在幻灯片中插入相关的动作按钮，主要包括“第一张”、“前进或下一项”以及“后退或前一项”动作按钮。

STEP 2 在【幻灯片放映】/【设置】组中单击排练计时按钮，开始排练计时，完成后保留计时时间。

STEP 3 选择【文件】/【信息】命令，设置演示文稿的保护密码，密码为123，然后选择“保存并发送”命令，选择“将演示文稿打包成CD”，进行打包操作。

常见疑难解析

问：设置幻灯片切换效果时也可设置每张幻灯片的放映时间，其和排练计时的设置时间有什么不同？

答：设置幻灯片切换效果时虽然可以设置幻灯片设置时间，但其设置的时间是固定和统一的，即每张幻灯片都将应用这个放映时间，但演讲者对每张幻灯片演讲所需要的时间是不同的，因此，切换效果的时间一般无法满足放映演示文稿的实际需求。而排练计时是对每一张幻灯片的放映时间单独进行计时，比较能满足放映需求。

问：怎样擦除幻灯片中的墨迹？

答：在使用笔为幻灯片中的内容进行标记后，若需要擦除墨迹，可在放映幻灯片时单击鼠标右键，在弹出的快捷菜单中选择“指针选项”命令，在其子菜单中选择“橡皮擦”命令，待鼠标指针变为橡皮擦形状后，在有标记的位置单击并擦除即可。

拓展知识

1. 自定义页面设置

用户还可自定义幻灯片的页面，打开“页面设置”对话框后，在“宽度”和“高度”数值框中输入自定义数据，“幻灯片大小”下拉列表框中的选项将自动更改为“自定义”选项，表示幻灯片的页面大小已更改为刚刚输入数值的大小。

2. 将演示文稿输出为讲义

将演示文稿输出为讲义实际上是将其转换为Word文档，转换后演示文稿将作为Word文档在新窗口中打开，在其中可对其进行编辑、打印、保存等操作。

将演示文稿输出为讲义的操作为，打开要输出为讲义的演示文稿，选择【文件】/【保存并发送】命令，在“文件类型”栏中选择“创建讲义”选项，在右侧单击“创建讲义”按钮，打开“发送到Microsoft Word”对话框，选择一种备注方式，单击 确定 按钮，如图8-94所示，此时将启动Word文档并在其中显示演示文稿中的所有幻灯片，选择【文件】/【保存】命令进行保存即可。

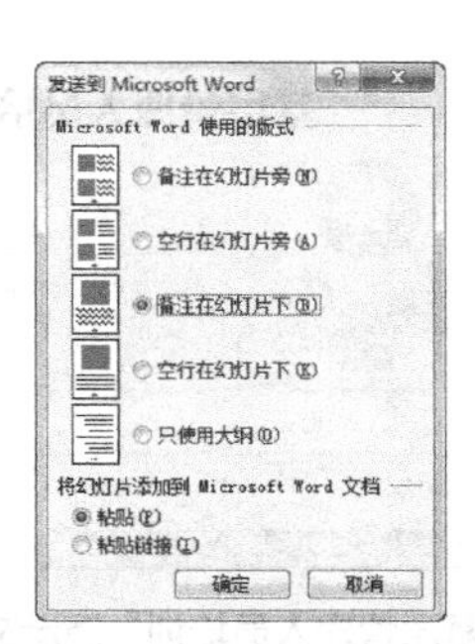

图8-94 “发送到Microsoft Word”对话框

课后练习

素材所在位置 光盘:\素材文件\项目七\商务培训.pptx、基层管理人员培训.pptx
效果所在位置 光盘:\效果文件\项目七\商务培训.pptx、基层管理人员培训.pptx

（1）根据公司的发展要求，近期需要对一批优秀员工进行商务培训，使其更好地为公司服务。老张制作好了相关的商务培训PPT，将设置放映和打包演示文稿的任务交给了小白，制作完成后的效果如图8-95所示。

图8-95 “商务培训”演示文稿最终效果

（2）公司招聘了一批大学生作为储备干部，从基层管理人员做起，在投入工作之前，需要对基础管理人员进行培训，并打印几份演讲幻灯片，具体效果如图8-96所示。

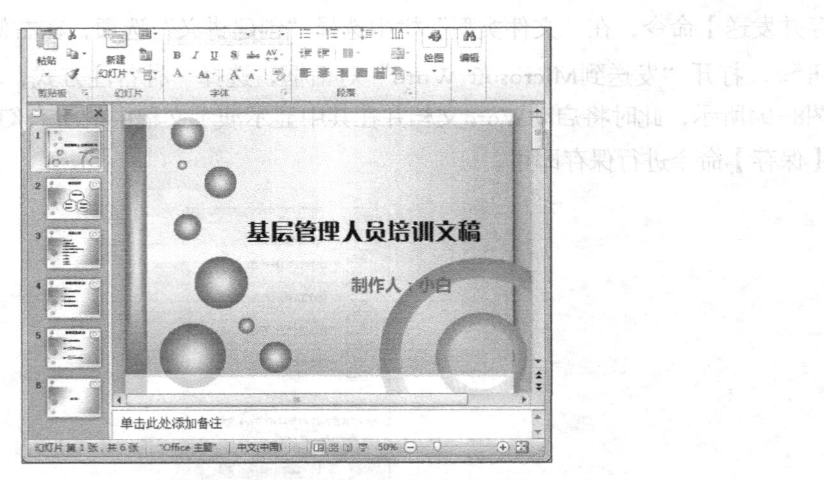

图8-96 “基层管理人员培训”演示文稿最终效果

PART 9

项目九 商业PPT综合案例

情景导入

小白已经掌握了制作演示文稿的基本操作方法，并能独立制作优秀的演示文稿。其制作的演示文稿还在会议上获得了领导的称赞。

知识技能目标

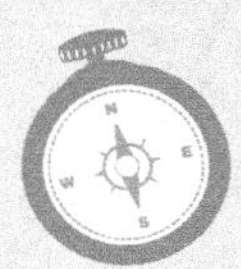

- 熟练掌握创建演示文稿和设计母版的操作方法。
- 熟练掌握在幻灯片中输入内容并美化内容的操作方法。
- 熟练掌握添加动画和输出演示文稿的操作方法。

- 了解从头到尾制作演示文稿的过程。
- 掌握“电商分析”、“新型饮料研发报告”等演示文稿的制作方法。

项目流程对应图

“电商分析”演示文稿最终效果

“新型饮料研发报告”演示文稿最终效果

任务一　制作“电商分析”演示文稿

电商即电子商务，是指主要在互联网上以电子交易方式进行的交易活动和相关服务活动，是传统商业活动各环节的电子化、网络化，包括电子货币交换、供应链管理、电子交易市场、网络营销、在线事务处理等系统。

一、任务目标

近几年互联网发展势头迅猛，依靠互联网崛起的电子商务正风生水起，加入浩浩荡荡的电商队伍不仅是时代趋势，更能帮助公司扩大受众，拓宽业务。老张要求小白制作一个电商的分析报告，并在例会中演示。本任务完成后的最终效果如图9-1所示。

素材所在位置　光盘:\素材文件\项目九\LOGO.png
效果所在位置　光盘:\效果文件\项目九\电商分析.pptx

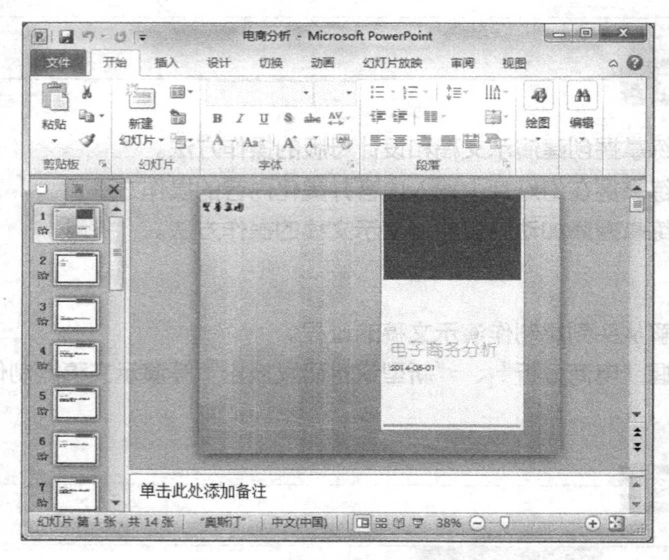

图9-1　“电商分析”最终效果

二、相关知识

本任务需要通过制作“电商分析”演示文稿，讲解如何综合前面所学知识制作一个PPT，为读者介绍完整的PPT制作流程。下面讲解制作PPT的一些小知识。

1．PPT的万能结构

写作文需要一个良好的结构，如事件的起因、经过、结果，制作PPT也一样。良好的结构可让观众清晰地了解演讲者所要表述的内容，帮助听众掌握信息。

最常见的PPT结构是首页、目录，然后是根据目录细分的内容，这样的结构制作简单，但不容易提起观众的兴趣。PPT最实用的结构应该是总分总，它不仅特别好用，而且还能为

PPT增彩。总分总结构开头提出论点，中间若干分论点，结尾总括论点，而几个分论点之间的关系可以是并列、层递或对比等。

- **总（概述）**：通常幻灯片的第二页就是概述页，且一般只有一页。概述页中的内容最好使用简单句来概括，根据内容调整概述的多少。若内容较少，可使用3~5条列出内容即可；若内容较多，则可以分章节，在概述页中只填写章节名称。
- **分**：把概述页中的各个简短语句作为分论点的标题，可使观众把握PPT的内容。“总分”结构构成了PPT内容的提纲，且为“分”内容制定一个统一的语言结构，如动宾等，可使演示文稿的结构更加清晰。
- **总（总结）**：最后的总结非常重要，也是常常被忽略的一环。若会议冗长，在长篇大论后，观众可能忘了前面讲的内容，更关心的是PPT的结论。因此，在总结时，需要把前面的内容简单地梳理一遍，整理演讲逻辑，并提出最终的结论。

2．整理收集相关素材

在制作“电商分析”演示文稿之前，需要收集相关的资料，主要包括市场和电商两部分。市场方面，需要了解什么是电子商务，以及其规模和发展趋势，分析B2C市场现状，介绍B2C发展趋势。电商方面，需要了解如何组建电商运营团队，分析电商的优势及电子商务的难题等。

收集好相关资料后便可着手开始整理，去粗存精，然后开始构思整个演示文稿的结构和类型，并开始着手制作。

3．良好的演讲开场白

精美的PPT并不是一切，演讲者的能力也很重要，要调动观众的兴趣，首先需要一个良好的开场白。良好的开场白是演讲成功的一半因素，模式化的开场白只会带来模式化的回答，难以提起观众的兴趣。

出场时创造一种气场，可以牢牢抓住观众的心，演讲者可以在开场时就向观众抛出一个问题，让观众思考，然后引导观众跟着演讲者的思路听完整场演讲；也可以在开场时，利用故弄玄虚的方法，吸引观众的注意力；更可以使用一语双关的方法提高观众的兴趣。

以上方法并不是唯一的，演讲者还需根据自身实际情况选择符合自己的开场白。

三、任务实施

1．设计母版和PPT结构

根据收集的资料，需要制作十多页的幻灯片，主要介绍市场和电商。首先需要为演示文稿设计好母版和结构，其具体操作如下。（**微课**：光盘\微课视频\项目九\设计母版和PPT结构.swf）

STEP 1 启动PowerPoint 2010，程序自动新建一个演示文稿，选择【文件】/【保存】菜单命令，打开“另存为”对话框，将其以“电商分析”为名进行保存，如图9-2所示。

STEP 2 在【设计】/【主题】组的主题列表中，选择“奥斯汀”选项，如图9-3所示。

图9-2 保存演示文稿

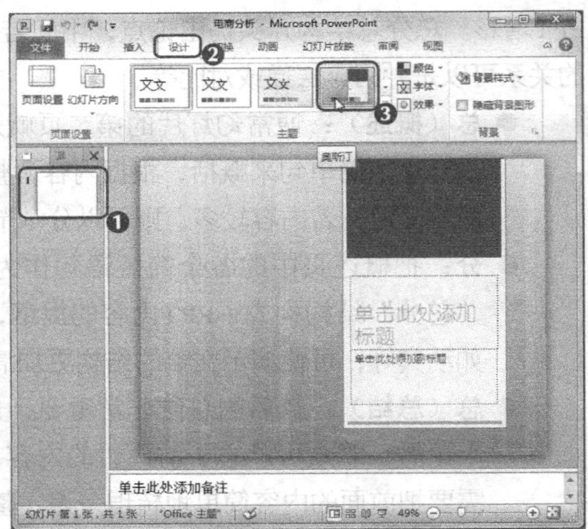

图9-3 应用主题

STEP 3 在【视图】/【母版视图】组中单击“幻灯片母版”按钮，进入母版视图。

STEP 4 在【插入】/【图像】组中单击“图片”按钮，打开“插入图片”对话框，在其中选择素材文件夹中的“LOGO.png”图片，单击“插入(S)”按钮，如图9-4所示。

STEP 5 调整插入图片的大小和位置，将其选中，按【Ctrl+C】组合键复制，选择左侧窗格中的第1张幻灯片，按【Ctrl+V】组合键粘贴，如图9-5所示。

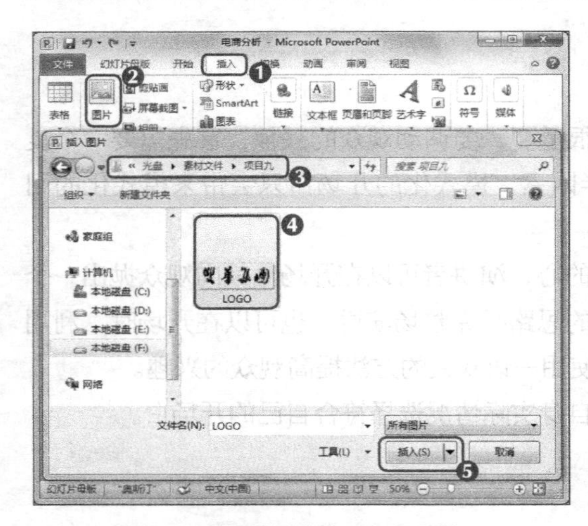

图9-4 在母版中插入LOGO图片

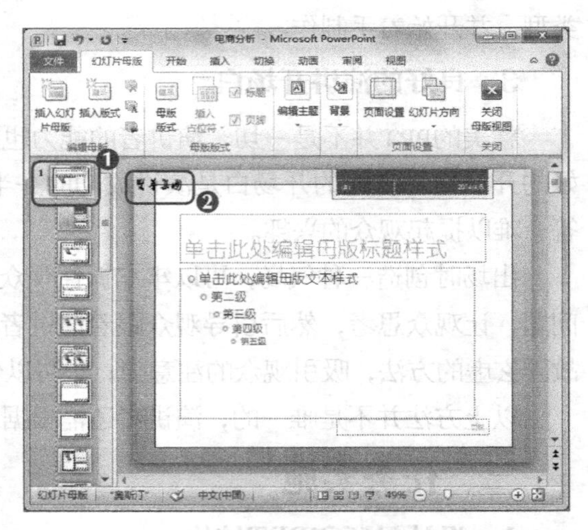

图9-5 调整

STEP 6 在【幻灯片母版】/【关闭】组中单击“关闭母版视图”按钮，退出幻灯片母版。在“幻灯片”窗格中选择第1张幻灯片，按【Enter】键插入11张幻灯片。

STEP 7 选择第2张幻灯片，在【开始】/【幻灯片】组中单击“新建幻灯片”按钮，在打开的列表中选择“节标题”选项，如图9-6所示，插入一张“节标题”幻灯片。

STEP 8 使用同样的方法，在第7张幻灯片后添加一张“节标题”幻灯片，如图9-7所示，按【Ctrl+S】组合键保存演示文稿。

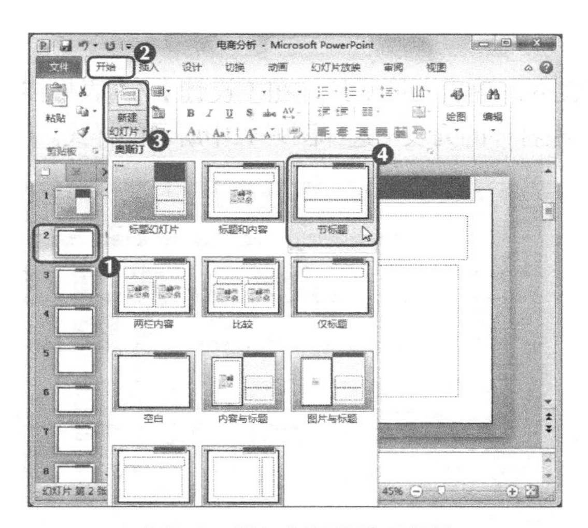

图9-6 插入“节标题”幻灯片

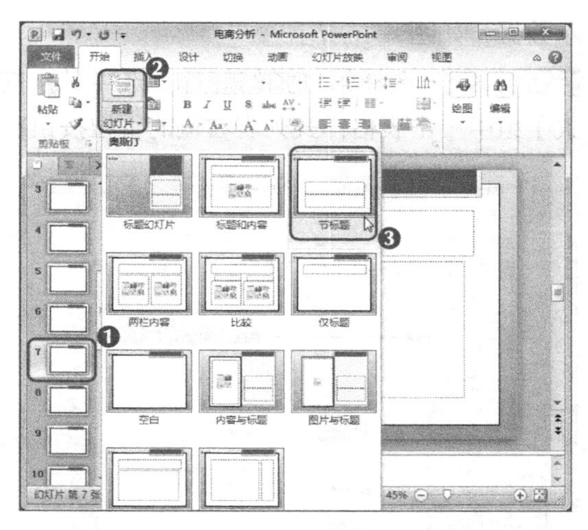

图9-7 继续添加“节标题”幻灯片并保存演示文稿

2. 输入并美化相关内容

设置好演示文稿的主题和结构之后，即可开始往幻灯片中添加内容，其具体操作如下。（微课：光盘\微课视频\项目九\输入并美化相关内容.swf）

STEP 1 选择第1张幻灯片，在“标题”占位符中输入“电子商务分析”，在“副标题”占位符中输入“2014-05-01”。然后选择第2张幻灯片，输入图9-8中所示的内容。

STEP 2 选择第3张“节标题”幻灯片，在其中输入图9-9中所示的内容。然后选择第8张“节标题”幻灯片，输入与“电商”相关的节标题内容。

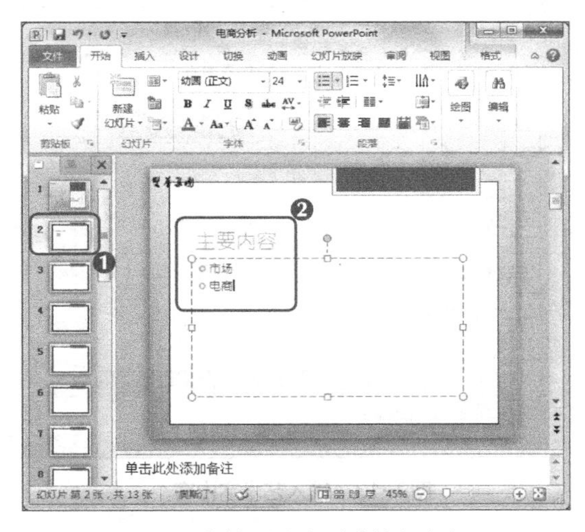

图9-8 在第2张幻灯片中输入内容

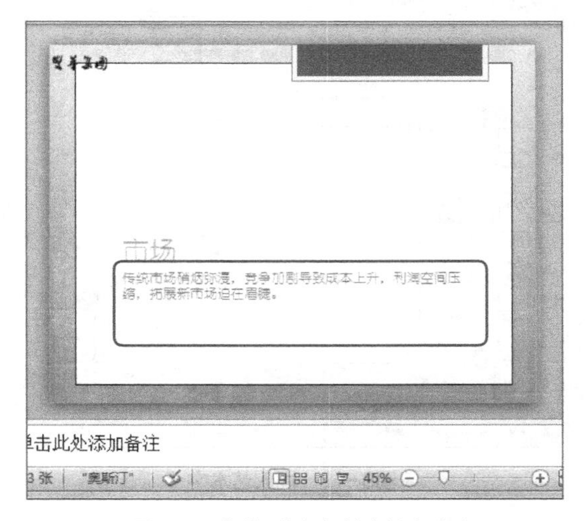

图9-9 在第3张幻灯片中输入内容

知识提示

这两步操作是先在主题、目录、节标题幻灯片中输入内容，进一步巩固演示文稿的总分总结构。

STEP 3 在其他幻灯片中输入收集整理的相应内容，并在适当的位置使用图表和表格表示数据，如图9–10所示。

STEP 4 选择第11张幻灯片，选中其中的表格，激活表格工具，在【设计】/【表格样式】组中单击表格样式列表右侧的下拉按钮，在打开的列表中选择图9–11中所示的样式。

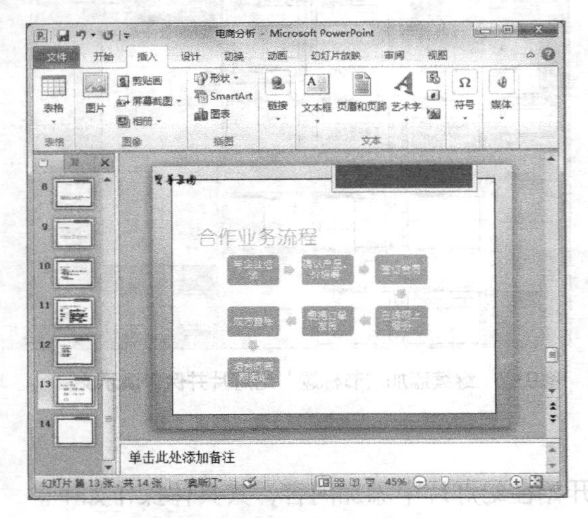

图9–10　在其他幻灯片中输入内容

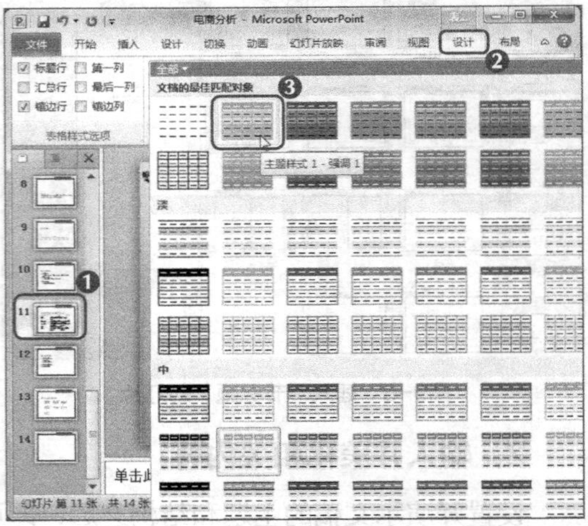

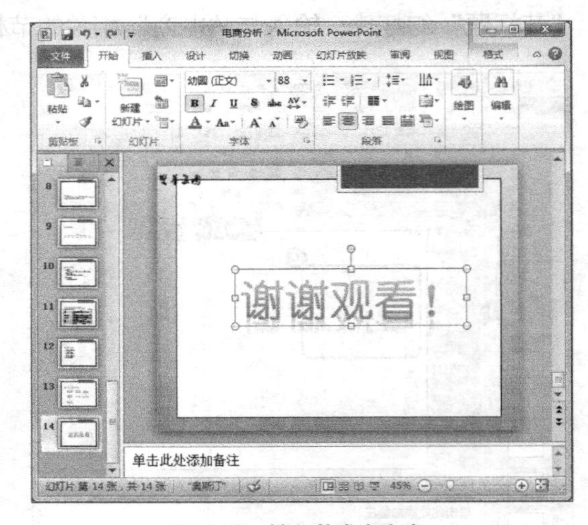

图9–11　更改表格样式

STEP 5 选择最后一张幻灯片，在【插入】/【文本】组中单击“艺术字”按钮，在打开的下拉列表框中选择图9–12中所示的艺术字样式。

STEP 6 在艺术字文本框中输入文本“谢谢观看！”，设置字号为88，如图9–13所示。

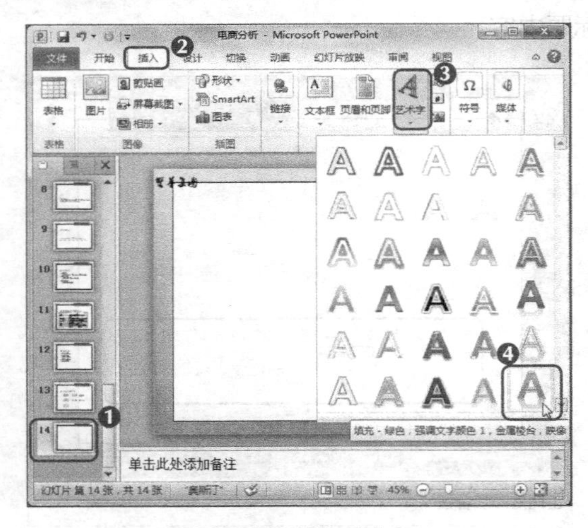

图9–12　插入艺术字

图9–13　输入艺术字内容

3．添加动画和声音

在演示文稿中添加了所需内容后，即可对各个幻灯片中的对象添加动画，并可添加适当的声音，增添动态效果，其具体操作如下。（微课：光盘\微课视频\项目九\添加动画和声音.swf）

STEP 1 选择第1张幻灯片，选中标题文本占位符，在【动画】/【动画】组中单击“动画样式”按钮★，在打开的下拉列表中选择“飞入”选项，如图9-14所示。

STEP 2 选择副标题文本占位符，在“动画”组中单击“动画样式”按钮★，在打开的下拉列表中选择“劈裂”选项，如图9-15所示。

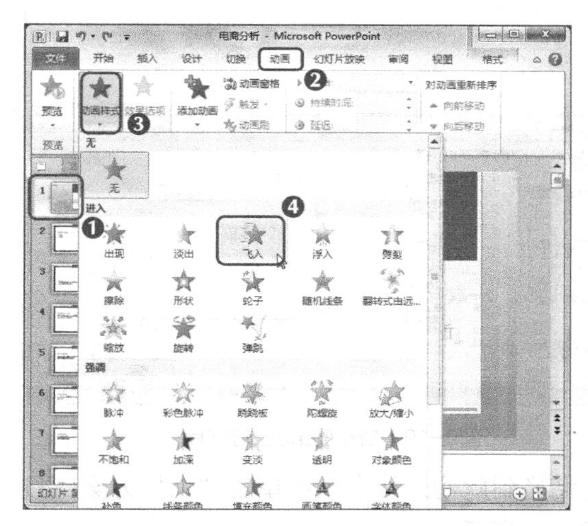

图9-14 为标题添加“飞入”动画

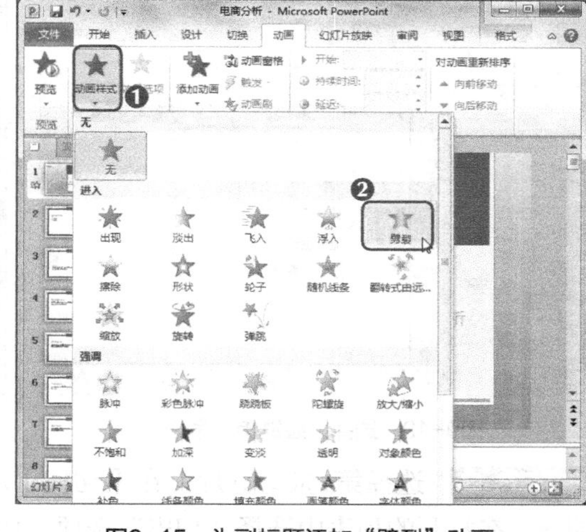

图9-15 为副标题添加“劈裂”动画

STEP 3 使用同样的方法，为其他幻灯片中的标题添加“飞入”动画，为副标题或内容添加“劈裂”动画。

STEP 4 选择第2张幻灯片，选中其中的“市场”文本，在【插入】/【链接】组中单击“超链接”按钮，如图9-16所示。

STEP 5 打开“插入超链接”对话框，在“链接到”栏中选择“本文档中的位置”选项，在“请选择文档中的位置”栏中选择“3.市场”选项，然后单击 确定 按钮，如图9-17所示。

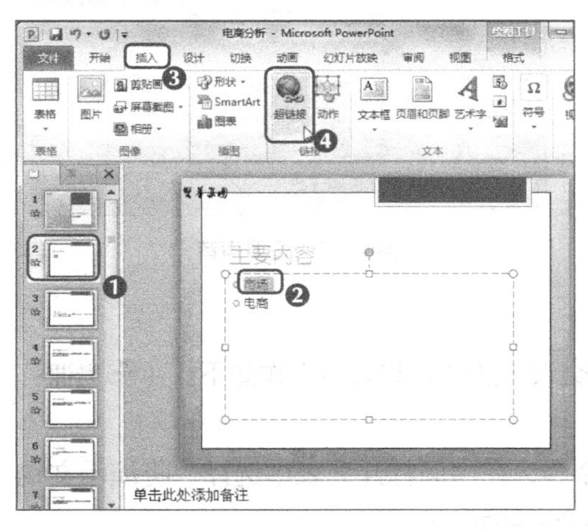

图9-16 单击“超链接”按钮

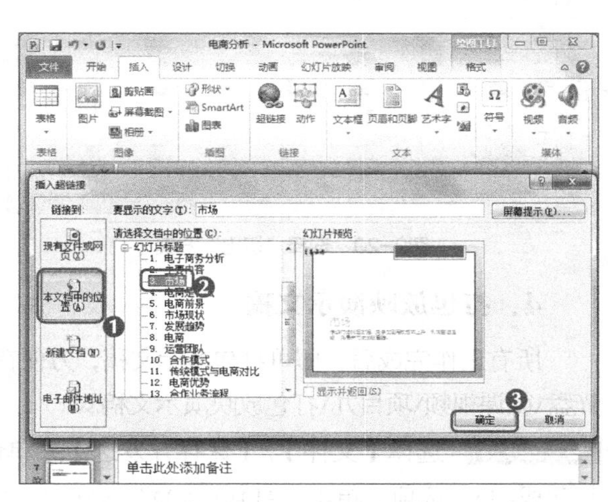

图9-17 选择链接目标

STEP 6 在第2张幻灯片中选择“电商”文本，单击鼠标右键，在弹出的快捷菜单中选择“超链接”命令，如图9-18所示。

STEP 7 打开“插入超链接”对话框，在“请选择文档中的位置”栏中选择“8.电商”选项，然后单击 确定 按钮，如图9-19所示。

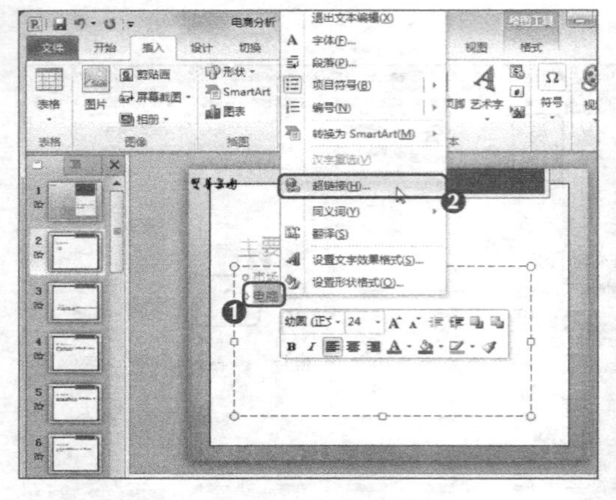

图9-18 选择“超链接”命令

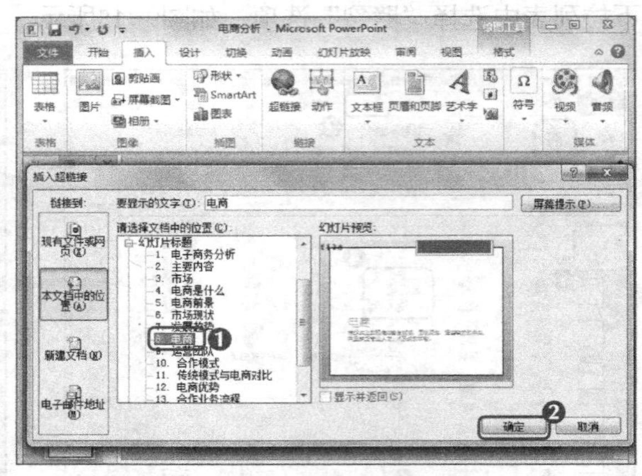

图9-19 链接到第8张幻灯片

STEP 8 选择第1张幻灯片，在【切换】/【切换到此幻灯片】组中单击“切换方案”按钮，在打开的列表中选择“切出”选项，如图9-20所示。

STEP 9 在“计时”组中的“声音”下拉列表中设置幻灯片切换的声音为“箭头”，然后单击 全部应用 按钮，如图9-21所示。

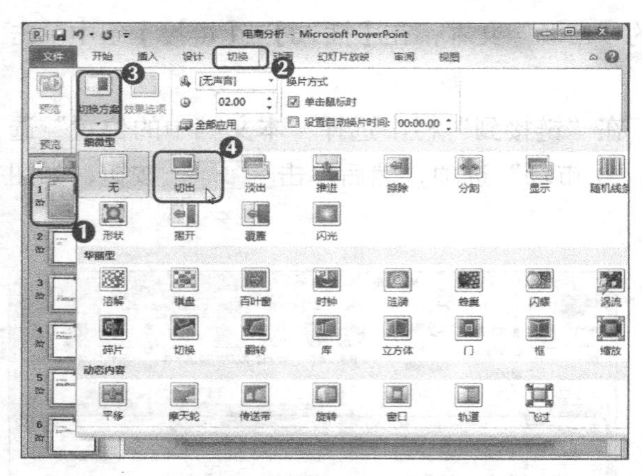

图9-20 选择“切出”方案

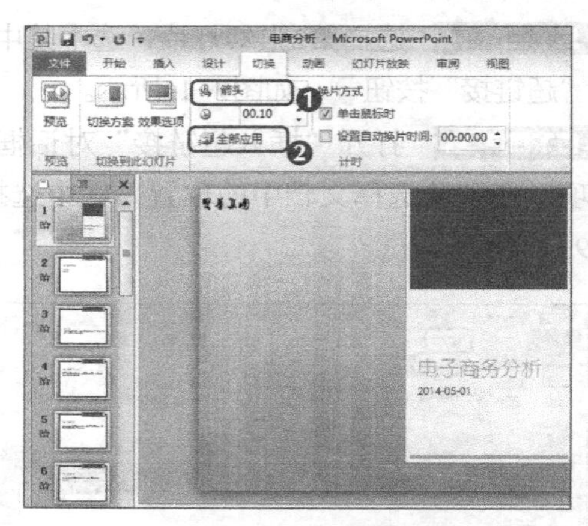

图9-21 设置声音

4．打包放映演示文稿

所有工作完成后，即可打包演示文稿，方便在会议上放映，其具体操作如下。（微课：光盘\微课视频\项目九\打包放映演示文稿.swf）

STEP 1 选择【文件】/【保存并发送】菜单命令，在中间打开列表中选择“将演示文稿打包成CD”选项，单击“打包成CD”按钮，如图9-22所示。

STEP 2 打开“打包成CD”对话框，在“将CD命名为”文本框中输入文本“电商分析”，单击 复制到文件夹(F)... 按钮，如图9-23所示。

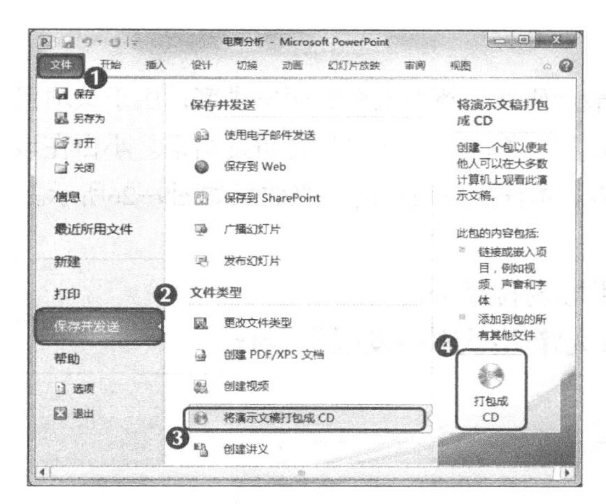

图9-22 单击“打包成CD”按钮

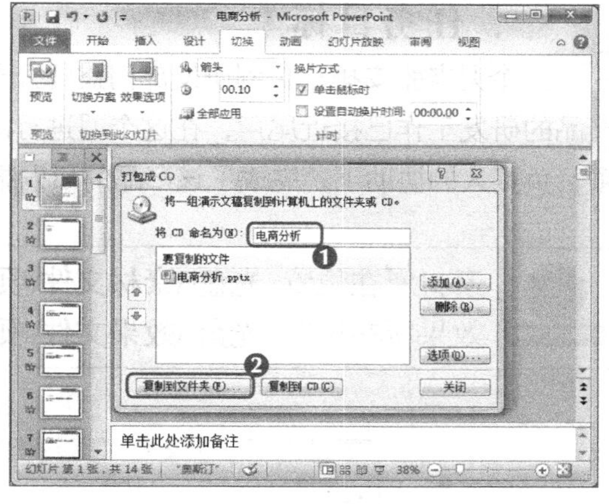

图9-23 输入名称并单击按钮

STEP 3 打开“复制到文件夹”对话框，在“文件夹名称”文本框中输入文本“电商分析”，然后单击[浏览(B)...]按钮，设置文件夹保存位置，完成后单击[确定]按钮，如图9-24所示。

STEP 4 在打开的提示对话框中单击[是(Y)]按钮，开始打包文件，打包完成后弹出相应的窗口，如图9-25所示，表示已完成打包。

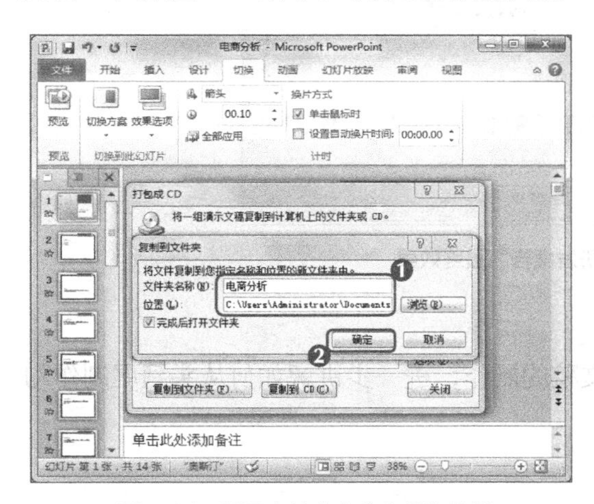

图9-24 设置文件夹名称和保存位置

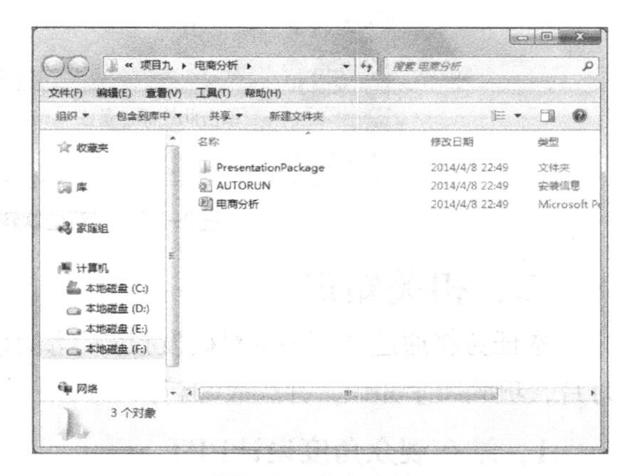

图9-25 打包文件

STEP 5 关闭窗口，返回演示文稿，单击[关闭]按钮关闭“打包成CD”对话框，按【Ctrl+S】组合键保存演示文稿，选择【文件】/【退出】菜单命令退出演示文稿即可。

任务二 制作“新型饮料研发报告”演示文稿

一成不变的商品经不起岁月的消磨，社会在不断进步，每天都有无数新产品面世，若想跟上时代的脚步，就得研发新的产品。许多大型企业中都有专门的产品研发部门，致力于为公司创造出符合潮流趋势的产品，从而在竞争激烈的市场中立于不败之地。

一、任务目标

上个月老张安排小白到研发部门监督公司最近研发的新型饮料的研发进度，由于该项目产品的研发工作已接近尾声，在这个月进行测试后，将向公司高层报告研发结果。小白在该项目负责人的协助下，完成了该产品的研发报告。本任务完成后的最终效果如图9-26所示。

素材所在位置 光盘:\素材文件\项目九\易拉罐.png
效果所在位置 光盘:\效果文件\项目九\新型饮料研发报告.pptx

图9-26 "新型饮料研发报告"最终效果

二、相关知识

本任务将通过"新型饮料研发报告"演示文稿的制作，进一步讲解如何从头到尾制作幻灯片，巩固所学知识，并温故知新。

1．站在观众角度设计PPT

站在别人的角度上想问题不仅是一门学问，更是一门技术。在制作演示文稿时也一样，需要揣摩观众的心理，了解观众想要看什么，希望看什么，然后根据这些内容去设计PPT，这样抓住观众心理的演示文稿才能更好地为演讲者服务，也能最大限度地取悦观众。

2．设计PPT需要清晰的条理性

设计PPT并不是仅仅将收集的资料一股脑地全部揉进幻灯片里，由于PPT本身的局限性，一张幻灯片中并不适合放过多的文字等内容，因此需要去粗存精。除此之外，还需要有条理性地对这些精炼后的内容进行梳理和归类。大多数观众并不会主动去梳理这些内容，而是演讲者讲什么就听什么，但观众并非不会去判断幻灯片的好坏。条理清晰的演示文稿不仅可以吸引观众注意，让观众了解演讲的主题和大概内容，还能赢得观众的好感。

3．整理收集相关素材

要制作该演示文稿，需要了解该项目产品从立项、计划到实施的各个阶段内容，这些内容主要来自公司内部的各种资料，因此只需向研发部门的负责人申请获得这些资料即可。除此之外，还需要了解市场上同类型公司的新产品研发情况，做一个横向比较，以便确定推出风险和竞争强度。

在演示文稿中除了输入收集的素材，还可以添加一些总结性语言，总结在项目中的收获，以及在整个项目进行的过程中获得的支持。

三、任务实施

1．新建演示文稿并创建幻灯片

下面开始制作“新型饮料研发报告”演示文稿，其具体操作如下。（微课：光盘\微课视频\项目九\新建演示文稿并创建幻灯片.swf）

STEP 1 启动PowerPoint 2010，程序将自动新建一个演示文稿，选择【文件】/【保存】菜单命令，打开“另存为”对话框，以“新型饮料研发报告”为名进行保存，单击保存(S)按钮，如图9-27所示。

STEP 2 在【设计】/【主题】组中单击主题列表右侧的下拉按钮，选择其中的“凸显”选项，如图9-28所示，为幻灯片应用“凸显”主题。

图9-27 保存演示文稿

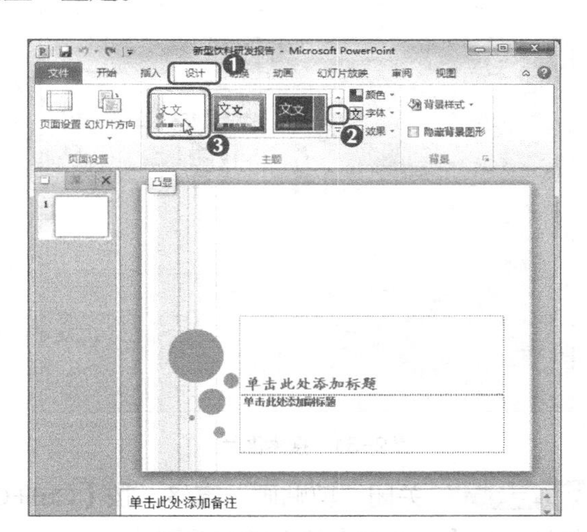

图9-28 应用主题

STEP 3 在【视图】/【母版视图】组中单击幻灯片母版按钮，如图9-29所示，进入母版视图。

STEP 4 在左侧的幻灯片窗格中选择第1张母版幻灯片，在【插入】/【图像】组中单击剪贴画按钮，打开“剪贴画”窗格，如图9-30所示。

STEP 5 在“搜索文字”文本框中输入文本“科研”，单击“结果类型”下拉列表框右侧的下拉按钮，在打开的列表中选中“插图”和“照片”复选框，然后单击搜索按钮，如图9-31所示。

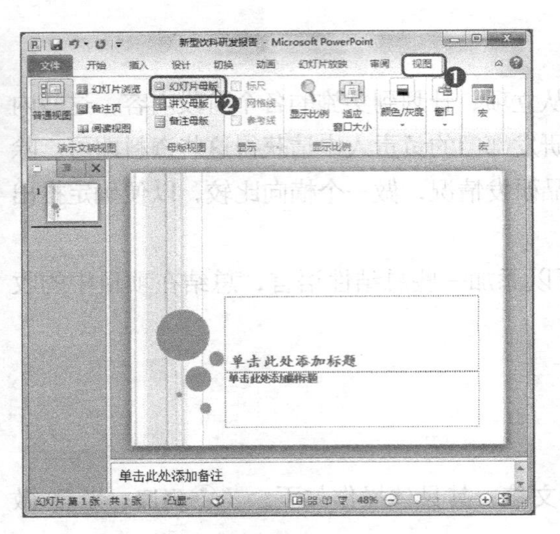

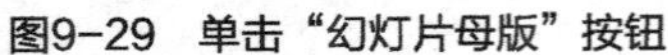
图9-29　单击“幻灯片母版”按钮

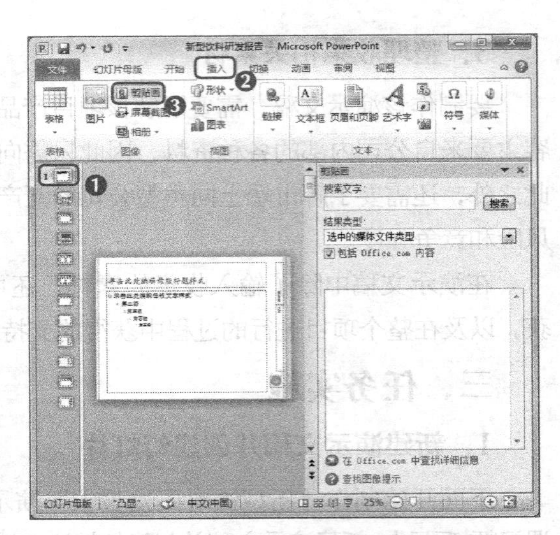

图9-30　打开“剪贴画”窗格

STEP 6 在搜索结构列表中将右侧的的垂直滑块滑至底部，在最后一个图片上单击，将其插入幻灯片中，并调整插入图片的大小和位置，如图9-32所示。

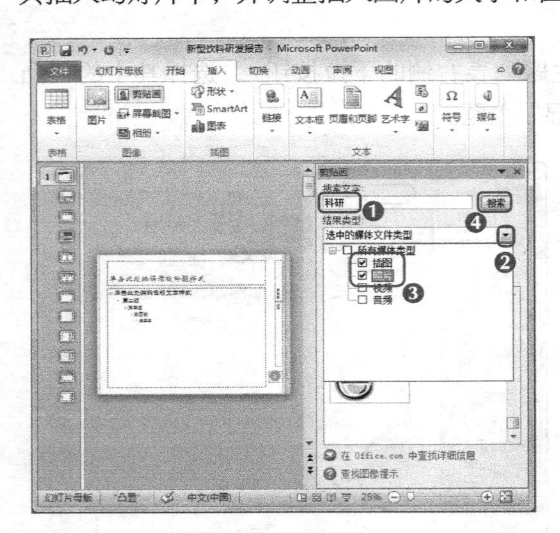

图9-31　搜索图片

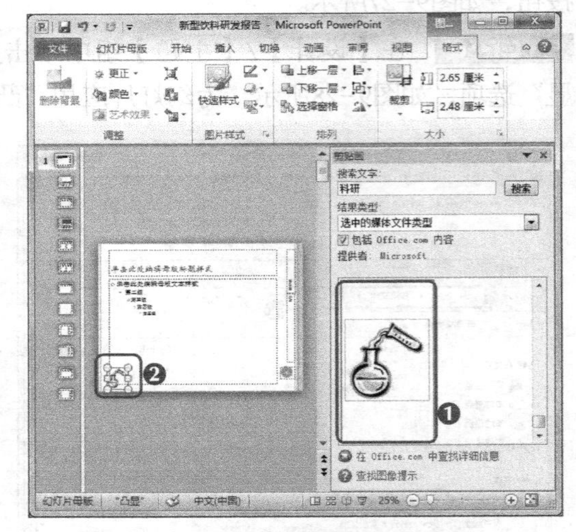

图9-32　插入图片并调整大小和位置

STEP 7 关闭“剪贴画”窗格，按【Ctrl+C】组合键复制插入的图片，选择第2张母版幻灯片，按【Ctrl+V】组合键粘贴图片。

STEP 8 再选择第4张母版幻灯片，按【Ctrl+V】组合键进行粘贴，如图9-33所示。

STEP 9 在【幻灯片母版】/【关闭】组中单击“关闭母版视图”按钮，退出母版视图。

STEP 10 在幻灯片窗格中选中第1张幻灯片，连续按【Enter】键插入14张幻灯片。

STEP 11 选择第2张幻灯片，在【开始】/【幻灯片】组中单击“新建幻灯片”按钮下方的下拉按钮，在打开的列表中选择“节标题”选项，如图9-34所示。

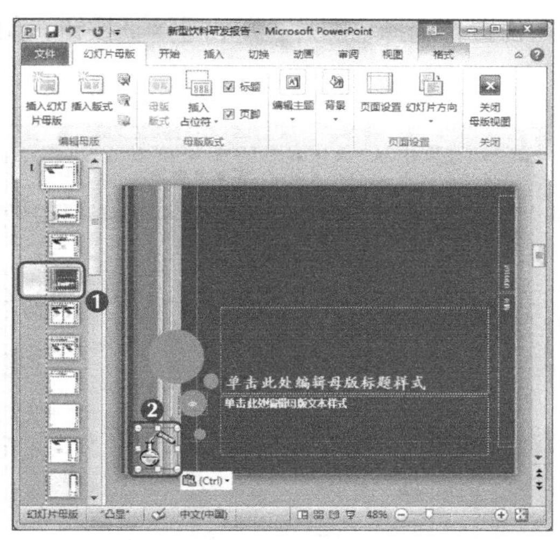

图9-33 复制粘贴图片

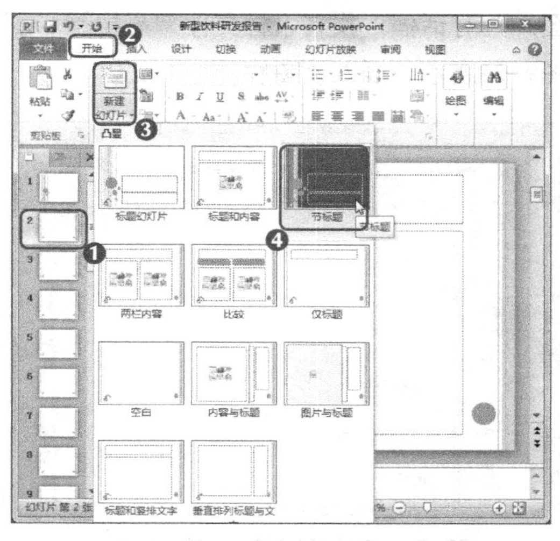

图9-34 新建“节标题”幻灯片

STEP 12 选择第7张幻灯片，使用同样的方法在其后添加一张“节标题”幻灯片。

STEP 13 继续添加“节标题”幻灯片，使第8张、第12张、第16张、第18张幻灯片均为“节标题”幻灯片，如图9-35所示。

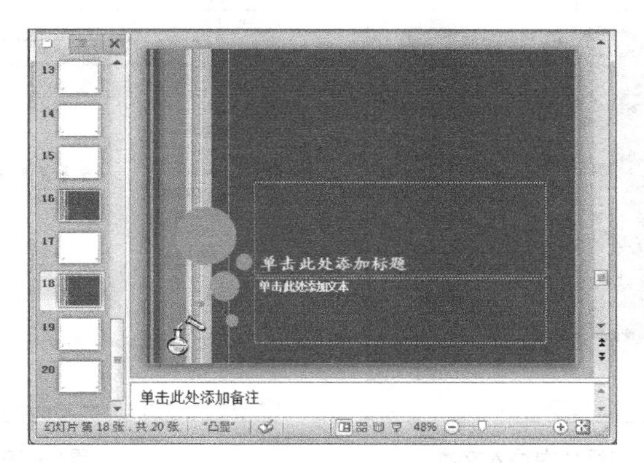

图9-35 插入“节标题”幻灯片

2．输入文本内容

创建好幻灯片后即可开始往幻灯片中填写内容，其具体操作如下。（**微课**：光盘\微课视频\项目九\输入文本内容.swf）

STEP 1 选择第1张幻灯片，在标题占位符中输入文本“新型饮料研发报告”，在副标题占位符中输入文本“2014-05-11”，如图9-36所示。

STEP 2 选择第2张幻灯片，在其中输入图9-37中所示的文本内容。

STEP 3 在各个“节标题”幻灯片中输入与第2张幻灯片中对应的内容，如图9-38所示为第18张幻灯片中的文本内容，其对应第2张幻灯片中的第5点。

STEP 4 在各个“节标题”幻灯片下的“标题和内容”幻灯片中输入对应的内容。

STEP 5 选择第2张幻灯片，在【插入】/【图像】组中单击“图片”按钮，打开“插入图片”对话框，找到素材文件“易拉罐.png”所在位置，选择该图片，单击插入(S)按钮，如图9-39所示，插入该图片。

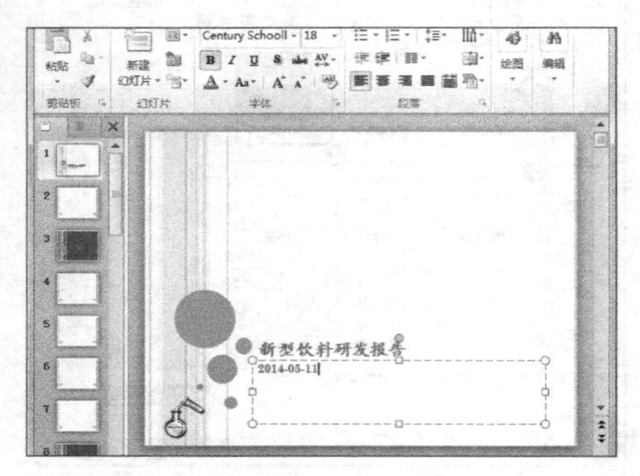

图9-36　在第1张幻灯片中输入文本

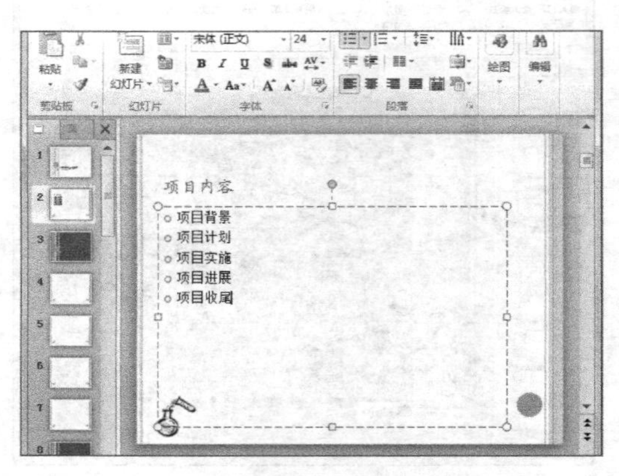

图9-37　在第2张幻灯片中输入文本

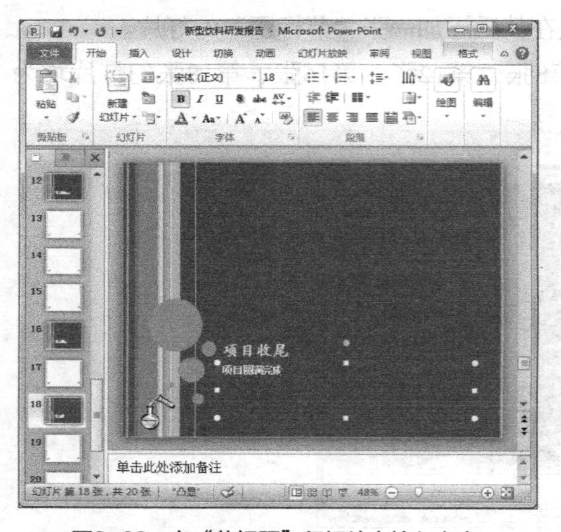

图9-38　在“节标题”幻灯片中输入文本

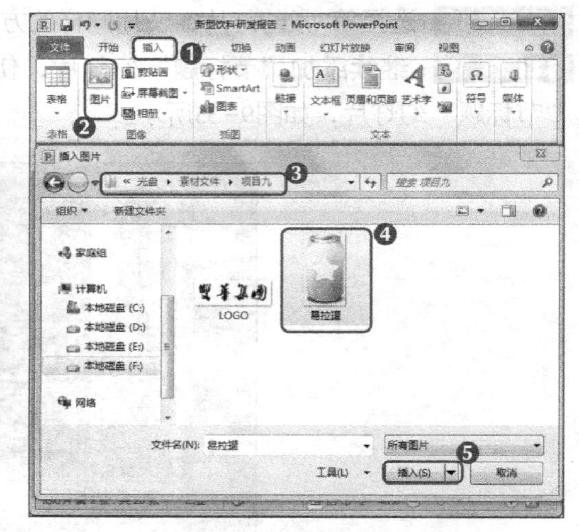

图9-39　插入图片

3．美化幻灯片

输入文本后，即可对其中的内容进行美化，首先对插入的图片进行美化，然后再在最后一张幻灯片中插入艺术字，其具体操作如下。（**微课**：光盘\微课视频\项目九\美化幻灯片.swf）

STEP 1　在第2张幻灯片中选中插入的图片，在【格式】/【图片样式】组中单击“快速样式”按钮，在打开的下拉列表框中选择“旋转，白色”选项，如图9-40所示。

STEP 2　将图片放大一些，并调整图片的位置，如图9-41所示。

STEP 3　选择最后一张幻灯片，删除其中的文本占位符，然后在【插入】/【文本】组中单击“艺术字”按钮，在打开的列表中选择图9-42中所示的艺术字。

STEP 4　在插入的艺术字文本框中输入文本“谢谢观看！”，然后将字号设置为88，如图9-43所示。

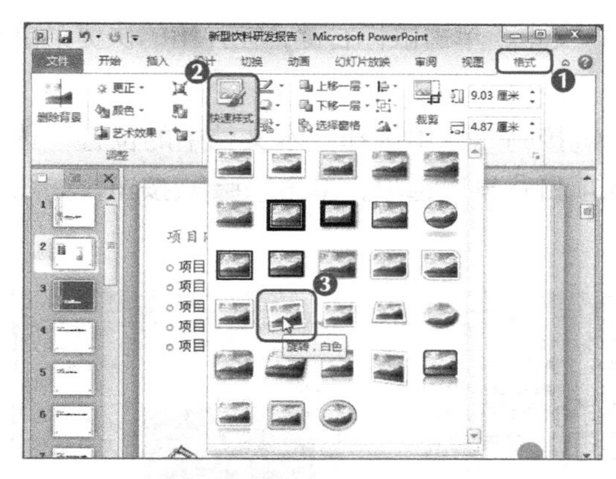

图9-40 选择“白色，旋转”选项

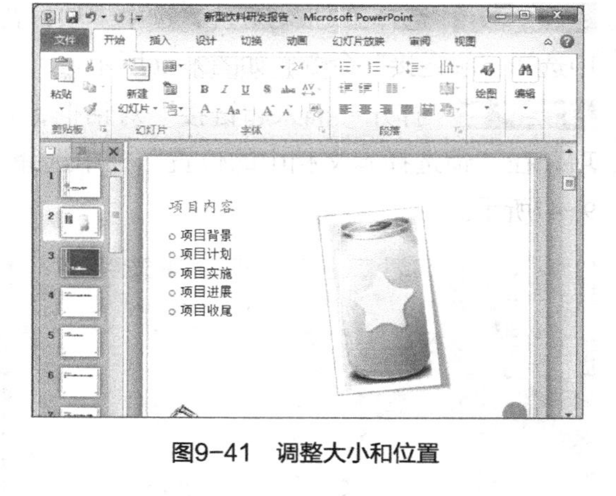

图9-41 调整大小和位置

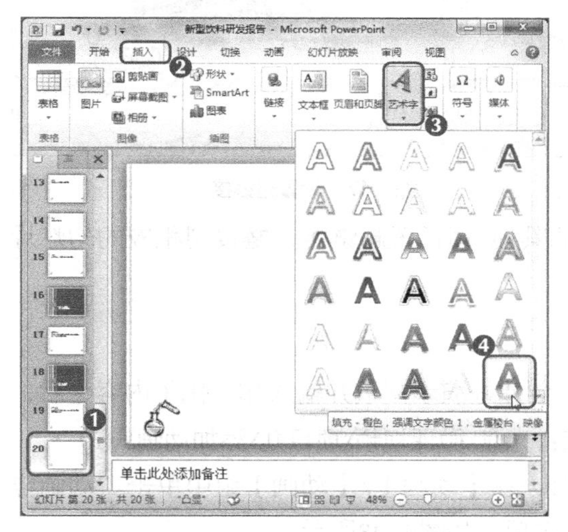

图9-42 选择艺术字

图9-43 输入艺术字并设置字号

STEP 5 选择第1张幻灯片，在【设计】/【主题】组中单击 字体 按钮，在打开的下拉列表框中选择“奥斯汀”选项，如图9-44所示。

STEP 6 单击 颜色 按钮，在打开的下拉列表框中选择“奥斯汀”选项，如图9-45所示。

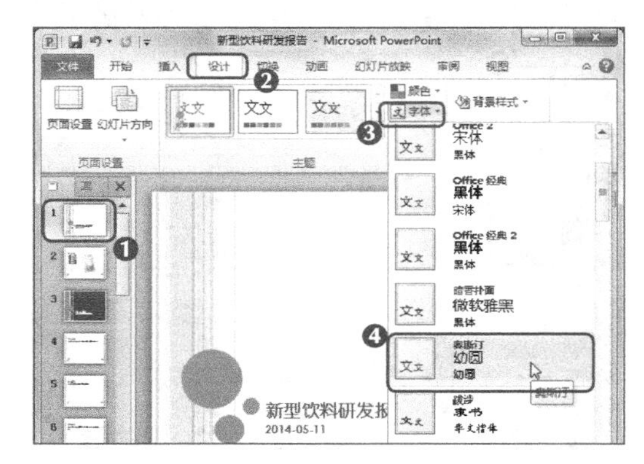

图9-44 设置字体

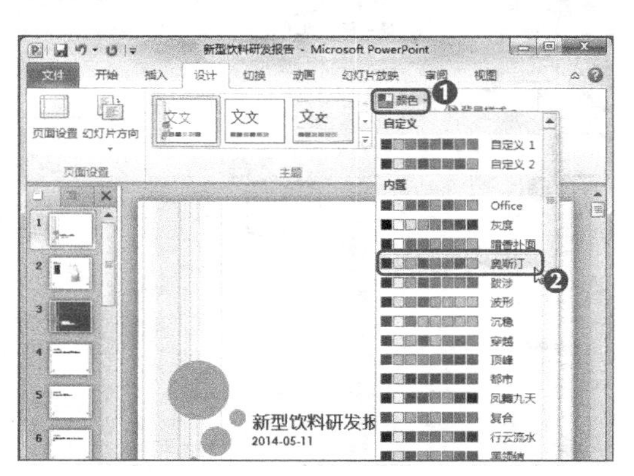

图9-45 设置颜色

STEP 7 选择第2张幻灯片，选中“项目背景”文本，单击鼠标右键，在弹出的快捷菜单中选择“超链接”命令，如图9–46所示。

STEP 8 打开“插入超链接”对话框，在“链接到”栏中选择“本文档中的位置”选项，在“请选择本文档中的位置”栏中选择“3.项目背景”选项，单击 确定 按钮，如图9–47所示。

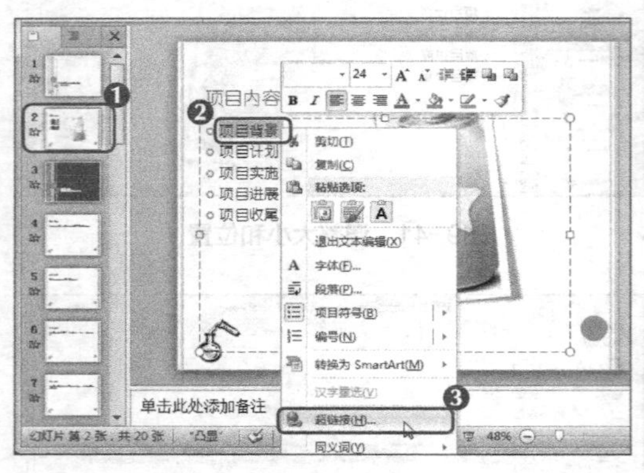

图9–46 选择“超链接”命令

图9–47 设置超链接

STEP 9 使用同样的方法为第2张幻灯片中的其他4项设置超链接，链接到相应的幻灯片中即可。

4．添加动画

添加动画是制作演示文稿的倒数第二步，在创建好演示文稿并输入和美化了内容之后，即可开始添加动画，其具体操作如下。（微课：光盘\微课视频\项目九\添加动画.swf）

STEP 1 选择第1张幻灯片，选中标题占位符，在【动画】/【动画】组中单击“动画样式”按钮★，在打开的下拉列表中选择“浮入”选项，如图9–48所示。

STEP 2 选中副标题占位符，在“动画”组中单击动画样式”按钮★，在打开的下拉列表中选择“擦除”选项，如图9–49所示。

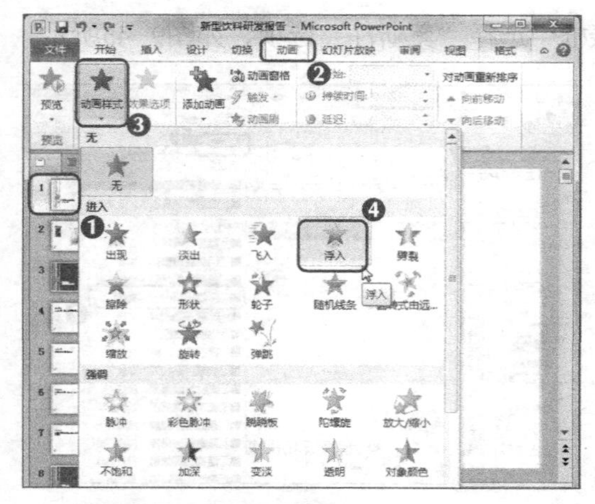

图9–48 为标题占位符添加“浮入”动画

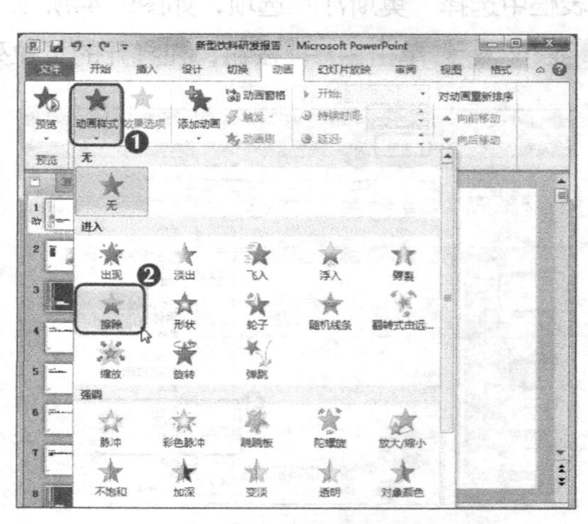

图9–49 为副标题占位符添加“擦除”动画

STEP 3 使用相同的方法，为第2~19张幻灯片中的标题占位符添加“浮入”动画，为文本占位符或副标题占位符添加“擦除”动画。

STEP 4 选择第2张幻灯片，选中其中的图片，在“动画”组中单击动画样式”按钮★，在打开的下拉列表中选择“淡出”选项，如图9-50所示。

STEP 5 选择最后一张幻灯片，选中艺术字文本框，在“动画”组中单击动画样式”按钮★，在打开的下拉列表中选择“缩放”选项，如图9-51所示。

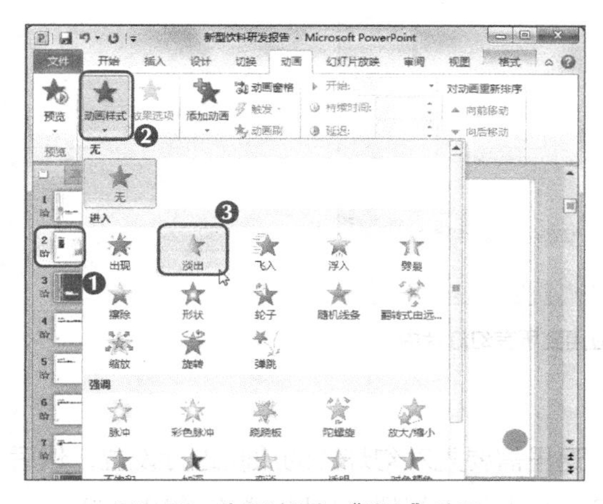

图9-50 为图片添加“淡出”动画

图9-51 为艺术字添加“缩放”动画

STEP 6 选择第1张幻灯片，在【切换】/【切换到此幻灯片】组中单击“切换方案”按钮▣，在打开的列表中选择“推进”选项，如图9-52所示。

STEP 7 在“切换到此幻灯片”组中单击“效果选项”按钮▣，在打开的下拉列表框中选择“自顶部”选项，如图9-53所示。

图9-52 为幻灯片设置切换方式

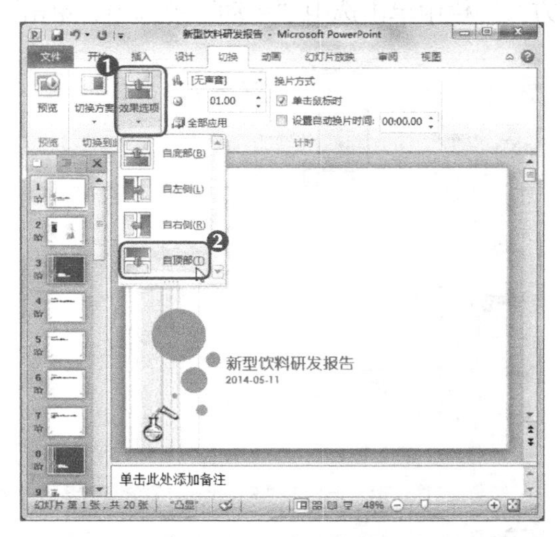

图9-53 设置切换效果

STEP 8 在“计时”组的“声音”下拉列表中设置声音为“推动”，然后单击 全部应用 按钮，如图9-54所示，将该幻灯片的切换方式应用到所有幻灯片中。

STEP 9 按【Ctrl+S】组合键保存演示文稿。

图9-54　将切换效果应用到所有幻灯片中

5．打包输出

演示文稿制作完成后，即可进行打包输出。这里需要先对幻灯片的放映进行设置，然后再打包到文件夹中，其具体操作如下。（微课：光盘\微课视频\项目九\打包输出.swf）

STEP 1 在【幻灯片放映】/【设置】组中单击“设置幻灯片放映”按钮，如图9-55所示。

STEP 2 打开“设置放映方式”对话框，在“放映类型”栏中单击选中“在展台浏览（全屏幕）”单选项，在“放映选项”栏中单击选中“放映时不加旁白”复选框，在“换片方式”栏中单击选中“手动”单选项，单击 确定 按钮，如图9-56所示。

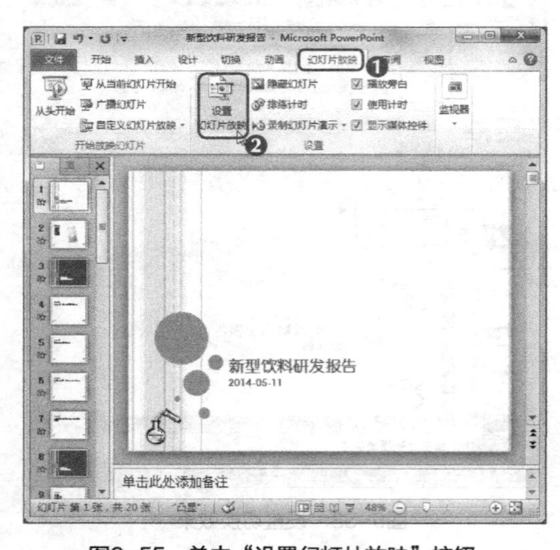

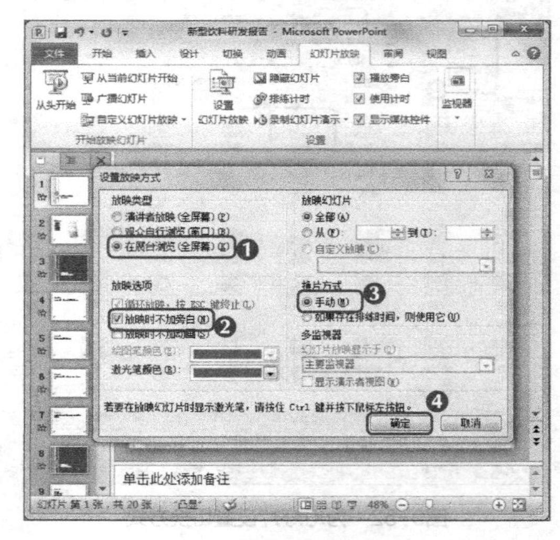

图9-55　单击“设置幻灯片放映”按钮　　图9-56　设置放映方式

STEP 3 选择【文件】/【保存并发送】菜单命令，在“文件类型”栏中选择“将演示文稿打包成CD”选项，单击右侧的“打包成CD”按钮，如图9-57所示。

STEP 4 打开“打包成CD”对话框，在“将CD命名为”文本框中输入“新型饮料研发报告”文本，单击 复制到文件夹(F)... 按钮，如图9-58所示。

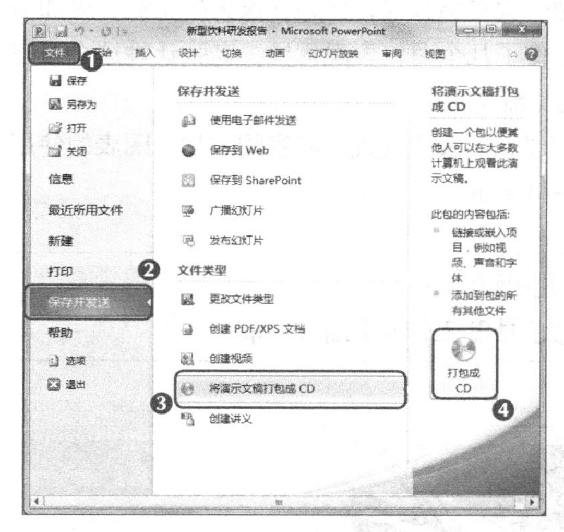

图9-57 单击“打包成CD”按钮

图9-58 单击“复制到文件夹”按钮

STEP 5 打开“复制到文件夹”对话框，默认“文件夹名称”文本框中的文本为“新型饮料研发报告”，单击 浏览(B)... 按钮，设置文件夹保存位置，单击 确定 按钮，如图9-59所示。

STEP 6 在打开的提示对话框中单击 是(Y) 按钮。

STEP 7 程序开始将文件复制到文件夹，完成后将打开相应的文件窗口，如图9-60所示。

图9-59 选择文件夹保存位置

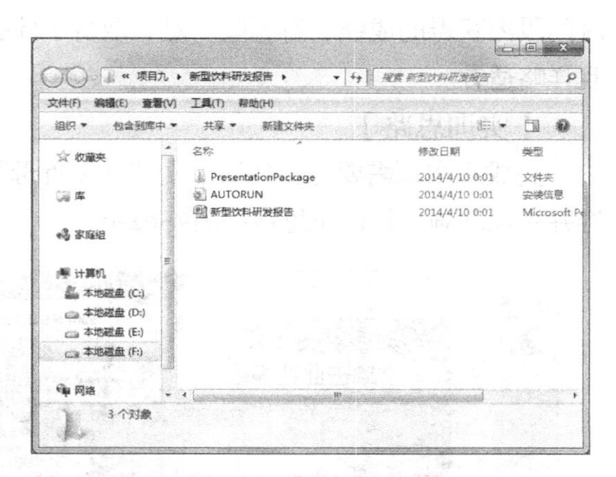

图9-60 复制到文件夹

STEP 8 关闭窗口，返回演示文稿，在“打包成CD”对话框中单击 关闭 按钮，关闭该对话框，然后按【Ctrl+S】组合键保存演示文稿。

实训一　输出"月度工作总结报告"演示文稿

【实训目标】

公司每隔一段时间会对本段时间内的工作做一次总结报告，作为一家大型企业，更加需要频繁地对每月的工作进行总结。小白在公司工作了几个月，表现优异，老张让她这个月在总结大会上总结上个月参与的任务，与大家一起交流学习。

要完成本实训，需要熟练掌握演示文稿的创建、母版的设置、内容的添加、图表的使用及动画的添加等操作，本实训的最终效果如图9-61所示。

素材所在位置　光盘:\素材文件\项目九\钢笔.png
效果所在位置　光盘:\效果文件\项目九\月度工作总结报告.pptx

图9-61　"月度工作总结报告"最终效果

【专业背景】

总结是指把某个时间段的情况进行一次全面系统地检查、评价、分析，主要研究分析该时间段内获得的成绩、有哪些不足、取得了什么经验等。总结一定要实事求是，条理清晰并且详略适宜。

【实训思路】

完成本实训需要先新建演示文稿并设置母版，然后输入文本和图表等内容，最后美化内容并添加动画，其操作思路如图9-62所示。

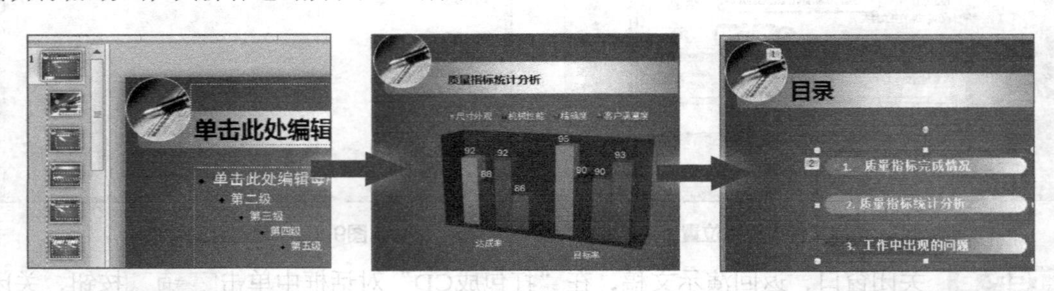

图9-62　制作"月度工作总结报告"的思路

【步骤提示】

STEP 1 启动PowerPoint 2010，创建演示文稿，并以“月度工作总结报告”为名保存。

STEP 2 在母版视图中设计幻灯片样式，可使用形状绘制其中的圆和圆上的高光部分。

STEP 3 在母版视图中插入“钢笔.png”图片，然后退出母版视图。

STEP 4 在幻灯片中输入文本内容，并在第2张幻灯片中插入SmartArt图形，在第3张幻灯片中插入表格，在第4张幻灯片中插入图表，并设置相应的内容。

STEP 5 在【动画】/【动画】组中为各幻灯片中的对象添加动画效果，并设置幻灯片的切换效果为“随机线条”，并将该效果应用到全部幻灯片中。

STEP 6 最后按【Ctrl+S】组合键保存演示文稿即可。

实训二 制作“颁奖活动策划方案”演示文稿

【实训目标】

公司准备策划一个颁奖活动，届时将邀请双华全体员工和一些特邀嘉宾参加此次活动，颁奖活动的作用旨在向特邀嘉宾介绍公司，为公司做推广。在颁奖活动结束之后，还将带领特邀嘉宾参观公司的工程案例。

要完成本实训，需要熟练掌握创建演示文稿、设计母版，添加并美化内容，以及添加动画的操作方法，本实训的最终效果如图9-63所示。

素材所在位置 光盘:\素材文件\项目九\颁奖.png
效果所在位置 光盘:\效果文件\项目九\颁奖活动策划方案.pptx

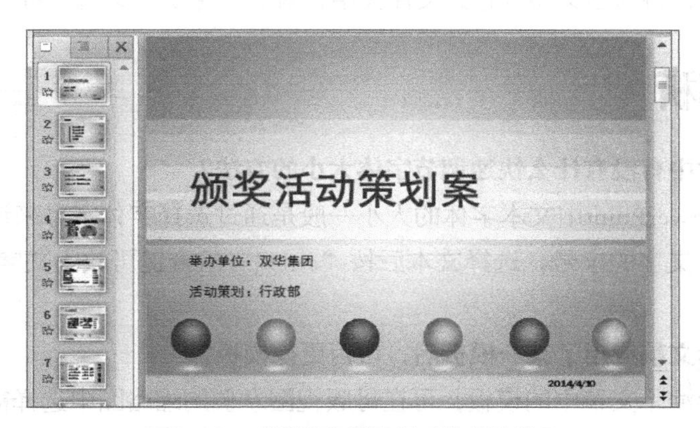

图9-63 “颁奖活动策划方案”最终效果

【专业背景】

活动策划是推广公司产品，提高产品市场占有率，提升公司知名度的有效行为，一份创意突出的活动策划案，可有效提升企业的知名度及品牌美誉度。严格来讲活动策划属于市场策划的分支，活动策划、市场策划是相辅相成、相互联系的。

【实训思路】

完成本实训需要先创建演示文稿，然后在其中输入文本等内容，并对添加的内容进行美化，最后添加动画并打包演示文稿，其操作思路如图9-64所示。

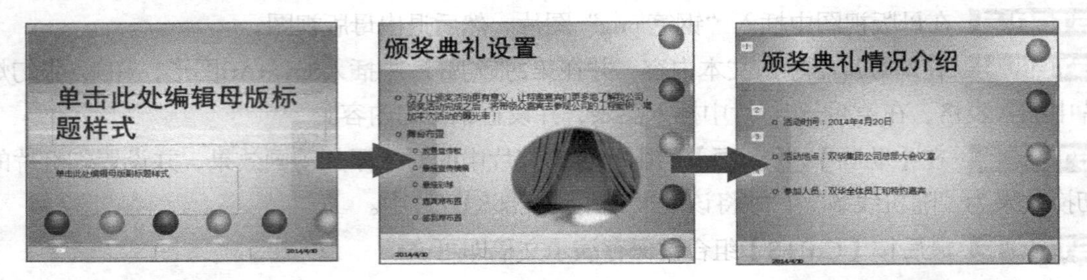

图9-64　制作“颁奖活动策划方案”的思路

【步骤提示】

STEP 1 启动PowerPoint 2010，新建演示文稿，并以“颁奖活动策划方案”为名，保存在计算机中。

STEP 2 进入母版视图，设计母版视图中的幻灯片，设计其中的字体和字号；在其中绘制矩形，调整透明度，作为背景；绘制圆形，添加高光，作为装饰，然后退出母版视图。

STEP 3 在各个幻灯片中输入文本内容，在第4张幻灯片中插入“颁奖.png”图片，在第5、6、7张幻灯片中插入图表，并输入内容和美化表格。

STEP 4 为各幻灯片中的各对象添加动画效果，然后为幻灯片切换添加“覆盖”切换方案，并应用到所有幻灯片中。

STEP 5 选择【文件】/【保存并发送】菜单命令，选择“将演示文稿打包成CD”选项，进行打包操作，将演示文稿打包到文件夹中，最后保存演示文稿即可。

常见疑难解析

问：在幻灯片中有没有什么快速调节字体大小的方法？

答：有，在PowerPoint中文本字体的大小一般是通过选择字体字号来调节，使用快捷键可快速增大或缩小文字的字号，选择文本后按“ctrl+]”组合键可放大文字，按“ctrl+[”组合键可缩小文字。

问：在为演示文稿应用了某一模板后，可否更换模板？

答：若需替换演示文稿中的模板，可在母版视图左侧的缩略图中选择需替换的母版，然后在“编辑主题”组中用鼠标右键单击需要的主题，在弹出的快捷菜单中选择“应用于所选幻灯片模板”命令。

问：有没有快捷打开观众浏览窗口的方法？

答：有，按住【Alt】键不放，依次按下键盘上的【D】键和【V】键即可直接在窗口模式下播放PPT，而无需在“幻灯片放映”选项卡中进行设置。

拓展知识

1．放映时隐藏鼠标指针

在演示文稿放映的过程中，有时需要对鼠标指针加以控制，让它一直隐藏。其具体操作方法是：放映幻灯片，单击鼠标右键，在弹出的快捷菜单中选择【指针选项】/【箭头选项】命令，然后选择子菜单中的“永远隐藏”命令即可隐藏鼠标指针，如图9-65所示。如果需要找回指针，可使用同样的方法选择此项菜单中的“可见”命令。若选择“自动”（默认选项）选项，则在鼠标停止移动3秒后将自动隐藏鼠标指针，直到再次移动鼠标时才会出现。

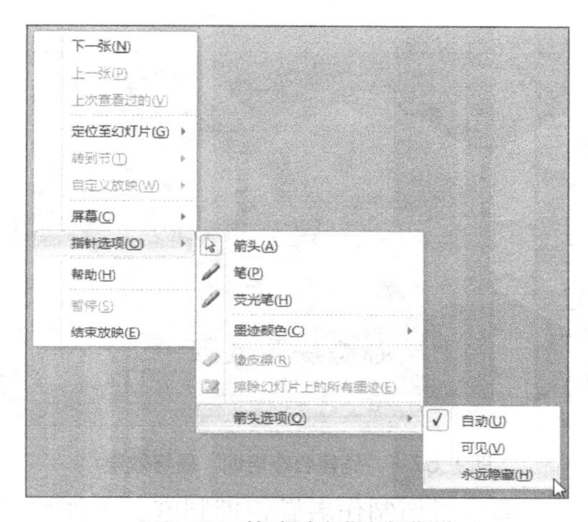

图9-65　放映时隐藏鼠标指针

2．使用分屏显示功能

PowerPoint的分屏显示主要作用于放映演示文稿的过程中。使用分屏显示时，用户的电脑里显示备注，投影上只显示放映的画面。其具体操作方法是：连接显示设备，在桌面上单击鼠标右键，在弹出的快捷菜单中选择“屏幕分辨率”命令，在打开的窗口中将显示器设置为“2，将Windows桌面扩展到该显示器上”，设置完成后返回PowerPoint文档，打开“设置放映方式”对话框，在“多监视器”栏中的下拉列表中选择“监视器2 默认监视器”选项，单击选中“显示演示者视图”复选框，如图9-66所示。

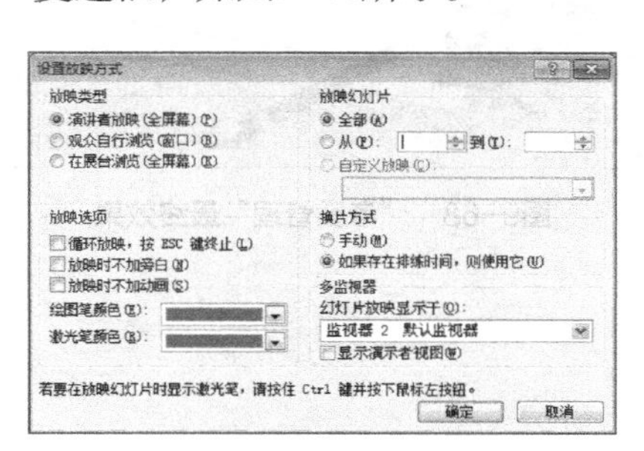

图9-66　设置分屏显示

课后练习

效果所在位置 光盘:\效果文件\项目九\销售心态培训.pptx、考勤管理.pptx

（1）带着积极向上，健康的心态去做销售，不仅可以感染客户，赢得更多的客户资源，还可提升公司的形象。本练习要求制作“销售心态培训”演示文稿，制作完成后的效果如图9-67所示。

图9-67 “销售心态培训”最终效果

（2）公司经过整顿后，需要重新制作考勤管理制度，更加规范员工上下班和请假等考勤，并在会议上展示出来以便商讨，以便对具体细节进行协商和修改，制作完成后的具体效果如图9-68所示。

图9-68 “考勤管理”最终效果

附录 PowerPoint 2010幻灯片制作立体化教程案例查询

为了有效地帮助办公人员开展工作、提高工作执行力，我们对PowerPoint办公相关的各个工作环节进行了重新梳理，并在本书配套光盘中的“案例库”文件夹中提供了大量的报告、策划等模板，包括“报告类案例”、“财务分析类案例”、“策划与宣传类案例”、“会议类案例”、“人力资源管理类案例”、“商务培训类案例”等。使用案例时，读者可根据实际情况和工作的具体要求对其进行修改和套用，以提高实际工作效率。

以下为“案例库”中的查询索引，供大家查询使用，具体内容请参见光盘。

一、报告类案例

1. 发展分析报告.pptx
2. 公司年终会议.pptx
3. 计划纲要.pptx
4. 季度财务报告.pptx
5. 可行性报告.pptx
6. 年度总结报告.pptx
7. 年终销售报告.pptx
8. 年终总结报告.pptx
9. 热水器可行性研究报告.pptx
10. 商务计划.pptx
11. 市场定位分析.pptx
12. 文具产品调查报告.pptx
13. 销售报告.pptx
14. 销售计划演讲.pptx
15. 销售状况统计报告.pptx
16. 新产品推销集思广益方案.pptx
17. 月度销售情况.pptx
18. 月度综合报告.pptx
19. 总结报告.pptx

二、财务分析类案例

20. 财务分析.pptx
21. 公司采购单.pptx

三、策划与宣传类案例

22. 菜品展示.pptx
23. 餐具系列.pptx
24. 茶产品展示.pptx
25. 茶具展示1.pptx
26. 产品分析.pptx
27. 产品概况.pptx
28. 产品调查表.pptx
29. 灯饰介绍.pptx
30. 房地产简介.pptx
31. 公司情况介绍.pptx
32. 公司主页.pptx
33. 古董展示.pptx
34. 花溪园策划方案.pptx
35. 楼盘推广.pptx
36. 品牌构造方案.pptx
37. 企业展示.pptx
38. 鼠标产品报价.pptx
39. 网店饰品.pptx
40. 项目管理.pptx
41. 新品上市.pptx
42. 新品推出.pptx
43. 主营产品.pptx

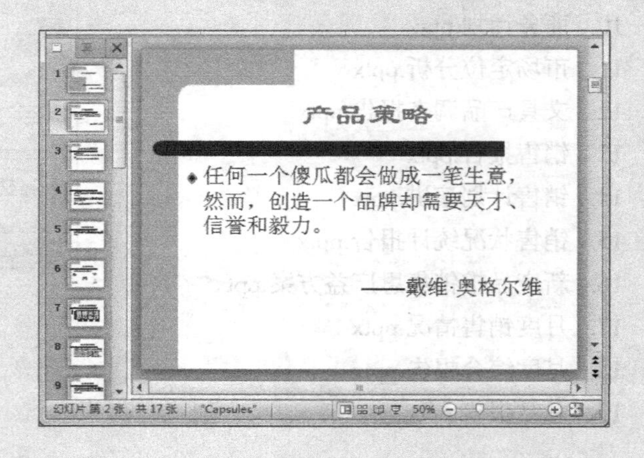

四、会议类案例

44. 办公会议纪要.pptx
45. 会议.pptx
46. 年终会议简报.pptx
47. 市场定位.pptx
48. 市场计划.pptx

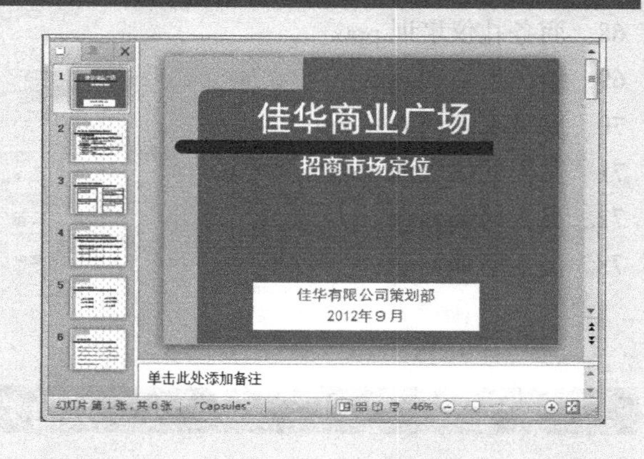

五、人力资源管理类案例

49. 工作管理.pptx
50. 公司简介.pptx
51. 公司内部档案.pptx
52. 公司人事信息.pptx
53. 公司制度.pptx
54. 公司制度管理.pptx
55. 管理心得.pptx
56. 绩效考核与评估.pptx
57. 奖状.pptx
58. 人事信息.pptx

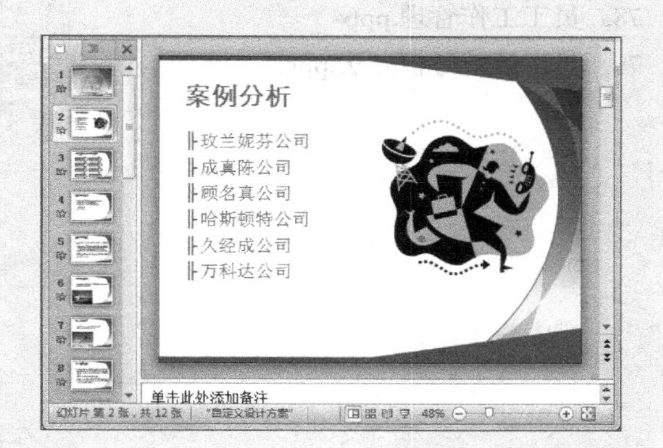

六、商务培训类案例

59. 办公礼仪.pptx
60. 茶楼员工培训.pptx
61. 公司员工培训.pptx
62. 管理培训1.pptx
63. 管理培训2.pptx
64. 精星收款系统培训.pptx
65. 礼仪培训1.pptx
66. 礼仪培训2.pptx

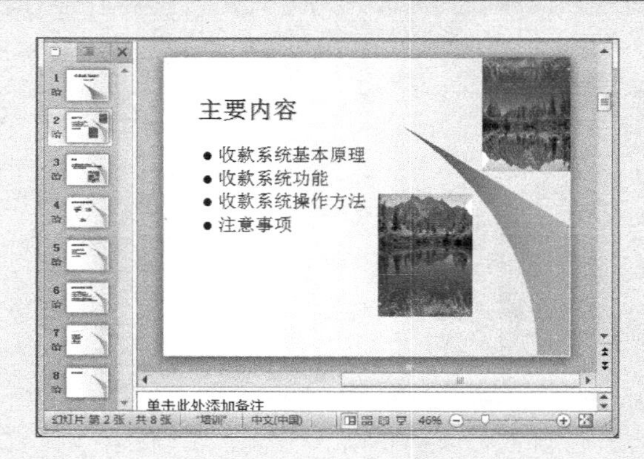

67. 培训1.pptx
68. 商务礼仪培训.pptx
69. 新员工培训.pptx
70. 新员工培训方案.pptx
71. 员工礼仪培训.pptx
72. 员工培训.pptx
73. 员工培训1.pptx

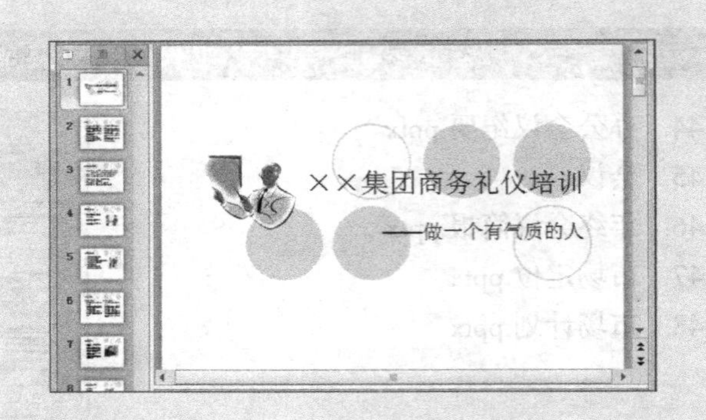

七、其他类案例

74. 项目计划书.pptx
75. 业务提升讲座.pptx
76. 业务提升要素.pptx
77. 业务员素质.pptx
78. 员工工作管理.pptx
79. 员工绩效考核办法.pptx